图像处理效果图

(a)红外中波第一细分波段图像

(b)红外中波第二细分波段图像

(c)融合图像

图1 红外原图像及其伪彩色融合结果

(a)原图像

(b)运动模糊图像

(c)维纳滤波复原图像

图2 运动模糊图像复原

(a)原图像

(b)8层伪彩色变换图像

(c)64层伪彩色变换图像

图3 图像分层法伪彩色变换

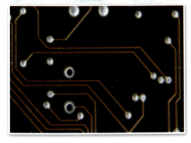
(a)原图像

(b)峰值点显示

(c)提取和标注直线

图4 Hough变换提取和标注直线

电子信息科学与工程类专业规划教材

数字图像处理技术与应用

（第2版）

韩晓军　编著

电子工业出版社
Publishing House of Electronics Industry
北京·BEIJING

内 容 简 介

本书是"十二五"普通高等教育本科国家级规划教材。全书共 11 章,系统地介绍了数字图像处理的基本理论和基本技术,包括图像处理基础知识、直方图统计、图像分割与边缘检测、图像复原与增强、图像正交变换、数学形态学及其在图像处理中的应用、图像融合、图像编码等内容。本书深入浅出,理论与实践并重,应用 MATLAB 平台讲解了图像文件的打开、存储和针对图像处理基本内容的编程方法,最后给出了部分工程应用实例。

本书可作为高等院校计算机应用、电子信息工程等计算机类、电子信息类专业本科生、研究生的教材,也可作为从事图像处理与模式识别领域研究工作技术人员的参考用书。

未经许可,不得以任何方式复制或抄袭本书之部分或全部内容。
版权所有,侵权必究。

图书在版编目(CIP)数据

数字图像处理技术与应用 / 韩晓军编著. —2 版. —北京:电子工业出版社,2017.1
电子信息科学与工程类专业规划教材
ISBN 978-7-121-30056-1

Ⅰ. ①数… Ⅱ. ①韩… Ⅲ. ①数字图像处理-高等学校-教材 Ⅳ. ①TN911.73

中国版本图书馆 CIP 数据核字(2016)第 242110 号

策划编辑:凌 毅
责任编辑:凌 毅
印　　刷:涿州市京南印刷厂
装　　订:涿州市京南印刷厂
出版发行:电子工业出版社
　　　　　北京市海淀区万寿路 173 信箱　邮编　100036
开　　本:787×1 092　1/16　印张:16.25　字数:416 千字　插页:1
版　　次:2009 年 7 月第 1 版
　　　　　2017 年 1 月第 2 版
印　　次:2018 年 11 月第 2 次印刷
定　　价:39.80 元

凡所购买电子工业出版社图书有缺损问题,请向购买书店调换。若书店售缺,请与本社发行部联系,联系及邮购电话:(010)88254888,88258888。
质量投诉请发邮件至 zlts@phei.com.cn,盗版侵权举报请发邮件至 dbqq@phei.com.cn。
本书咨询联系方式:(010)88254528,lingyi@phei.com.cn。

第 2 版前言

数字图像处理和分析是一门综合性学科,它综合了计算机、自动化、集成技术、光学、数学和视觉心理学等众多研究领域的相关知识。数字图像处理技术始于 20 世纪 60 年代,1964 年美国加州理工学院的喷气推进实验室,首次对太空飞船"徘徊者七号"发回的月球照片进行了处理,得到了前所未有的清晰图像,这标志着图像处理技术开始得到实际应用。进入 20 世纪 70 年代,二维图像处理和分析取得较大的进展,到了 20 世纪 80 年代研究进入高潮,研究重点是对三维景物的理解。目前,计算机技术的发展和应用领域提出的重大实际课题开拓了研究的广度和深度,大规模和超大规模集成电路技术的发展为图像处理研究领域提供了物质基础。

图像处理和分析的应用范围非常广泛,涉及文件处理、办公自动化、邮政自动化,生物医学和材料的显微图像、医学影像分析,工业探伤和地质的放射图像,机器人视觉,遥感,可视电话,视频信号网络传输,交通管理和军事侦察等各个领域。伴随着计算机技术的发展,图像处理的应用领域还在不断扩展。人们可以通过各种观测系统从被观测的场景中获取图像。观测系统包括:观测微小细胞的显微图像摄像系统,考察地球表面宏观植被分布、地貌和地质构造的卫星多光谱扫描成像系统,观测交通路口的机动车或机场跑道上飞机的机器人视觉系统或金属材料的 X 射线层析系统。观测系统使用可见光、红外、X 射线、微波、超声波和γ射线,以适应探测不同物理介质、材料和状态的场景。伴随图像处理和分析的应用领域的不断扩展,图像的获取方法和设备也在不断完善。

数字图像处理的应用范围和规模已经发生了巨大的变化。但是今天应用到的许多性能可靠的基本技术,仍然是数字图像处理发展初期所采用的技术;而目前出现的一些热门的新理论,一般仍然是建立在过去的基础理论之上,并没有取代传统的理论。因此,本书偏重于经典的数字图像处理理论,重点放在边缘提取、图像分割、形状特征提取、图像压缩编码等方面。应用 MATLAB 软件平台,讲解图像文件的打开、存储、直方图统计、边缘检测、图像二值化等基本预处理方法,并且对数字图像常用处理方法给出了部分应用实例。最后,结合教学和科研实践给出了部分工程应用实例,以帮助读者较快地进入图像处理技术领域,并将基本理论和技术应用于图像处理的实践当中。

本书配有电子课件、MATLAB 源程序等教学资源,读者可以登录华信教育资源网(www.hxedu.com.cn)免费下载。

本书于 2014 年被评为"'十二五'普通高等教育本科国家级规划教材",在本书的再版过程中得到了天津工业大学和电子工业出版社的大力支持。中北大学蔺素珍教授参与编写了本书第

5、6、9 章的主要内容，特别是应用红外图像处理积累的丰富知识，提供了很好的应用实例。研究生张南编写和调试了数字图像处理实例章节的部分程序，邱德勇同学给出了数字水印的实例，张凌景同学给出了 Arnold 变换及其应用处理实例，天津工业大学谢玉芯老师和太原理工大学陈宏涛老师参与编写了工程实例部分章节。虽然本书在第 1 版的基础上进行了重要的修改和补充，但是原来工作的痕迹犹在，所以还要感谢曾经参与编写的师生。对于书中引用的论文和资料的作者，在此表示深深的感谢。

由于作者水平所限，书中会有许多不足之处，敬请同行专家和广大读者批评指正。

韩晓军
2016 年 10 月

目 录

第1章 数字图像处理概述 1
1.1 数字图像处理的基本知识 1
1.2 数字图像处理术语 1
1.3 数字图像处理的方法和内容 2
1.3.1 数字图像处理的方法 2
1.3.2 数字图像处理的主要内容 2
1.4 数字图像处理的应用 4
1.5 数字图像处理的特点 5
1.6 图像处理工程简述 6
习题 1 7

第2章 数字图像处理基础 8
2.1 图像数字化 8
2.1.1 数字阵列表示 8
2.1.2 数字化的过程 9
2.2 数字图像的显示 12
2.3 色度学基础与颜色模型 13
2.3.1 分辨率 13
2.3.2 色度学基础 14
2.3.3 彩色显示 18
2.4 灰度直方图 19
2.4.1 直方图的定义 19
2.4.2 直方图的性质 20
2.4.3 直方图的简单应用 21
2.5 图像文件格式 22
2.5.1 图像文件简介 23
2.5.2 BMP 图像文件格式 24
2.5.3 其他图像文件格式 28
2.6 图像的基本运算 30
习题 2 31

第3章 图像分割 33
3.1 引言 33
3.2 图像分割处理 34
3.2.1 图像分割的基本方法 34
3.2.2 边缘图像及分类 39
3.2.3 边缘检测算子 39
3.2.4 边缘检测算子的对比 44
3.3 霍夫（Hough）变换 46
3.4 纹理分析 48
3.4.1 基于邻域特征统计的方法 48
3.4.2 傅里叶频谱方法提取纹理特征 49
3.4.3 灰度共生矩阵 50
习题 3 53

第4章 图像变换 54
4.1 傅里叶变换 54
4.1.1 连续傅里叶变换 54
4.1.2 离散傅里叶变换 55
4.2 离散余弦变换 57
4.2.1 一维离散余弦变换 58
4.2.2 二维离散余弦变换 58
4.2.3 离散余弦变换的矩阵表示 58
4.3 K-L 变换 60
4.4 小波变换 61
4.4.1 连续小波变换 61
4.4.2 离散小波变换 62
习题 4 65

第5章 图像增强 66
5.1 概述 66
5.1.1 图像增强的内容 66
5.1.2 图像增强技术分类 66
5.1.3 图像增强的评价 67
5.2 点操作增强 67
5.2.1 灰度级校正 68
5.2.2 灰度变换 68
5.2.3 灰度直方图变换 72
5.2.4 图像间运算 75
5.3 基于区域操作增强 79

5.3.1 邻域平均法 ……………………… 80
5.3.2 加权平均法 ……………………… 80
5.3.3 空域低通滤波 …………………… 81
5.3.4 中值滤波 ………………………… 81
5.4 频域增强 ………………………………… 83
5.4.1 频域低通滤波 …………………… 83
5.4.2 频域高通滤波 …………………… 86
5.5 同态滤波 ………………………………… 88
5.6 彩色增强 ………………………………… 89
5.6.1 伪彩色增强 ……………………… 89
5.6.2 假彩色增强 ……………………… 92
5.6.3 真彩色增强 ……………………… 93
习题 5 …………………………………………… 94

第 6 章 图像复原 …………………………… 96
6.1 图像退化原因与复原技术分类 ………… 96
6.1.1 连续图像退化的数学模型 ……… 97
6.1.2 离散图像退化的数学模型 ……… 98
6.2 逆滤波复原 ……………………………… 99
6.3 约束复原 ………………………………… 100
6.3.1 约束复原的基本原理 …………… 100
6.3.2 维纳滤波复原 …………………… 100
6.3.3 约束最小二乘滤波复原 ………… 102
6.4 非线性复原 ……………………………… 103
6.4.1 最大后验复原 …………………… 104
6.4.2 最大熵复原 ……………………… 104
6.4.3 投影复原 ………………………… 105
6.4.4 同态滤波复原 …………………… 106
6.5 盲图像复原法 …………………………… 106
6.5.1 直接测量法 ……………………… 106
6.5.2 间接估计法 ……………………… 107
6.6 几何失真校正 …………………………… 108
6.6.1 典型的几何失真 ………………… 108
6.6.2 空间几何坐标变换 ……………… 109
6.6.3 校正空间像素点灰度值的确定 … 110
习题 6 …………………………………………… 111

第 7 章 数学形态学在图像处理中的应用 …………………………………… 112
7.1 数学形态学简介 ………………………… 112
7.2 图像处理和数学形态学 ………………… 112
7.3 基本概念和运算 ………………………… 114
7.4 图像处理基本形态学算法 ……………… 117
习题 7 …………………………………………… 121

第 8 章 图像编码与压缩 …………………… 122
8.1 引言 ……………………………………… 122
8.2 图像保真度准则 ………………………… 123
8.3 无损压缩技术 …………………………… 124
8.3.1 基于字典的技术 ………………… 124
8.3.2 统计编码技术 …………………… 126
8.4 预测编码 ………………………………… 128
8.5 图像变换编码基本原理 ………………… 129
8.6 视频图像编码 …………………………… 130
8.6.1 JPEG 标准 ……………………… 130
8.6.2 MPEG 标准 ……………………… 131
8.6.3 H.261 标准 ……………………… 135
8.6.4 H.263 标准 ……………………… 144
8.6.5 H.264 标准 ……………………… 146
习题 8 …………………………………………… 150

第 9 章 图像融合 …………………………… 151
9.1 图像融合的基本概念 …………………… 151
9.1.1 图像融合 ………………………… 151
9.1.2 图像融合基本过程 ……………… 152
9.1.3 图像融合层次的差异比较 ……… 153
9.1.4 图像融合效果的评价 …………… 154
9.1.5 图像融合的应用 ………………… 159
9.2 可见光与红外图像的融合 ……………… 160
9.3 红外多波段图像的融合 ………………… 162
9.3.1 双色中波红外图像融合 ………… 162
9.3.2 红外短、长波段图像的融合 …… 165
9.3.3 红外多波段图像的伪彩色融合 … 166
习题 9 …………………………………………… 168

第 10 章 MATLAB 图像处理基础与应用 … 169
10.1 MATLAB 编程基础 …………………… 169
10.2 MATLAB 图像处理基础 ……………… 175
10.3 MATLAB 图像处理常用算法 ………… 181
10.3.1 图像代数运算 …………………… 181

10.3.2 图像分割 ················ 188
10.3.3 图像改善的算法 ········ 193
10.4 直线提取算法 ···················· 202
10.5 图像常用正交变换 ············ 204
10.6 分块 DCT 编码水印嵌入方法 ········ 213
习题 10 ······························· 215

第 11 章 图像处理技术应用实例 ······ 216

11.1 织物疵点的图像信息检测 ········ 216
11.2 显微红细胞提取和分割 ·········· 218
11.3 红外图像的增强 ················ 221
11.4 测定织物纬向密度 ·············· 223
11.5 数字图像水印技术 ·············· 226
11.6 Arnold 变换及其应用 ············ 234

附录 A MATLAB 图像处理工具箱常用函数 ······················ 237

参考文献 ································ 246

第1章 数字图像处理概述

本章主要介绍数字图像处理的基本知识、常用基本术语、数字图像处理的基本研究内容和方法、主要应用领域和图像处理的优势,引导读者进入数字图像处理的研究领域。

1.1 数字图像处理的基本知识

数字图像处理是指用计算机对图像进行处理。与人类对视觉机理着迷的历史相比,它是一门年轻的学科。目前,数字图像处理已经程度不同地被成功应用于几乎所有与成像有关的领域。

数字图像处理系统基本由3个部分组成:计算机、图像数字化仪和图像显示设备。通常在自然的形式下,图像并不能直接由计算机处理和分析。因为计算机只能处理数字文件,而不是图片,所以一幅图像在用计算机进行处理前必须首先转化为数字形式。

物理图像是物质或者能量的实际分布。例如,光学图像是光强度的空间分布,它们能被肉眼所看到,因此也是可见图像。不可见的物理图像包括温度、压力、人口密度和交通流量等的分布图。

物理图像也称为模拟图像,被划分为称作图像元素的小区域,图像元素通常简称为像素(Pixel)。将模拟图像转化为数字图像的过程称为数字化。在每个像素位置上,图像的亮度被采样和量化,从而得到图像的对应点上表示其亮、暗程度的一个整数值。在对所有的像素都完成上述转化后,图像就被表示成一个整数矩阵。每个像素具有两个属性:位置和灰度。位置(或称为地址)由扫描线内采样点的两个坐标决定,它们又称为行和列。表示该像素位置上亮、暗程度的整数称为灰度。

图1.1所示为一个完整的图像处理系统。由图像数字化设备产生的数字图像先进入一个适当装置的缓存中,然后根据操作员的指令,计算机调用和执行程序库中的图像处理程序。在执行过程中,输入图像被逐行读入计算机。对图像进行处理后,计算机逐行按像素生成一幅输出图像,并将其逐行送入缓存。

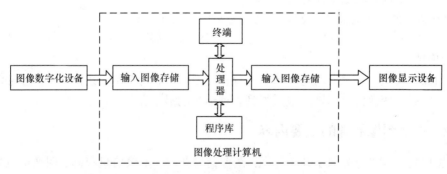

图1.1 数字图像处理系统

1.2 数字图像处理术语

在讨论数字图像处理之前,首先对"图像"一词进行定义和描述。一幅图像包含了有关其所表示物体的描述信息。图像可以根据其形式或产生方法来分类。为此，引入一个集合论的方法。在图像集合中，包含了所有可见的图像，即可由人眼看见的图像的子集。在该子集中又包含几个由不同方法产生的图像的子集，一个子集为图片，包括用线条画成的图，如简单线条的几何图、画（如山水画、人像等）；另一个子集为光图像，即用透镜、光栅和全息术产生的图像。

数字图像处理：将一幅图像变为另一幅经过修改的图像，因此数字图像处理是一个由图像到图像的过程。

数字图像分析：指将一幅图像转化为一种非图像的表示方法。

计算机图形学：一门涉及用计算机对图像进行处理和显示的学科。

计算机视觉：使得计算机能够观察和理解自然景物的系统。

在更广泛的意义上，使用数字图像涵盖任何用计算机来操作与图像有关数据的技术，包括计算机图形学、计算机视觉，以及数字图像处理和分析。

数字化：指将一幅图像从模拟图像转化为数字形式的处理过程。

扫描：指对一幅图像内的给定位置寻址。在扫描过程中被寻址的最小单元是图像元素，即像素，摄影图像的数字化就是对胶片上一个个小斑点的顺序扫描。

采样：指图像在空间上的离散化。

量化：指将测量的灰度值用一个整数表示。

采样和量化组成了数字化的过程，经过数字化，得到一幅图像的数字表示，即为数字图像。

1.3 数字图像处理的方法和内容

1.3.1 数字图像处理的方法

数字图像处理的方法可以分为两类：空间域方法（简称空域法）和变换域法。

1. 空域法

空域法把图像看作关于 x，y 坐标位置的像素的集合，直接对二维函数的集合 $\{f(x,y)\}$ 进行相应的处理。空域处理法主要有两大类。

① 邻域处理法：包括梯度运算、平滑算子运算和卷积运算。

② 点处理法：包括灰度处理，面积、周长、体积运算等。

2. 变换域法

数字图像变换域的处理方法是对图像进行正交变换，得到变换域系数阵列，再对系数阵列进行处理，然后反变换到空间域，最后得到处理结果的显示图像。

1.3.2 数字图像处理的主要内容

数字图像处理可以分为以下几个方面：图像信息获取、图像信息存储、图像信息处理、图像信息传送、图像信息的输出和显示、图像描述、图像的理解和识别。

1. 图像信息获取

数字图像处理的第一步是图像的采集和获取，把一幅图像转换成适合输入计算机的数字信号，这一过程包括摄取图像、A/D 转换及数字化等步骤。主要设备包括：CCD 摄像设备、飞点扫描器、扫描鼓、扫描仪等图像数字化设备。

2. 图像信息的存储

图像信息的特点是数字量巨大，存储采用的介质有磁带、磁盘或光盘。为解决海量存储问题，主要研究数据压缩、图像格式和图像数据库技术等。

3. 图像信息处理

数字图像处理多采用计算机处理，主要内容为几何处理、算术处理、图像变换、图像编码、图像增强和复原、图像分割。

（1）几何处理

几何处理主要包括坐标变换，图像的放大、缩小、旋转、移动，多个图像配准，图像的校正，图像周长、面积、体积的计算等。

（2）算术处理

算术处理主要对图像施以加、减、乘、除等运算。

（3）图像变换

图像变换属于图像处理的方法之一，由于数字图像阵列通常很大，如果直接在空间域中进行处理，计算量必将非常大。因此，往往采用各种图像变换的方法，如傅里叶变换、沃尔什变换、离散余弦变换等间接处理技术，将空间域的处理转换为变换域处理，这样不仅可以减少计算量，而且可以获得更有效的处理。例如，通过傅里叶变换可以在频域中进行数字滤波处理。目前研究的小波变换在时域和频域中都具有良好的局部化特性，它在图像处理中也有着广泛而有效的应用。

（4）图像编码压缩

图像编码是利用图像信号的统计特性及人类视觉的生理学及心理学特性对图像信号进行编码。编码是压缩技术中最重要的方法，在图像处理技术中是发展较早且比较成熟的技术。研究图像编码压缩技术的目的有3个：

① 减少数据存储量；

② 降低码流以减少传输带宽；

③ 压缩信息量，便于识别和理解。

图像编码压缩技术可以减少描述图像的数据量，以便节省图像传输、处理的时间和减少所占用的存储容量。压缩可以在不失真的前提下获得，也可以在允许的失真条件下进行。

（5）图像增强和复原

图像增强和复原的目的是提高图像的质量，如去除噪声、提高图像的清晰度等。图像增强不考虑引起图像"降质"的原因，而是突出图像中所感兴趣的部分。例如，强化图像高频分量可以使图像中物体轮廓清晰、细节明显，强化低频分量可减少图像中噪声的影响。图像增强可以明显改善视觉效果。图像复原要求对图像"降质"的原因有一定的了解，通常根据图像降质的过程建立"降质模型"，再采用某种滤波方法，恢复或重建原来的图像。

（6）图像分割

图像分割是数字图像处理中的关键技术之一。图像分割是将图像中有意义的特征部分提取出来，这些有意义的特征包括图像的边缘、区域、纹理等，这是进一步进行图像识别、分析和理解的基础。虽然目前已研究出不少边缘提取、区域分割的方法，但是随着图像处理应用领域的不断扩展，对图像分割的研究还在不断深入，是目前数字图像处理研究的热点问题之一。

4．图像描述

图像描述是图像识别和理解的必要前提。对于最简单的二值图像，可以采用其几何特性描述物体的特性。一般图像的描述方法采用二维形状描述，有边界描述和区域描述两类方法。对于特殊的纹理图像，可以采用二维纹理特征描述。随着图像处理技术研究的深入发展，已经开始进行三维物体描述的研究，提出了体积描述、表面描述、广义圆柱体描述等方法。

5．图像识别

图像识别属于模式识别的范畴，其主要内容是图像经过某些预处理（如增强、复原、压缩）后，进行图像分割和特征提取，从而进行判决分类。图像分类常采用经典的模式识别方法，有统计模式分类和句法结构模式分类，近年来新发展起来的模糊模式识别和人工神经网络模式分类在图像识别中也越来越受到重视。

6．图像理解

图像理解是由模式识别发展起来的方法。这种处理过程的输入是图像，输出是一种描述。这种描述并不仅是单纯的用符号作出详细的描绘，而且要根据客观世界的知识利用计算机进行联想、思考和推论，从而理解图像所表现的内容。图像理解有时也称为景物理解。在这一领域还有相当多的问题需要进行深入研究。

1.4　数字图像处理的应用

数字图像处理和计算机、多媒体、智能机器人、专家系统等技术的发展紧密相关，近年来，模式识别技术发展迅速，这使得图像处理除了直接供人们观看外，还进一步发展为与计算机视觉有关的应用。下面简要介绍数字图像处理在各个领域的应用。

（1）工业领域的应用

数字图像处理技术可用于模具、零件制造行业、服装、印染行业，产品无损检测、焊缝及内部缺陷检查，装配流水线零件自动检测，邮件、包裹自动分拣、识别，印刷板质量、缺陷检出，生产过程的监测、监控，形状相同批量产品的数量统计，金相分析，密封元器件内部的质量检查等。

（2）交通领域的应用

交通管制、机场监控、运动车船的视觉反馈控制、道路和交通指示牌识别、车牌和火车车厢的识别等。

（3）军事、公安领域中的应用

军事侦察、定位、引导和指挥，巡航导弹地形识别，遥控飞行器的引导，测视雷达的地形侦察，目标的识别与制导，指纹自动识别，罪犯脸形合成，手迹、人像、印章的鉴定识别，过期档案文字的复原，集装箱的不开箱检查等。

（4）生物医学领域的应用

显微图像处理，DNA（脱氧核糖核酸）显示分析，红、白血球分析计数，虫卵及组织切片的分析，细胞识别，染色体分析，DSA（心血管数字减影）以及其他减影技术，内脏大小形状及异常检出，心脏活动三维图像动态分析，热像分析、红外图像分析，X光照片增强、冻结和伪彩色增强，超声图像成像、冻结、增强和伪彩色处理，CT（计算机断层扫描成像）

图像处理，CT 与 MRI（磁共振成像）图像融合，专家系统手术规划的应用，生物进化的图像分析等。

（5）遥感航天领域的应用

多光谱卫星图像分析，地形、地貌、国土普查，地质、矿藏勘探，森林资源探查、分类和防火，水利资源探查，洪水泛滥监测，海洋、渔业方面（如温度、鱼群的监测和预报），农业方面（如粮食估产、病虫害调查），自然灾害、环境污染的监测，气象、天气预报图的合成分析预报，天文、太空星体的探测及分析。

（6）机器人视觉

机器视觉作为智能机器人的重要感知技术，主要进行三维景物理解和识别，是目前处于研究之中的开放课题。机器视觉主要涉及用于军事侦察、危险环境的自主机器人、邮政、医院和家庭服务的智能机器人，可实现装配线工件识别与定位，太空机器人的自主操作等。

（7）通信工程方面的应用

当前通信的主要发展方向是声音、文字、图像和数据相结合的多媒体通信。其中，以视频通信最为复杂和困难，因为图像的数据量十分巨大，如传送彩色电视信号的速率达 100Mbit/s 以上。要将这样高速率的数据实时传送出去，必须采用编码技术来压缩信息的比特量。从一定意义上讲，编码压缩是这些技术成败的关键。除了已应用较广泛的熵编码、DPCM（差分脉冲编码调制）编码、变换编码外，目前国内外正在大力开发研究新的编码方法，如分行编码、自适应网络编码、小波变换图像压缩编码等。

另外，数字图像处理还可应用于服装试穿效果显示、理发发型预测显示、电视会议、办公自动化、现场视频管理、数字水印技术、图像加密等众多领域。

1.5　数字图像处理的特点

1. 再现性好

数字图像处理与模拟图像处理的根本不同在于，它不会因图像的存储、传输或复制等一系列变换操作而导致图像质量的退化。只要图像在数字化时准确地表现了原稿，那么数字图像处理过程就始终能保持图像的再现，人类视觉能够直观地观察图像。

2. 处理精度高

按目前的技术，几乎可将一幅模拟图像数字化为任意大小的二维数组，这主要取决于图像数字化设备的能力。现代扫描仪可以把每个像素的灰度等级量化为 16 位甚至更高，这意味着图像的数字化精度可以达到满足任一应用需求。对计算机而言，不论数组大小，也不论每个像素的位数多少，其处理程序几乎是一样的。换言之，从原理上讲，不论图像的精度有多高，处理总是能实现的，只要在处理时改变程序中的数组参数就可以了。对比图像的模拟处理，为了要把处理精度提高一个数量级，就要大幅度地改进处理装置，这在经济上是极不划算的。

3. 适用领域广泛

图像可以来自多种信息源，它们可以是可见光图像，也可以是不可见的波谱图像（如 X 射线图像、γ射线图像、超声波图像或红外图像等）。从图像反映的客观实体尺度看，可以小到电子显微镜图像，大到航空照片、遥感图像，甚至天文望远镜图像。这些来自不同信息源的图像只要被变换为数字编码形式后，均可用二维数组表示的灰度图像组合而成并且均可用计算机来处理。彩色图像也是由灰度图像组合而成的，如 RGB 图像由红、绿、蓝 3 个灰度图像组合而成。也就是说，只要针对不同的图像信息源，采取相应的图像信息采集措施，图像的数字处理方法适用于任何一种图像。

4．灵活性强

图像处理大体上可分为图像的像质改善、图像分析和图像重建 3 大部分，每一部分均包含丰富的内容。由于图像的光学处理从原理上讲只能进行线性运算，这极大地限制了光学图像处理能实现的目标。而数字图像处理不仅能完成线性运算，而且能实现非线性处理，即凡是可以用数学公式或逻辑关系来表达的一切运算均可用数字图像处理实现。

5．图像数据量庞大

图像中包含丰富的信息，数字图像的数据量十分巨大。一幅数字图像是由图像矩阵中的像素组成的，通常，每个像素用红、绿、蓝 3 种颜色表示，每种颜色用 8 位表示灰度级。一幅 1024×1024 不经过压缩的真彩色图像，数据量达到 3MB。

6．占用频带较宽

与语音信号相比，数字图像占用的频带要大几个数量级。如视频图像的带宽约为 56MHz，而语音信号的带宽约为 4kHz。因此，现代多媒体通信对视频信号的传输、处理、存储提出了更高的技术要求。

7．图像质量评价受主观因素的影响

数字图像处理后的结果通常都是图像，经过处理的图像是供人们观察和评价的，因此受观察者的主观因素影响较大。

8．数字图像处理涉及技术领域广泛

数字图像处理涉及技术领域相当广泛，如计算机技术、电子技术、通信技术等。数学、光学、模式识别等理论在数字图像处理中都得到了应用。

1.6　图像处理工程简述

图像工程的内容非常丰富，根据抽象程度和研究方法等方面的不同，可分为图像处理、图像分析和图像理解 3 个层次。图像处理、图像分析和图像理解既有联系又有区别，图像工程是三者的有机结合，另外还包括它们的工程应用。

图像分析主要是对图像中感兴趣的目标进行检测和测量，以获得它们的客观信息，从而建立对图像的描述。如果说图像处理是一个从图像到图像的过程，那么图像分析就是一个从图像到数据的过程。这里的数据可以是目标特征的测量结果，也可以是基于测量的符号表示，它们描述了目标的特点和性质。

图像理解的重点是在图像分析的基础上，进一步研究图像中各目标的性质和它们之间的相互联系，并得出对图像内容含义的理解以及对原来客观场景的解释，从而指导决策。

图像处理、图像分析和图像理解处在 3 个抽象程度和数据量各有特点的不同层次上。图像处理是比较低层的操作，主要在图像的像素级上进行处理，处理的数据量非常庞大。图像分析是中层操作，通过分割和特征提取把原来以像素描述的图像转变成比较简洁的非图像形式的描述。图像理解主要是高层操作，基本上是对从描述抽象出来的符号进行运算、分析和综合，并最终为图像处理的应用作出决策。根据本课程的任务和目标，本书重点放在图像处理的基本理论和实现技术上。

习 题 1

1.1 数字图像处理的基本内容有哪些?
1.2 数字图像处理有哪些应用领域?
1.3 数字图像处理的基本方法是什么?
1.4 数字图像处理具有哪些特点?
1.5 数字图像处理主要与哪些学科有关?

第 2 章 数字图像处理基础

本章讨论图像数字化的基本概念，图像数字化过程中采样、量化，以及采样点数和量化等级对图像质量的影响。讲述灰度等级、色度学基础与颜色模型，重点讲解 RGB 和 HSI 颜色模型及其相互转换，不同颜色模型的应用领域等内容。图像直方图在数字图像处理中是一个直观、简单、重要的工具，它反映了图像像素分布的统计特征。本章讲述图像直方图的定义、概念、性质和简单应用，为图像处理直方图的应用打下基础。图像文件的读取、传输等操作都涉及图像文件格式。本章讲述图像文件及其格式的基本概念，重点分析 BMP 文件格式。同时，作为数字图像处理基础，讲述图像的基本运算。

2.1 图像数字化

由于计算机只能处理数字图像，而自然界提供的图像却是其他的形式，所以数字图像处理的一个先决条件就是将图像数字化。通常，给普通的计算机系统装备专用的图像数字化设备就可以使之成为一台图像处理工作站。图像显示是数字图像处理的最后一个环节。所有的处理结束后，显示环节把数字图像转化为适合于人类使用的形式。显示图像对数字图像处理是必要的，但它对于数字图像分析却不一定是必需的。

2.1.1 数字阵列表示

数字图像采用数字阵列表示，矩阵中的元素称为像素（Pixel）或像点，像素的幅值对应于该点的灰度级。如图 2.1 所示为如何用一个数字阵列来表示一个物理图像的示意图。物理图像被划分为称作图像元素的小区域。最常见的划分方案是图 2.1 所示的方形采样网格，图像被分割成相邻像素组成的许多水平线，赋予每个像素位置的数值反映了物理图像上对应点的亮度，用 $f(i,j)$ 代表 (i,j) 点的灰度值，即亮度值。它们被分为 0~255 个等级。因此，数字图像上一点的像素由该点的横坐标、纵坐标和像素值共同组成。

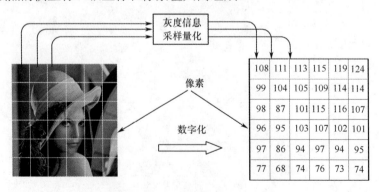

图 2.1 利用数字阵列表示物理图像示意图

关于图像的数字化，有以下几点需要说明。

① 由于 $f(i,j)$ 代表该点图像的光强度，而光是能量的一种形式，故 $f(i,j)$ 必须大于零，且为有限值，即 $0<f(i,j)<\infty$。

② 数字化采样一般是按正方形点阵取样的，除此之外还有三角形点阵、正六边形点阵等取样方式。

③ 用 $f(i,j)$ 的数值来表示 (i,j) 位置点上灰度级值的大小，即只反映了黑白灰度的关系。如果是一幅彩色图像，各点的数值还应反映色彩的变化，可用 $f(i,j,\lambda)$ 表示，其中 λ 是波长；如果图像是运动的，则图像序列还应该是时间 t 的函数，即可表示为 $f(i,j,\lambda,t)$。

2.1.2 数字化的过程

1. 采样

图像在空间上的离散化称为采样。也就是用空间上部分点的灰度值代表图像，这些点称为采样点。由于图像是一种二维分布的信息，所以为了对它进行采样操作，需要先将二维信号变为一维信号，再对一维信号完成采样。具体做法是：先沿垂直方向按一定间隔从上到下顺序地沿水平方向直线扫描，取出各水平线上灰度值的一维扫描线信号；然后，再对一维扫描线信号按一定间隔采样得到离散信号，即先沿垂直方向采样，再沿水平方向采样，通过这两个步骤完成采样操作。对于运动图像，即时间域上的连续图像，需要先在时间轴上采样，再沿垂直方向采样，最后沿水平方向采样，由这 3 个步骤完成。当对一幅图像采样时，若每行（即横向）像素为 M 个，每列（即纵向）像素为 N 个，则图像大小为 $M\times N$ 个像素。

在进行采样时，采样点间隔的选取是一个非常重要的问题，它决定了采样后图像的质量，即忠实于原图像的程度。采样间隔大小的选取要依据原图像中包含的细节情况来决定。一般情况下，图像中细节越多，采样间隔应该越小。根据一维采样定理，若一维信号 $f(t)$ 的最大角频率为 ω，以 $T\leqslant\dfrac{1}{2\omega}$ 为间隔进行采样，则能够根据采样后的结果 $f(i,T)$ 完全恢复 $f(t)$，即

$$f(t)=\sum_{i=-\infty}^{+\infty}f(iT)s(t-iT) \tag{2.1}$$

$$s(t)=\frac{\sin(2\pi\omega t)}{2\omega t} \tag{2.2}$$

图像处理的方法有模拟式和数字式两种。由于数字计算技术的迅猛发展，数字图像处理技术在各个领域得到了广泛的应用。日常生活中见到的图像一般是连续形式的模拟图像，所以数字图像处理的一个先决条件就是将连续图像离散化，即将模拟图像转换为数字图像。图像的数字化包括采样和量化两个过程。设一幅连续图像 $\{f(x,y)_{M\times N}\}$ 经过数字化后，可以用一个离散数据量所组成的矩阵 $f(i,j)$，即用二维数组表示为

$$f(i,j)=\begin{bmatrix}f(0,0)&f(0,1)&\cdots&f(0,N-1)\\f(1,0)&f(1,1)&\cdots&f(1,N-1)\\\vdots&\vdots&\vdots&\vdots\\f(M-1,0)&f(M-1,1)&\cdots&f(M-1,N-1)\end{bmatrix} \tag{2.3}$$

2. 量化

模拟图像经过采样后，在时间和空间上离散化为像素。但经过采样所得到的像素值，即灰度值仍然是连续量。把采样后所得的各像素的灰度值从模拟量转换到离散量的过程称为图像灰度的量化。一幅图像中不同灰度值的个数称为灰度级，一般为 256 级（2^8），所以像素灰度

取值范围为 0~255 之间的整数，像素值量化后用一个字节（8位）来表示。如图2.2所示，把黑-灰-白连续变化的灰度值量化为 0~255 共 256 级灰度值，灰度值的范围为 0~255，表示亮度从深到浅，对应于图像中的颜色为从黑到白。

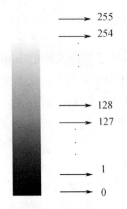

图 2.2　量化示意图

连续灰度值量化为灰度级的方法有两种，一种是等间隔量化，另一种是非等间隔量化。等间隔量化就是简单地把采样值的灰度范围等间隔地分割并进行量化。对于像素灰度值在黑白范围内较均匀分布的图像，这种量化方法可以得到较小的量化误差。该方法也称为均匀量化或线性量化。为了减小量化误差，引入了非均匀量化的方法。非均匀量化是依据一幅图像具体的灰度值分布的概率密度函数，按总的量化误差最小的原则来进行量化。具体做法是：对图像中像素灰度值频繁出现的灰度值范围，量化间隔取得小一些；而对那些像素灰度值极少出现的范围，则量化间隔取得大一些。由于图像灰度值的概率分布密度函数因图像不同而异，所以不可能找到一个适用于各种不同图像的最佳的非等间隔量化方案。因此，实用上一般都采用等间隔量化。

3．采样与量化参数的选择

一幅图像在进行采样时，行、列的采样点与量化时每个像素量化的级数，既影响数字图像的质量，也影响到数字图像数据量的大小。假定图像取 $M \times N$ 个采样点，每个像素量化后的二进制灰度值位数为 Q，一般 Q 取为 2 的整数幂，即 $Q=2^k$（$k \in \mathbf{Z}$，$\mathbf{Z}$ 为整数集合 $k = 0,1,2,\cdots$），则存储一幅数字图像所需的二进制位数为

$$b = M \times N \times Q \tag{2.4}$$

字节数为

$$B = M \times N \times \frac{Q}{8} \text{(Byte)} \tag{2.5}$$

对于一幅图像，当量化级数一定时，采样点数 $M \times N$ 对图像质量有着显著的影响。如图2.3所示，采样点数越多，图像质量越好；当采样点数减少时，图像上的块状效应就逐渐明显。同理，当图像的采样点数一定时，采用不同量化级数的图像质量也不同。量化级数越多，图像质量越好，当量化级数越少时，图像质量就会变差。量化级数最小的极端情况就是二值图像，图像会出现假轮廓。如图 2.4 所示为当采样点数一定的情况下，量化级数变化对于图像质量的影响。

　(a) 原图像　　　(b) 采样点降低 1/2　　(c) 采样点降低 1/4　　(d) 采样点降低 1/8

图 2.3　量化级数一定时采样点变化对图像质量的影响

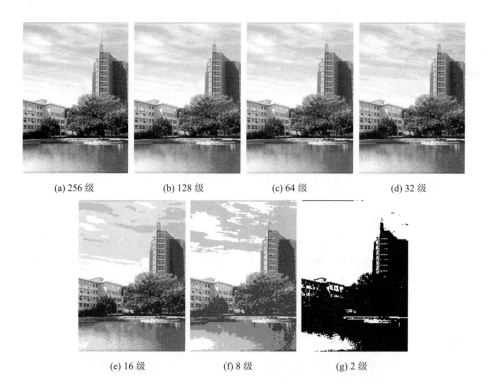

图 2.4 采样点数一定时量化级数变化对图像质量的影响

一般情况下,当限定数字图像的大小时,为了得到质量较好的图像可以采用如下原则:
① 对边缘逐渐变化的图像,应增加量化等级,减少采样点数,以避免图像的假轮廓;
② 对细节丰富的图像,应增加采样点数,减少量化等级,以避免图像模糊(即混叠)。

对于彩色图像,按照颜色成分红(R)、绿(G)、蓝(B)分别采样和量化。若各种颜色成分均按 8 位量化,即每种颜色量化级别是 256,则可以处理 $256 \times 256 \times 256 = 16777216$ 种颜色。

4. 图像数字化设备

将模拟图像数字化为数字图像,需要借助图像数字化设备。常见的数字化设备有数码相机、扫描仪和数字化仪等。

采样和量化是数字化一幅图像的两个基本过程。先把图像划分为像素,并给出它们的地址(采样);然后度量每一像素的灰度,并把连续的度量结果表示为整数(量化);最后将这些整数结果写入存储设备。为了完成这些功能,图像数字化设备必须包含以下 5 个部分。

① 采样孔:使数字化设备能够单独地观测特定的图像元素而不受图像其他部分的影响。
② 扫描机构:使采样孔能够按照预先确定的方式在图像上移动,从而按照顺序观测到每一个像素。
③ 光传感器:通过采样检测图像的每一像素的亮度,通常采用 CCD 阵列。
④ 量化器:将传感器输出的连续量转化为整数值。典型的量化器是 A/D 转换器,它产生一个与输入电压或电流成比例的数值。
⑤ 输出存储装置:将量化器产生的灰度值按适当格式存储起来,以用于计算机后续处理。

虽然各种数字化设备的组成不相同,但是图像数字化设备的性能可从以下几个方面进行评价。

(1)像素大小

采样孔的大小和相邻像素的间距是两个重要的性能指标。如果数字化设备是在一个放大率可变的光学系统上，那么对应于输入图像平面上的采样点大小和采样间距也是可变的。

（2）图像大小

图像大小即数字化设备所允许的最大输入图像的尺寸。

（3）线性度

在对光强进行数字化时，灰度正比于图像亮度的实际精确程度是一个重要的指标。非线性的数字化设备会影响后续过程的有效性。能将图像量化为多少级灰度也是非常重要的参数。图像的量化精度经历了早期的黑白二值图像、灰度图像和现在的彩色与真彩色图像。当然，量化精度越高，存储像素信息需要的字节数也越大，图像文件也越大。

（4）噪声

数字化设备的噪声水平也是一个重要的性能参数。例如，数字化一幅灰度值恒定的图像，虽然输入亮度是一个常量，但是数字化设备中固有的噪声却会使图像的灰度发生变化。因此，数字化设备所产生的噪声是图像质量下降的根源之一，应使噪声小于图像内的反差点，即对比度。

2.2 数字图像的显示

图像显示是将图像数据以图像的形式显示出来，即在空间 (x,y) 坐标处显示对应图像 $\{f(x,y)\}$ 的亮度值。图像处理的结果主要是显示给人们看的，所以图像显示对图像处理而言是非常重要的。

1. 图像的显示方法

图像显示方法有两种类型：永久性的和暂时性的。永久性显示方法是指通过永久性地改变记录媒介的光吸收特性而在纸、胶片或其他永久媒介上产生图像的硬拷贝。暂时性显示方法是指在显示屏上产生一幅暂时性的图像。

2. 图像的显示特性

最重要的显示特性是图像的大小、光度分辨率、空间分辨率、低频响应和噪声特性。显示系统显示图像大小的能力包括两部分：

① 显示器自身的物理尺寸，它应该足够大，可以方便地观察和理解所显示的图像；

② 显示系统能够处理的最大数字图像的大小。

3. 显示系统的噪声

显示系统的电子噪声会引起显示亮度与位置两方面的变化。

（1）幅值噪声

亮度通道的随机噪声会产生一种黑白噪声点，在平坦区域中尤其明显。如果噪声是周期性的并且有足够的强度，那么它会在被显示图像上产生一个叠加的"鱼骨形图案"。如果噪声是周期性的，并且与水平或垂直偏转信号同步，那么它会产生条状图案。

（2）点位置噪声

显示设备的偏转电路会带来一种严重的影响，即点显示间距的不均匀。除非点位置噪声极其严重，否则它不会给图像带来可察觉的几何畸变。然而，点之间的相互影响与位置噪声的组合，会产生相当大的幅值变化。

4. 显示设备

可以显示图像的设备很多。常见的用于图像处理和分析系统的显示设备主要是显示器，此外，可以随机访问的阴极射线管（CRT）和各种打印设备都可以用于图像的输出和显示。在CRT中，电子枪束的水平位置可以由计算机进行控制。在每一个偏转位置，电子枪束的强度用电压来调整。每点的电压与该点所对应的灰度值成正比。这样，灰度图就转化为光亮度空间的模式，这个模式被记录在阴极射线管的屏幕上而显现出来。

打印设备也是一种显示图像的设备，一般用于输出较低分辨率的图像。早期在纸上打印灰度图像的一种简便方法是利用标准行打印机的重复打印能力。输出图像上任一点的灰度值可以由该点打印的字符数量和密度控制。近年来使用的各种热敏、喷墨和激光打印机具有更高的性能，可以打印出较高分辨率的图像。一般报纸上图像的分辨率约为每英寸100点，而书籍或杂志上图像的分辨率约为每英寸300点。

2.3 色度学基础与颜色模型

首先说明样点和点的概念。当扫描一幅图像时，需要设置扫描仪的分辨率，分辨率决定了扫描仪从源图像里每英寸取多少个样点。扫描仪将源图像看成由大量的网格组成，然后在每一个网格里取出一点，用该点的颜色值来代表这一网格里所有点的颜色值，这些被选中的点就是样点。扫描仪的分辨率单位为dpi（dot per inch），即每英寸点数。而对于图像输出设备，dpi指输出分辨率，激光打印机的dpi与扫描仪的dpi是不同的。实际上，以150dpi分辨率扫描的图像，它的效果相当于激光打印机以1200dpi输出的效果。

像素并不像"克"和"厘米"那样是绝对的度量单位，而是可大可小的。如果获取图像时的分辨率较低，如50dpi，那么在显示该图像时，每英寸所显示的像素个数也很少，这样就会使像素变得较大。

2.3.1 分辨率

1. 图像分辨率

图像分辨率是指每英寸图像含有多少个点或像素，即ppi（pixel per inch）。图像分辨率越高，画面细节越丰富，因为单位面积的像素数量更多，画面会更细腻。在像素值总数不变的情况下，将图像分辨率调高，则图像实际打印尺寸变小，调高的上限为300dpi，比它再高也不能提高打印质量。

图像分辨率的单位为dpi。例如，300dpi表示图像每英寸含有300个点或像素。在数字图像中，分辨率的大小直接影响图像的质量。分辨率越高，图像细节越清晰，但产生的图像文件尺寸越大，同时处理的时间也越长，对设备的要求也越高。所以在制作图像时，要根据需要合理地选择分辨率。另外，图像的尺寸、图像的分辨率和图像文件的大小三者之间有着密切的联系。图像的尺寸越大，图像的分辨率越高，图像文件也就越大。因此，调整图像的大小和分辨率即可以改变图像文件的大小。

2. 屏幕分辨率

显示器上每单位长度显示的像素或点的数量称为屏幕分辨率，通常也是以每英寸的点数（dpi）来表示的。屏幕分辨率取决于显示器的大小及其像素设置，由计算机的显卡决定。标准的VGA显卡的分辨率是640×480点（像素），即水平方向640点（像素），垂直方向480点（像素）。现在高性能的显卡已经支持1280×1024像素以上的分辨率。

3．打印机分辨率

打印机分辨率又称为输出分辨率，是指打印机输出图像时每英寸的点数（dpi）。打印机分辨率决定了输出图像的质量，打印机分辨率高，可以减少打印的锯齿边缘，在灰度的半色调表现上也会较为平滑。打印机的分辨率可达到300dpi以上，甚至720dpi，此时需要使用特殊纸张，而较老机型的激光打印机的分辨率通常为300～360dpi。由于超微细碳粉技术的成熟，新型激光打印机的分辨率可达到600～1200dpi，作为专业排版输出已经绰绰有余了。人们看到的色彩鲜艳、景物清晰的数码照片就是很好的应用实例。

2.3.2 色度学基础

对于灰度图像而言，图像的像素值反映光强，它是二维空间变量的函数，表示为 $f(x,y)$。把灰度值看成二维空间变量和光波长的函数，表示为 $f(x,y,\lambda)$，用于表示多光谱图像，即彩色图像。在计算机上显示一幅彩色图像时，每一个像素的颜色是通过3种基本颜色红、绿、蓝合成的，即最常见的 RGB（Red，Green，Blue）颜色模型。要理解颜色模型，首先应该了解人类的视觉系统。

1．三色原理

在人类的视觉系统中，存在着杆状细胞和锥状细胞两种感光细胞。杆状细胞为暗视器官，锥状细胞是明视器官，在照度足够高时起作用，并且能够分辨颜色。锥状细胞将电磁光谱的可见部分分为3个波段：红、绿、蓝。由于这个原因，这3种颜色被称为三基色，图2.5所示为人类视觉系统3类锥状细胞的光谱敏感曲线。

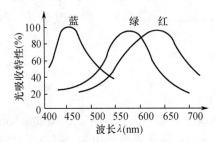

图2.5 人类视觉系统三类锥状细胞的光谱敏感曲线

根据人眼的结构，所有颜色都可看作3种基本颜色（R、G、B）按照不同的比例组合而成的。为了建立统一的标准，国际照明委员会（CIE）早在1931年就规定了3种基本色的波长分别为700nm（R）、546.1nm（G）、435.8nm（B）。将这3种单色光作为表色系统的三基色，这就是CIE的R、G、B颜色表示系统。

一幅彩色图像的像素值可看作光强和波长的函数值 $f(x,y,\lambda)$，但在实际使用时，将其看作一幅普通二维图像，且每个像素有红、绿、蓝3个灰度值会更直观些。

2．颜色的3个属性

颜色是外界光刺激作用于人的视觉器官而产生的主观感觉。颜色分为两大类：非彩色和彩色。非彩色是指黑色、白色和介于这两者之间深浅不同的灰色，也称为无色系列。彩色是指除了非彩色以外的各种颜色。颜色有3个基本属性，分别是色相、饱和度和亮度。基于这3个基本属性，提出了一种重要的颜色模型 HSI（Hue，Saturation，Intensity）。

3．颜色模型

为了科学地定量描述和使用颜色，人们提出了各种颜色模型。目前常用的颜色模型按用途可分为两类：一类是面向诸如视频监视器、彩色摄像机或打印机之类的硬件设备；另一类是面向以彩色处理为目的的应用，如动画中的彩色图形。面向硬件设备的最常用颜色模型是 RGB 模型，而面向彩色处理的最常用模型是 HSI 模型。另外，在印刷工业和电视信号传输中，经常使用 CMYK 和 YUV 颜色模型。

（1）RGB 模型

RGB 模型用三维空间中的一个点来表示某一种颜色，如图 2.6 所示。每个点有 3 个分量，分别代表该点颜色的红、绿、蓝亮度值，亮度值限定在[0，1]之间。

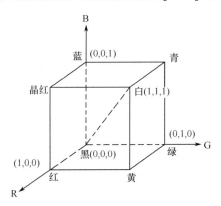

图 2.6 RGB 模型示意图

在 RGB 模型立方体中，原点所对应的颜色为黑色，它的 3 个分量值都为零。距离原点最远的顶点对应的颜色为白色，它的 3 个分量值都为 1。从黑到白的灰度值分布在这两个点的连线上，该连线称为灰色线。立方体内其余各点对应不同的颜色。彩色立方体中有 3 个顶点对应于三基色——红色、绿色、蓝色。剩下的 3 个顶点对应于三基色的 3 个补色——黄色、青色（蓝绿色）、品红色（紫色）。

（2）HSI 模型

HSI 模型是芒塞尔（Munsell）提出的，反映了人类的视觉系统观察彩色的方式，在艺术上经常使用 HSI 模型。在 HSI 模型中，H 表示色相（Hue），S 表示饱和度（Saturation），I 表示亮度（Intensity，对应成像亮度和图像灰度）。这个模型的建立基于两个重要的事实：I 分量与图像的彩色信息无关；H 和 S 分量与人感受颜色的方式是密切联系的。这些特点使得 HSI 模型非常适合借助人的视觉系统来感知彩色特性的图像处理算法。

如图 2.7 所示，色相环描述了色相和饱和度两个参数。色相用角度来表示，它反映了该彩色最接近什么样的光谱波长。一般情况下，0°所表示的颜色为红色，120°表示的颜色为绿色，240°表示的颜色为蓝色。0°～240°的色相覆盖了所有可见光谱的彩色，在240°～300°之间为人眼可见的非光谱色（紫色）。

饱和度是指一个颜色的鲜明程度，饱和度越高，颜色越深，如深红、深绿。饱和度参数是色相环的圆心到彩色点的半径的长度。由色相环可以看出，环的边界上是纯的或饱和的颜色，其饱和度值为 1；在中心是中性（灰色）阴影，饱和度为 0。亮度是指光波作用于感受器所发生的效应，其大小由物体反射系数来决定，反射系数越大，物体的亮度越大，反之越小。

HSI 模型的 3 个属性定义了一个三维柱形空间，如图 2.8 所示。灰度阴影沿着轴线从底部的黑变到顶部的白，具有最高亮度。最大饱和度的颜色位于圆柱上顶面的圆周上。

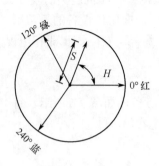
图 2.7 色相环

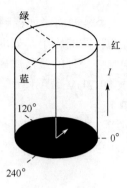
图 2.8 柱形彩色空间

4. 颜色模型的相互转换

(1) RGB 模型转换到 HSI 模型

给定一幅 RGB 颜色模型的图像,对任何 3 个[0,1]范围内的 R,G,B 值,其对应于 HSI 模型中的 I,S,H 分量分别为

$$I = \frac{1}{3}(R+G+B) \tag{2.6}$$

$$S = I - \frac{3}{(R+G+B)}[\min(R,G,B)] \tag{2.7}$$

$$H = \begin{cases} \theta & B \leqslant G \\ 360-\theta & B > G \end{cases} \tag{2.8}$$

其中,$\theta = \arccos\left\{\dfrac{[(R-G)+(R-B)]/2}{[(R-G)^2+(R-G)(G-B)]^{1/2}}\right\}$。

(2) HSI 模型转换到 RGB 模型

假设 S 和 I 的值在[0,1]之间,R、G、B 的值也在[0,1]之间,则 HSI 模型转换为 RGB 模型的公式分成 3 段,以便利用对称性。可分别表示为

① H 在[0°,120°]之间

$$B = I(1-S) \tag{2.9}$$

$$R = I\left[1+\frac{S\cos H}{\cos(60°-H)}\right] \tag{2.10}$$

$$G = 3I-(B+R) \tag{2.11}$$

② H 在[120°,240°]之间

$$R = I(1-S) \tag{2.12}$$

$$G = I\left[1+\frac{S\cos(H-120°)}{\cos(180°-H)}\right] \tag{2.13}$$

$$B = 3I-(R+G) \tag{2.14}$$

③ H 在[240°,360°]之间

$$G = I(1-S) \tag{2.15}$$

$$B = I\left[1 + \frac{S\cos(H-240°)}{\cos(300°-H)}\right] \quad (2.16)$$

$$R = 3I - (G+B) \quad (2.17)$$

5. CMYK 颜色模型

（1）CMYK 颜色模型及其应用

CMYK 颜色模型也是一种常用的表示颜色的方式。计算机屏幕显示通常用 RGB 颜色模型，它是通过相加来产生其他颜色的，这种做法通常称为加色合成法（Additive Color Synthesis）。而在印刷工业上，通常用 CMYK 颜色模型，它是通过颜色相减来产生其他颜色的，称为减色合成法（Subtractive Color Synthesis）。

CMYK 颜色模型是以打印油墨在纸张上的光线吸收特性为基础的，它的原色为靛青色（Cyan）、品红色（Magenta）、黄色（Yellow）和黑色（Black）。图像中每个像素都是由 4 种颜色 C、M、Y、K 按照不同的比例合成的。每个像素的每种印刷油墨都会被分配一个百分比值：最亮（高光）的颜色分配较低的印刷油墨颜色百分比值，较暗（暗调）的颜色分配较高的百分比值。例如，明亮的红色可能会包含 2%靛青色、93%洋红色、90%黄色和 0%黑色。在 CMYK 模型中，当所有 4 种分量的值都是 0%时，就会产生纯白色。CMYK 颜色模式的图像中包含 4 个通道，印刷品上所看见的图像就是由这 4 个通道合成后的效果。

在制作用于印刷色打印的图像时，需要使用 CMYK 颜色模式。由于 RGB 颜色模式的图像直接采用 CMYK 颜色模式打印会产生分色，所以要将使用的图像素材的 RGB 颜色模式转换为 CMYK 颜色模式。

在进行图像处理时，一般不采用 CMYK 模式，主要是因为这种模式的图像文件很大，占用的磁盘空间和内存很大，因此这种模式一般在印刷时使用。

（2）CMYK 与 RGB 的相互转换

① RGB 模型转换到 CMYK 模型

$$\begin{aligned} C &= W - R = G + B \\ M &= W - G = R + B \\ Y &= W - B = R + G \\ K &= \min[C, M, Y] \end{aligned} \quad (2.18)$$

式中，W 表示白色。

② CMYK 模型转换到 RGB 模型

$$\begin{aligned} R &= W - C = 0.5 \times [M + Y - C] \\ G &= W - M = 0.5 \times [Y + C - M] \\ B &= W - Y = 0.5 \times [M + C - Y] \end{aligned} \quad (2.19)$$

6. 其他表色系统

（1）YUV 电视信号彩色坐标系统

YUV 彩色电视信号在传输时，需要将 R、G、B 转换成亮度信号和色度信号。PAL 制式将 R、G、B 三色信号转换成 Y、U、V 信号，Y 信号表示亮度，U、V 信号表示色差。YUV 与 RGB 颜色模型之间的对应关系表示为

$$\begin{bmatrix} Y \\ U \\ V \end{bmatrix} = \begin{bmatrix} 0.299 & 0.587 & 0.114 \\ -0.148 & -0.289 & -0.437 \\ 0.615 & 0.515 & -0.100 \end{bmatrix} \cdot \begin{bmatrix} R \\ G \\ B \end{bmatrix} \quad (2.20)$$

$$\begin{bmatrix} R \\ G \\ B \end{bmatrix} = \begin{bmatrix} 1 & 0 & 1.140 \\ 1 & -0.395 & -0.581 \\ 1 & 2.032 & 0 \end{bmatrix} \cdot \begin{bmatrix} Y \\ U \\ V \end{bmatrix} \quad (2.21)$$

（2）Lab 颜色模型

Lab 颜色模型是 CIE 于 1976 年推荐的设计成符合芒塞尔彩色系统的表色系。Lab 颜色由亮度（或光亮度）分量 L 和 a、b 两个色度分量组成。其中，a 在正向的数值越大表示越红，在负向的数值越大则表示越绿；b 在正向的数值越大表示越黄，在负向的数值越大表示越蓝。Lab 颜色模型与设备无关，无论使用何种设备，如显示器、打印机、计算机或扫描仪创建或输出图像，这种模型都能生成一致的颜色。

（3）YCbCr 表色系

YCbCr 模型充分考虑了人眼的视觉性能来降低数字图像所需要的存储容量，它是一种适合于彩色图像压缩的表色系统。人眼对彩色细节的分辨能力远比对亮度细节的分辨能力低。如果把人眼可以分辨的黑白相间的条纹换成彩色条纹，那么人眼就不能够分辨了。根据这个特点，把彩色分量的分辨率降低不会明显影响图像的质量，图像数据进行了压缩，由此可以减少彩色图像的存储容量。

YCbCr 颜色模型与 YUV 颜色模型一样，是由亮度 Y、色差 Cb 和 Cr 这 3 个属性所构成的表色系。亮度 Y 是由 R、G、B 的线性组合构成的，而 R、G、B 这 3 个分量的加权系数各不相同。YCbCr 颜色模型与 YUV 颜色模型不同的是，在构造色差的计算公式时，充分考虑了 R、G、B 这 3 个分量在视觉感觉中的不同重要性而确定的。

① RGB 转换到 YCbCr

$$\begin{array}{l} Y = 0.299R + 0.587G + 0.114B \\ Cb = 2(1 - 0.114)(B - Y) \\ Cr = 2(10.299)(R - Y) \end{array} \quad (2.22)$$

② YCbCr 转换到 RGB

$$\begin{array}{l} R = Y + k_R \, Cr \\ B = Y + k_B \, Cb \\ G = (Y - 0.299R - 0.114B)/0.587 \end{array} \quad (2.23)$$

式中，$k_R = \dfrac{1}{2(1-0.299)}$，$k_B = \dfrac{1}{2(1-0.114)}$。

2.3.3 彩色显示

在彩色图像处理中彩色显示方法主要有两种，一种用彩色监视器显示，另一种是用彩色硬拷贝设备进行彩色显示。这两种设备的彩色显示原理是不同的。在数字图像中用彩色显像管的显示方法，利用相加混色法产生各种颜色。相加混色的规律为：

红色+绿色=黄色

红色+蓝色=紫色

蓝色+绿色=青色

红色+蓝色+绿色=白色

彩色硬拷贝设备是用相减混色原理显示彩色图像的，相减混色的规律为：

黄色=白色–蓝色

紫色=白色–绿色

青色=白色–红色

红色=白色–蓝色–绿色

绿色=蓝色–红色

蓝色=白色–绿色–红色

黑色=白色–蓝色–绿色–红色

2.4 灰度直方图

在数字图像处理中，一个最简单和最有用的工具是灰度直方图（Density Histogram）。它概括了一幅图像的灰度级内容。任何一幅图像的直方图都包括了可观测的信息，有些类型的图像还可由其直方图完全描述。灰度直方图的形状能说明图像灰度分布的总体信息。例如，出现窄峰状直方图说明图像反差小，出现双峰说明图像中分为不同亮度的两个区域。直方图虽然不包括灰度分布的位置信息，但它的统计特征能说明许多问题。灰度直方图是多种空间域处理技术的基础，是图像处理中一种十分重要的图像分析工具，直方图的操作能有效地用于图像增强、图像压缩、边缘检测等处理中。

2.4.1 直方图的定义

灰度直方图是灰度级的函数，描述的是图像中具有该灰度级的像素的个数，其横坐标是灰度级，纵坐标是该灰度出现的频率，即等于该灰度的像素的个数与总像素数之比。灰度直方图反映了一幅图像中的灰度级与出现这种灰度的概率之间的关系，展现了图像最基本的统计特征。

将一幅连续图像中被具有灰度级 D 的所有轮廓线所包围的面积，称为阈值面积函数，表示为 $A(D)$。直方图可定义为

$$H(D) = -\frac{\mathrm{d}A(D)}{\mathrm{d}D} \tag{2.24}$$

式中，$A(D)$ 表示阈值面积函数，D 表示灰度级，$H(D)$ 表示直方图。式(2.24)说明，一幅连续图像的直方图是其阈值面积函数的导数的负值。

负号的出现是由于随着 D 的增加 $A(D)$ 在减小。如果将图像看成是一个二维的随机变量，则面积函数相当于其累积分布函数，而灰度直方图相当于其概率分布函数。灰度出现的频率可以看作其出现的概率，所以直方图就对应于概率密度函数（Probability Function，PDF），而概率分布函数就是直方图的累积和，即概率密度函数的积分。

对于离散函数，规定 ΔD 为 1，则式(2.24)变为

$$H(D) = A(D) - A(D+1) \tag{2.25}$$

设变量 r 代表数字图像中像素的灰度级。在图像中，对像素的灰度级作归一化处理，r 的值限定在[0，1]区间，在灰度级中，$r=0$ 代表黑，$r=1$ 代表白。对于一幅给定的图像，每一个像素取得[0，1]区间内的灰度级是随机的，即 r 是一个随机变量。可以用概率密度函数 $p(r)$

来表示原图像的灰度分布。如果用直角坐标系的横轴代表灰度级 r，用纵轴代表灰度级的概率密度函数 $p(r)$，则可以针对一幅图像在这个坐标系中作出分布密度曲线。

在离散形式下，用 r_k 代表离散灰度级，用 $p(r_k)$ 表示 $p(r)$，则有

$$p(r_k) = \frac{n_k}{n} \quad 0 \leqslant r_k \leqslant 1, \quad k = 0,1,2,\cdots,L-1 \quad (2.26)$$

式中，n_k 为图像 $f(x,y)$ 中具有 r_k 这种灰度值的像素数，n 为图像中像素总数，而 n_k/n 为频数。根据上述定义，可以设置一个有 L 个元素的数组，其中，数组中元素的个数为 $0,1,2,\cdots,L-1$，共 256 个元素，用来表示图像的 256 灰度级。通过对不同灰度值像素个数的统计来获得图像的直方图。在直角坐标系中作出 r_k 与 $p(r_k)$ 的关系图形，就得到直方图。它给出了一幅图像中所有像素灰度值的整体描述。如图 2.9 所示为一幅图像及其灰度直方图。横坐标为 0～255 灰度等级，纵坐标为等于某个灰度级的像素个数或 n_k/n。

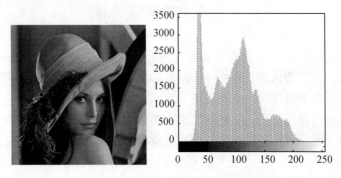

图 2.9 一幅图像及其灰度直方图

2.4.2 直方图的性质

直方图描述了每个灰度级所具有的像素的个数，但是它不能为这些像素在图像中的空间位置提供任何线索。因此，任何一幅特定的图像具有唯一的直方图，但反之并不成立。直方图具有如下性质。

① 直方图是一幅图像中各像素灰度值出现次数（或频数）的统计结果，它只反映该图像中不同灰度值出现的次数（或频数），而不能反映某一灰度值像素所在位置。也就是说，它只包含了该图像中某一灰度值的像素出现的概率，而丢失了其所在位置的信息。

② 任一幅图像，都能唯一地确定出一幅与它相对应的直方图，但是不同的图像，可能有相同的直方图。也就是说，图像与直方图之间是多对一的映射关系。如图 2.10 所示，表明不同图像具有相同直方图。同时，图 2.10 还说明在一幅图像中移动某个物体，图像的直方图不会改变。

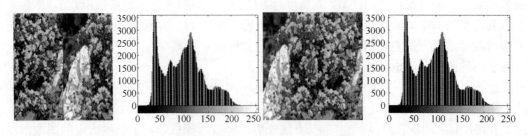

图 2.10 不同图像具有相同直方图

③ 直方图还有另一个有用的性质,该性质可以从其定义每一灰度级的像素个数直接得到。如果一幅图像由两个不连续的区域组成,并且每个区域的直方图已知,则整幅图像的直方图是该两个区域的直方图之和。显然,该结论可以推广到任何数目的不连续区域的情形。

如果一幅图像包含一个灰度均匀的物体,而且背景与物体的对比度较强,并且规定物体的边界是由灰度级 D_1 定义的轮廓线,则

$$\int_{D_1}^{\infty} H(D) \mathrm{d}D = 物体的面积 \qquad (2.27)$$

如果图像中包含多个物体,并且所有轮廓线处的灰度级均为 D,则式(2.27)给出了所有物体的面积之和。

通过除以图像的面积来归一化灰度直方图可得到图像的概率密度函数(PDF),对面积进行同样的归一化可得到图像的累积分布函数(CDF)。这些函数在对图像进行统计时是非常有用的。

2.4.3 直方图的简单应用

1. 数字化参数

直方图给出了一个简单可见的指标,用来判断一幅图像是否合理地应用了全部或几乎全部的灰度级。如果图像数字化的级数少于 256,那么丢失的信息除非重新数字化图像,否则将不能被恢复。

如果图像具有超出数字化器所能处理的范围的亮度,那么这些灰度级将被简单地设置为 0 或 255,由此将在直方图的一端或两端产生尖峰。数字化时对图像直方图进行检查是一个很好的做法。通过直方图的快速检查可以使数字化过程中产生的问题及早暴露出来,以免浪费大量的后续处理时间。

2. 边缘阈值选择

轮廓线提供了一个确定图像中简单物体边界的有效方法。用轮廓线作为边界的技术称为阈值化。假定一幅图像背景是浅色的,其中有一个深色的物体。如图 2.11 所示是这类图像的直方图。物体中的深色像素产生了直方图上的左峰,而背景中大量的浅色像素产生了直方图上的右峰。物体边界附近具有两峰之间灰度级的像素数目相对较少,从而产生了两峰之间的谷。选择谷底作为灰度阈值将得到合理的物体边界。

如图 2.11 所示,双峰直方图可以选择谷底的灰度值 T 作为分割图像中背景与目标的阈值。从某种意义上说,采用两峰之间的最低点的灰度级作为阈值来确定边界是最适宜的。从式(2.24)可知,直方图是阈值面积函数的导数。在谷底的附近,直方图的值相对较小,意味着对物体边界的影响达到最小。如果试图测量物体的面积,选择谷底处阈值将使测量对于阈值灰度变化的敏感性降到最低。

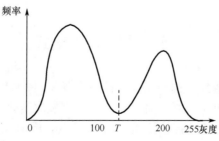

图 2.11 双峰直方图

3. 综合光密度

在给出图像的灰度直方图后,甚至可以在没有看到图像的情况下就可以确定物体的最佳灰度阈值,以便计算物体的面积。另外,一种可以从简单图像的灰度直方图直接计算的量是综合光密度 IOD（Integrated Optical Density）。它是反映图像"质量"的一种有用度量,其定义为

$$\text{IOD} = \int_0^a \int_0^b D(x,y) \, \mathrm{d}x \, \mathrm{d}y \tag{2.28}$$

式中,a 和 b 是所划定的图像区域的边界,$D(x,y)$ 是点 (x,y) 处的灰度值。如果在灰度级为 0 的背景上有深色的物体,则 IOD 反映了物体的面积和密度的组合。

对于数字图像,综合光密度表示为

$$\text{IOD} = \sum_{i=1}^{M} \sum_{j=1}^{N} D(i,j) \tag{2.29}$$

式中,M 表示图像的宽度,N 表示图像的高度,$D(i,j)$ 是点 (i,j) 处像素的灰度值。令 N_k 代表灰度级为 k 时所对应的像素的个数,则式(2.29)可表示为

$$\text{IOD} = \sum_{k=0}^{255} k N_k \tag{2.30}$$

显然,式(2.30)表示将一幅图像内所有像素的灰度级加起来。然而,N_k 只是灰度级 k 所对应的直方图上的值,故又可表示为

$$\text{IOD} = \sum_{k=0}^{255} k H(k) \tag{2.31}$$

式(2.31)表示用灰度级加权的直方图之和。令式(2.29)等于式(2.31),并且令灰度级的增量趋向极限 0,则可以得到类似的适用于连续图像的表达式为

$$\text{IOD} = \int_0^\infty D H(D) \, \mathrm{d}D \tag{2.32}$$

$$\int_0^a \int_0^b D(x,y) \mathrm{d}x \mathrm{d}y = \int_0^\infty D H(D) \, \mathrm{d}D \tag{2.33}$$

如果图像中的物体被阈值灰度级为 T 的边界划分出来,则物体边界内的 IOD 可表示为

$$\text{IOD}(T) = \int_T^\infty D H(D) \, \mathrm{d}D \tag{2.34}$$

内部灰度级的平均值 MGL 等于 IOD 与面积之比,表示为

$$\text{MGL} = \frac{\text{IOD}(T)}{A(T)} = \frac{\int_T^\infty D H(D) \, \mathrm{d}D}{\int_T^\infty H(D) \, \mathrm{d}D} \tag{2.35}$$

式中,D 为图像中任一灰度级。

2.5 图像文件格式

图像文件的读取、传输等操作都与图像文件格式有关。随着计算机信息技术的进步和数字图像处理应用领域的不断扩展,图像文件及其格式也在发生变化,在进行图像处理前,必须了解图像文件的格式,即图像文件的数据组成。本节重点分析 BMP 文件的格式,分析 BMP 文件的文件头、调色板和图像数据阵列,同时介绍其他文件格式,为后续图像处理各种算法的实现、图像文件的打开、图像数据的读取打下一定的基础。

2.5.1 图像文件简介

图像文件就是描绘了一幅图像的计算机数据文件。一幅现实世界的图像经由扫描仪、数码摄像机等设备进行原始采集和数字化后,以图像文件的形式存储于计算机的磁盘中,然后才能应用计算机进行处理。在应用计算机进行图像处理的早期,各种图像的存储都由采集者自行定义格式。随着计算机数字图像处理技术的发展,各领域逐渐出现了流行的图像格式标准,如公共领域常用的 GIF(Graphics Interchange Format)格式、计算机上的 PCX 格式、动画领域的 TGA 格式和 CAD 领域中的 DXF(Auto desk Drawing Exchange Format)矢量格式等。归纳起来,有两种截然不同的图像格式类型:位图(光栅图)和矢量图。位图是用数据点来映射表示图像像素点的方式,而矢量图是用线段和形状描述图像。矢量图一般在工程领域中应用,而且与位图之间的转换非常复杂,本书讨论的图像格式特指位图图像格式。

最简单的位图是黑白二值位图,它是数字图像处理早期最常用的格式,一幅图像由一系列二值点组成,黑或白(0 或 1)。随着计算机硬件的迅速发展,在计算机上显示 16 色(EGA)、256 色(VGA)甚至数十万种颜色已经非常容易,可以表现彩色图像的格式也随之设计出来。这些彩色图像文件包含图像的高、宽、分辨率等信息。另外,还要包含一个描绘这幅图像的调色板。存储图像的点阵的每一个数据所代表的已经不是该点颜色的值,而是调色板中的一项。真彩色图像不需要调色板,但是它的图像文件本身要占据很大的空间。

图像文件数据所占据的空间很庞大。一幅 A4 幅面的真彩色图像大约要占 6MB,所以很多图像文件格式采用了数据压缩技术。目前,大多数图像格式采用的都是无损压缩。图像文件被压缩后,可以有效地节省存储空间,同时节省图像传输的时间。为了节省编码和解码的时间,许多图像格式都将压缩作为一个选项,当表示一个较小的图像时,可以不采用压缩格式。

1. 图像文件的基本特征

图像文件的基本特征如下:
① 描述图像高度、宽度和各种物理特征的数据;
② 彩色定义,决定颜色数量的每点位(bit)数、彩色平面数、非真彩色图像的调色板;
③ 描述图像的位图数据。

2. 图像文件的识别信息

图像文件的识别信息除了定义图像的各项参数外,实际上文件本身也需要有一些识别信息,这样才能够供程序分辨出某个文件究竟属于何种图像格式。所以,图像文件的识别信息包括文件识别和图像识别两类数据。这些识别信息通常都设计成固定的数据结构,并且置于文件的最前端,以方便图像处理程序识别和读取。下面将分别说明文件识别和图像识别信息内容。

(1)文件识别信息

文件识别信息通常包括图像文件的识别码与版本代号。识别码用于判断这个文件属于哪种图像文件格式,例如,PCX 图像文件的识别码为 10(0x0A),GIF 图像文件的识别码则为"GIF"。版本代码则用来判断同类文件属于哪一时期的版本。如:版本代号为 3 的 PCX 图像文件内没有调色板数据,而版本代号为 2、4、5 的 PCX 图像文件内则存放了调色板数据。文件识别信息通常都是放在图像文件的前端,称为图像文件的表头。

(2)图像识别信息

图像识别信息主要包括:图像的宽度和高度、表示一个图像点所需的位(比特)数、数据压缩方式和调色板数据。这 4 项信息中的压缩方式代码和调色板数据,不是每个图像文件都有的数据。当文件的图像数据不超过 256 色时，才会有调色板数据。当图像文件允许采用多种不同的压缩方式时，才需要一个代码作为压缩方式的识别码。除此之外，各类图像文件会基于个别需要，定义一些其他的识别信息，如打印机的分辨率、图像每行的字节总数等。

虽然在实际的图像文件格式中，识别信息的种类与排列位置或多或少会有些不同，但是图像文件内总少不了上述几项重要的识别信息。图像文件必须提供这些识别信息，程序才能够正确无误地读取出图像数据。

2.5.2 BMP 图像文件格式

位图（Bitmap）又称为光栅图或像素图，简称 BMP。BMP 图像文件是微软公司 Windows 操作系统所规定的标准图像文件格式。在 Windows 系统软件中，同时内含了一系列支持 BMP 图像处理的 API 函数。BMP 图像文件格式是计算机上流行的图像文件格式之一，Windows 环境下运行的图形、图像应用软件都支持 BMP 图像文件。

1．BMP 图像文件的特点

BMP 图像文件的特点如下：

① 只能存放一幅图像；
② 只存储单色、16 色、256 色和真彩色 4 种图像数据；
③ 图像数据可以选择压缩或不压缩处理；
④ 图像文件排列顺序与一般图像文件不同；
⑤ 调色板的数据结构特殊。

Windows 设计了两种压缩方式：RLE4 和 RLE8。RLE4 只能压缩 16 色图像数据；RLE8 则只能压缩 256 色图像数据。

2．BMP 图像文件内容

BMP 图像文件结构如图 2.12 所示，可分为 3 个部分：表头（文件头和信息头）、调色板和图像数据。表头长度固定为 54 个字节。只有真彩色 BMP 图像文件内没有调色板数据，其余不超过 256 种颜色的图像文件都必须设定调色板信息，即使是单色的 BMP 图像文件也不例外。

位图文件头	BITMAPFILEHEADER
位图信息头	BITMAPINFOHEADER
调色板	Palette
位图像素数据	DIB Pixels

图 2.12 BMP 图像文件结构

（1）位图文件头结构

BMP 图像文件的头数据结构含有 BMP 图像文件的类型、大小和打印格式等信息。在 Windows.h 中对其进行了定义：

```
typedef struct tagBITMAPFILEHEADER{
    WORD     bftype;          '文件类型,位图为 BM,该值是 0x4D42,即字符'BM'
    DWORD    bfSize;          '文件大小，以字节为单位
    WORD     bfReserved1;     '保留字,值为 0
    WORD     bfReserved2;     '保留字,值为 0
    DWORD    bfoffBits;       '位图阵列偏移量
}BITMAPFILEHEADER;
```

其中，位图阵列偏移量 bfoffBits，单位为字节，说明从文件头开始到实际的图像数据之间的字节的偏移量。这个参数是非常有用的，因为位图信息头和调色板的长度会根据不同图像而变化，所以可以用这个偏移值迅速地从文件中读取到位图数据。

（2）位图信息头结构

位图信息头数据结构含有位图文件的尺寸和颜色等信息。在 Windows.h 中也对其进行了定义：

```
typedef struct tagBITMAPINFO{
    BITMAPINFOHEADER  bmiHeader;
    RGBQUAD           bmiColor[];
}BITMAPINFO;
```

① bmiHeader 是一个位图信息头（BITMAPINFOHEADER）类型的数据结构，用于说明位图的尺寸。BITMAPINFOHEADER 的定义如下：

```
Typedef struct tagBITMAPINFOHEADER {
    DWORD   biSize;              '该结构的长度,值为 40,单位字节
    DWORD   biWidth;             '位图宽度,单位像素
    DWORD   biHeight;            '位图高度,单位像素
    WORD    biPlanes;            '目标设备的级别,值为 1
    WORD    biBitCount;          '每个像素所占位数（比特数/像素）,值为 1（单色）,4（色）,8
                                 （256 色）或 24（真彩色）
    DWORD   biCompression;       'BMP 压缩方式,对应值 0,1,2 分别为 BI_RGB（不压缩）BI_
                                 REL8,BI_REL4
    DWORD   biSizeImage;         '位图大小,单位字节
    DWORD   biXpelsPerMeter;     '水平分辨率,单位像素/米
    DWORD   biYpelsPerMeter;     '垂直分辨率,单位像素/米
    DWORD   biClrUsed;           '实际使用颜色数
    DWORD   biClrImportant;      '重要颜色索引值
} BITMAPINFOHEADER;
```

② bmiColor[ ]是一个颜色表，用于说明位图中的颜色。它由若干个表项组成，每一个表项是一个 RGBQUAD 类型的结构，定义了一种颜色。RGBQUAD 的定义如下：

```
typedef struct tagRGBQUAD
    BYTE    rgbBlue;
    BYTE    rgbGreen;
    BYTE    rgbRed;
    BYTE    rgbReserved;         '保留位
}RGBQUAD;
```

在 RGBQUAD 定义的颜色中，蓝色、绿色、红色的亮度分别由 rgbBlue、rgbGreen、rgbRed 来确定。rgbReserved 必须为 0。例如，如果某表项为 00，00，FF，00，那么它所定义的颜色为纯蓝色。

bmiColor[ ]表项的个数由 biBitCount 来定：

当 biBitCount=1，4，8 时，bmiColor[]分别有 2，16，256 个表项。若某点的像素值为 n，则该像素的颜色为 bmiColor[n]所定义的颜色。

biBitCount=24 时，bmiColor[ ]的表项为空。位图阵列的每三个字节代表一个像素，三个字节直接定义了像素颜色中蓝、绿、红的相对亮度，因此省去了 bmiColor[ ]颜色。

（3）位图像素数据

位图阵列记录了位图的每一个像素值。在生成位图文件时，Windows 从位图的左下角开

始,即从下到上逐行扫描位图,将位图的像素值一一记录下来。这些记录像素值的字节组成了位图阵列。位图阵列有压缩和非压缩两种存储格式。

① 非压缩格式

在非压缩格式中,位图每一个点的像素值一一对应于位图阵列的若干位(bits),位图阵列的大小由位图的宽度、高度及位图的颜色数决定。如图 2.13 所示,表明了位图扫描行与位图阵列的关系,即位图中像素与位图阵列的关系。

位图文件	
位图文件头BITMAPFILEHEADER	
位图文件头BITMAPINFOHEADER	
调色板数据	文件中的数据阵列
A0 A1 A2 ……	第n行像素
A0 A1 A2 ……	第n-1行像素
⋮	Ai的字节结构 D7 D6 D5 D4 D3 D2 D1 D0
A0 A1 A2 ……	第2行像素
A0 A1 A2 ……	第1行像素

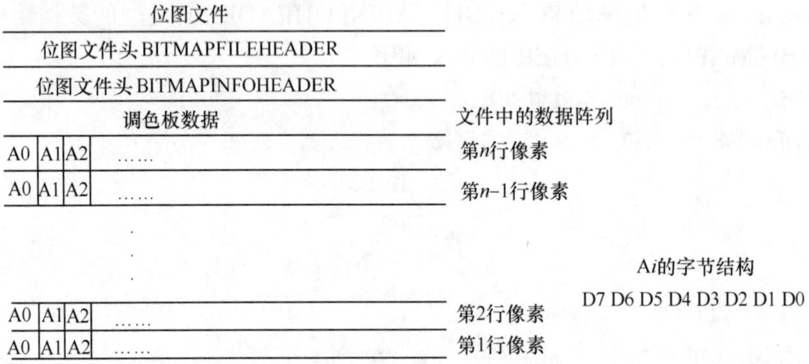

图 2.13 位图中像素与位图阵列的关系

设记录一个扫描行的像素值需要 n 个字节,则位图阵列的第 0 至 $n-1$ 个字节记录了位图的第一个扫描行的像素值,位图阵列的第 n 至 $2n-1$ 个字节记录了位图的第二个扫描行的像素值,……,依此类推,位图阵列的第 $(m-1)\times n$ 至 $m\times n-1$ 个字节记录了位图的第 m 个扫描行的像素值。位图阵列的大小为 $n\times$ biHeight。

当(biWidth*biBitCount)mod 32=0 时

$$n =(biWidth*biBitCount)/8$$

当(biWidth*biBitCount)mod 32!=0 时

$$n =(biWidth*biBitCount)/8+4$$

上式中+4 的原因是为了使一个扫描行的像素值占用位图阵列的字节数为 4 的倍数,不足的位用 0 填充。

记录第 m 个扫描行的像素值的 n 个字节分别为 A0、A1、A2,…,那么当 biBitCount=1 时,A0 的 D7 位记录了位图的第 m 个扫描行的第 1 个像素值,D6 位记录了位图的第 m 个扫描行的第 2 个像素值,……,D0 位记录了位图的第 m 个扫描行的第 8 个像素值,A1 的 D7 位记录了位图的第 m 个扫描行的第 9 个像素值,D6 位记录了位图的第 m 个扫描行的第 10 个像素值。

当 biBitCount=4 时,A0 的 D7~D4 位记录了位图的第 m 个扫描行的第 1 个像素值,D3~D0 位记录了位图的第 m 个扫描行的第 2 个像素值,A1 的 D7~D4 位记录了位图的第 m 个扫描行的第 3 个像素值。

当 biBitCount=8 时,A0 记录了位图的第 m 个扫描行的第 1 个像素值,A1 记录了位图的第 m 个扫描行的第 2 个像素值。

当 biBitCount=24 时,A0、A1、A2 记录了位图的第 m 个扫描行的第 1 个像素值,A3、A4、A5 记录了位图的第 m 个扫描行的第 2 个像素值。

位图其他扫描行的像素值与位图阵列的对应关系与此类似。

② 压缩格式

Windows 支持 BI_RLE8 及 BI_RLE4 压缩位图存储格式，压缩减少了位图阵列所占用的存储空间。

● BI_RLE8 压缩格式

当 biCompression=1 时，位图文件采用此压缩编码格式，压缩编码以两个字节为基本单位。其中，第一个字节规定了用两个字节指定的颜色重复画出的连续像素的数目。

例如，压缩编码 05 04 表示从当前位置开始连续显示 5 个像素，这 5 个像素值均为 04。

在第一个字节为 0 时，第二个字节有特殊的含义：

0：行末　　　　　　　　　　　1：图末

2：转义后面的两个字节，用这两个字节分别表示下一个像素从当前位置开始的水平位移和垂直位移。

n（0x03< n < 0xFF）：转义后面的 n 个字节，用其后的 n 个字节所指定的颜色画出。注意，实际编码时必须保证后面的字节数是 4 的倍数，不足的位用 0 补齐。

例如，压缩编码 00 00 表示开始新的扫描行；压缩编码 00 01 表示压缩位图阵列结束；压缩编码 00 02 05 01 表示从当前位置开始右移 5 个像素，向下移 1 行后再画下一个像素；压缩编码 00 03 05 06 07 00 表示从当前位置开始连续画 3 个像素，3 个像素的颜色分别为 05、06、07，最后面的 00 是为了保证被转义的字节数是 4 的倍数。

● BI_RLE4 压缩格式

当 biCompression=2 时，位图文件采用此种压缩编码格式。BI_RLE4 的压缩编码与 BI_RLE8 的编码方式类似，唯一的不同是 BI_RLE4 的一个字节包含两个像素的颜色。当连续显示时，第一个像素按字节高 4 位规定的颜色画出，第二个像素按字节低 4 位规定的颜色画出，第三个像素按字节高 4 位规定的颜色画出，直到所有像素都画出为止。

例如，压缩编码 05 67 表示从当前位置开始连续画 5 个像素，5 个像素的颜色分别为 6、7、6、7、6；压缩编码 00 04 45 67 00 00 表示从当前位置开始连续画 4 个像素，4 个像素的颜色分别为 4、5、6、7。最后的 00 是为了保证被转义的字节数是 4 的倍数。

③ 几点说明

i. BMP 文件格式在处理单色或真彩色图像时，不论图像数据多么庞大，都不对图像数据进行任何压缩处理。

ii. 图像所占的字节数 biSizeImage 并不一定等于 biWidth*biBitCount*biHeight。

Windows 对于 BMP 图像文件有特别规定：文件内每行字节的个数必须是 4 的整数倍，否则，应该在每行的末端加上几个字节，并利用 0 填充这些字节的各个位置。因此，图像中每行所需的字节数 n 可以采用如下方式计算：

当(biWidth*biBitCount)mod 32=0 时

$$n =(biWidth*biBitCount)/8$$

否则，n =(biWidth*biBitCount)/32*4+4，即

$$n =(biWidth*biBitCount)/32*4$$

iii. 若位图文件描述未压缩位图，则字段 biSizeImage 的值必须设置为 0。

应用程序在读取这种没有经过数据压缩处理的 BMP 图像文件时，应该判断每行数据中是否包含多余的字节，从而避免这些多余的字节存入存储空间，导致位图显示混乱。

（4）调色板

除 24 位彩色图像之外，其余的位图图像都需要调色板数据。现实世界的颜色种类是无限的，但是计算机显示系统所能表现的颜色数量是有限的。因此，为了使计算机能更好地重现图像，就必须采用一定技术来管理和取舍颜色。

按照对图像色彩表现能力的不同，现代计算机的显示系统可以分为以下 3 种。

① VGA：能用 640×480 像素的分辨率同时显示 16 种颜色。

② SuperVGA：能用 640×480 像素的分辨率同时显示 256 种颜色。

③ 真彩色：能同时显示 $256×256×256=16777216$ 种颜色。

真彩色是指计算机显示出来的图像颜色与真实世界中的颜色非常自然逼真，人类的眼睛难以区分它们的差别。通常使用 RGB 表示法来表现真彩色图像，即用 3 字节（24 位）来表示一个真彩色像素的颜色值，红、绿、蓝三原色的浓度分别用 1 字节（8 位）来表示。从 $0\sim2^{24-1}$ 之间的每一个值都代表一种颜色的值。在真彩色系统中，每一个像素的值都用 24 位来表示。像素值与真彩色颜色值可以一一对应，所以像素值就是所表现的颜色值。但是对于仅能同时显示 16 色或 256 色的系统，每一个像素仅能分别采用 4 位或 8 位来表示，像素值与真彩色值不能一一对应，因此，用像素值代表颜色值的方法不能得到最佳的表现效果，而必须采用调色板技术。

调色板是在 16 色或 256 色的显示系统中，由图像中出现最频繁的 16 种或 256 种颜色所组成的颜色表。将这些颜色按 4 位或 8 位，即 $0\sim15$ 或 $0\sim255$ 进行编号，每一个编号代表其中一种颜色。这种颜色编号称为颜色的索引号，4 位或 8 位的索引值与 24 位的颜色值的对应表称为颜色查找表，通常称为调色板。使用调色板的图像称作调色板图像。它的像素值并不是颜色值，而是颜色在调色板中的索引号，调色板数据实际上是一个数组，它包含的数组数与位图中的颜色数相同。数组中每个元素的类型是一个 RGBQUAD 结构，占 4 个字节。4 个字节分别对应蓝色分量、绿色分量和红色分量，还有一个字节是保留位。

BMP 格式文件的调色板在 BITMAPINFOHEADER 之后定义一个颜色表，它包含若干个表项。其中，每一个表项定义了一种颜色，Windows 将其定义为如下的 RGBQUAD 结构：

```
typedef struct tagRGBQUAD{
    BYTE rgbBlue;        '该颜色的蓝色分量
    BYTE rgbGreen;       '该颜色的绿色分量
    BYTE rgbRed;         '该颜色的红色分量
    BYTE rgbReserved
}RGBQUAD
```

2.5.3 其他图像文件格式

1. GIF 图像文件格式

GIF（Graphics Interchange Format）格式是 CompuServe 开发的图形交换文件格式，目的是在不同的系统平台上交流和传输图像。它是在 Web 及其他联机服务上常用的一种文件格式，也是 BBS 上广为流传的文件格式。常用于超文本标记语言（HTML）文档中的索引颜色图像，但图像最大不能超过 64MB，颜色最多为 256 色。GIF 图像文件采取 LZW（Lempel-Ziv-Welch）压缩算法，有效压缩了文件容量，存储效率高，可以节省大量传输时间，并且支持多幅图像定序或覆盖、交错多屏幕绘图及文本覆盖。GIF 主要是为数据流而设计的一种传输格式，而不是作为文件的存储格式。GIF 有 5 个主要部分以固定顺序出现，所有部分均由一个或多个块（Block）

组成。每个块的第一个字节中存放标识码或特征码标识。这些部分的顺序为：文件标识块、逻辑屏幕描述块、可选的"全局"色彩表块（调色板）、各图像数据块（或专用的块）和尾块（结束码）。GIF 图像文件组成见表 2.1。

表 2.1 GIF 图像文件组成

文件标识块	Header	识别标识符"GIF"和版本号（"87a"或"89a"）	
逻辑屏幕描述块	Logical Screen Descriptor	定义了一个包括所有后面图像的一个图像平面的大小、纵横尺寸以及颜色深度，以及是否存在全局色彩表	
全局色彩表	Global Color Table	色彩表的大小由该图像使用的颜色数决定，若表示颜色的二进制数为111，是7，则图像用到的颜色数为 2^{7+1}	
图像数据块	Image Descriptor	图像描述块	可重复 n 个
	Local Color Table	局部色彩表（可重复 n 次）	
	Table Based Image Data	表式压缩图像数据	
	Graphic Control Extension	图像控制扩展表	
	Plain Text Extension	无格式文本扩展块	
	Comment Extension	注释扩展块	
	Application Extension	应用程序扩展块	
尾块	GIF Trailer	值为 3BH，表示数据流已结束	

GIF 图像交换格式具有以下特点：

① 只支持 256 色以内的图像；
② 采用无损压缩存储，在不影响图像质量的情况下，可以生成很小的文件；
③ 支持透明色，可以使图像浮现在背景之上；
④ 可以制作动画，这是 GIF 文件最突出的一个特点。

GIF 文件的众多特点适应了 Internet 的需要，于是它成了 Internet 上最流行的图像格式之一。GIF 文件的制作也与其他文件不相同。首先，要在图像处理软件中做好 GIF 动画中的每一幅单帧画面，然后再用专门制作 GIF 文件的软件把这些静止的画面连在一起，设定帧与帧之间的时间间隔，最后再保存成 GIF 格式。

2. PCX 图像文件格式

PCX 格式由 ZSoft 公司设计，是最早使用的图像文件格式之一，由各种扫描仪扫描得到的图像几乎都能保存成 PCX 格式。PCX 支持 256 种颜色，不如 TARGA 或 TIFF 等格式功能强，但结构较简单，存取速度快，压缩比适中，适合于一般软件的使用。

PCX 格式常用于 IBM PC 兼容计算机。大多数 PC 软件支持 PCX 格式的第 5 版。第 3 版文件使用标准的 VGA 调色板，不支持自定义调色板。

PCX 格式支持 RGB、索引颜色、灰度和位图颜色模式，但不支持 Alpha 通道（Alpha 通道是一个 8 位的灰度通道，用 256 级灰度来记录图像中的透明度信息，定义透明、不透明和半透明区域）。PCX 支持 RLE 压缩方法，图像颜色的位数可以是 1、4、8 或 24。

PCX 图像文件由 3 部分组成：文件头、图像数据和 256 色调色板。PCX 的文件头有 128 个字节，包括版本号、被打印或扫描的图像的分辨率（dpi）与大小（单位为像素）、每扫描行的字节数、每像素包含的位图数据和彩色平面数。位图数据用行程长度压缩算法记录数据。

PCX 文件具有如下特点：
① 一个 PCX 图像文件只能存放一幅图像；

② 使用 RLE 压缩原理；
③ 可以处理多种不同显示模式下的图像数据；
④ 4 色及 16 色 PCX 图像文件可以设定或者不设定调色板数据。

3．JPEG 图像文件格式

JPEG（Joint Photographic Experts Group）是联合图像专家组的英文缩写，是由国际标准化组织（ISO）和国际电信联盟（ITU）为静态图像所建立的第一个国际数字图像压缩标准，主要是为了解决专业摄影师所遇到的图像信息过于庞大的问题。由于 JPEG 具有高压缩比和良好的图像质量，因此被广泛应用于多媒体和网络程序中。JPEG 和 GIF 都是 HTML 语法选用的图像格式。

JPEG 格式支持 24 位颜色，并保留照片和其他连续色调图像中存在的亮度和色相的显著和细微的变化。JPEG 一般基于离散余弦变换（DCT）的顺序型模式压缩图像。JPEG 通过有选择地减少数据来压缩文件大小，因为会弃用数据，故 JPEG 压缩为有损压缩。较高的品质设置导致弃用的数据较少，但是 JPEG 压缩方法会降低图像中细节的清晰度，尤其是包含文字或矢量图形的图像。

4．TIFF 图像文件格式

标记图像文件格式 TIFF（Tag Image File Format）是现存图像文件格式中最复杂的一种，它提供存储各种信息的完备的手段，可以存储专门的信息而不违反格式宗旨，是目前流行的图像文件交换标准之一。TIFF 格式文件的设计考虑了扩展性、方便性和可修改性，因此非常复杂，要求用更多的代码来控制它，结果导致文件读/写速度慢，TIFF 代码也很长。TIFF 文件由文件头、参数指针表与参数域、参数数据表和图像数据 4 部分组成。

TIFF 图像文件格式具有如下特点：
① 善于利用指针的功能，可以存储多幅图像；
② 文件内数据区没有固定的排列顺序，由于标识信息区和图像数据区可以利用标志参数区，所以在文件中可以自由存放，由程序设计者自行安排处置；
③ 可以制定私人用的标识信息；
④ 能接受多项不同的图像颜色模式，除了一般图像处理常用的 RGB 颜色模式外，还能够接受 CMYK、YCbCr 等颜色模式；
⑤ 可以存储多份调色板数据；
⑥ 调色板的数据类型和排列顺序特殊；
⑦ 提供多项压缩数据的方法；
⑧ 图像可以分割成几部分存档。

2.6 图像的基本运算

1．图像算术运算

（1）加减运算

在图像的 4 种算术运算中，加法与减法运算在图像增强处理中最常用。两幅图像 $f(x,y)$ 和 $h(x,y)$ 加法和减法运算分别表示为

$$g(x,y) = f(x,y) + h(x,y) \tag{2.36}$$

$$w(x,y) = f(x,y) - h(x,y) \tag{2.37}$$

图像的差是通过计算两幅图像所有对应像素点的差而得到的。减法处理最主要的作用就是增强两幅图像的差异。

（2）乘除运算

把两幅图像相除看成是用一幅的取反图像与另一幅图像相乘。除了用一个常数与图像相乘以增加其平均灰度的操作以外，图像乘法主要用于图像的增强处理。一般情况下，给图像乘以一个大于1的常数可以增加图像的亮度。一幅图像 $f(x,y)$ 和一个常数 k 相乘可以表示为

$$g(x,y) = kf(x,y) \tag{2.38}$$

2. 图像平均处理

一幅带有噪声的图像 $g(x,y)$ 由原图像 $f(x,y)$ 和噪声 $\eta(x,y)$ 表示为

$$g(x,y) = f(x,y) + \eta(x,y) \tag{2.39}$$

假设每个坐标点 (x,y) 上的噪声都不相关且均值为零，图像平均处理的目的就是通过累加一组噪声图像 $\{g_i(x,y)\}$ 来减少噪声。在图像符合这种假设的前提下，对于 k 幅不同的噪声图像取平均形成的图像 $\bar{g}(x,y)$ 可以表示为

$$\bar{g}(x,y) = \frac{1}{k} \sum_{i=1}^{k} g_i(x,y) \tag{2.40}$$

3. 图像卷积运算

将图像的模板在图像中逐个像素移动，并对每个像素进行指定数量的计算过程就是卷积过程。大小为 $M \times N$ 的两个函数 $f(x,y)$ 和 $h(x,y)$ 的离散卷积可表示为

$$f(x,y) * h(x,y) = \frac{1}{MN} \sum_{m=0}^{M-1} \sum_{n=0}^{N-1} f(m,n) h(x-m, y-n) \tag{2.41}$$

习 题 2

2.1 图像显示的主要方法有哪几种？

2.2 在图像处理中有哪几种彩色模型？它们的应用对象是什么？

2.3 图像中的一点像素用 $f(x,y)$ 表示，含义是什么？

2.4 什么是RGB模型？什么是HSI模型？如何由RGB模型转换为HSI模型？如何由HSI模型转换为RGB模型？

2.5 如何由RGB模型转换为YUV模型？如何由YUV模型转换为RGB模型？

2.6 设一幅图像大小为 $M \times N$，灰度级数为256，试求图像的数据量。

2.7 什么是直方图？直方图具有哪些基本性质？直方图阈值的含义是什么？从图像直方图能够获得图像的哪些信息？

2.8 请在下列选项中选出正确的答案。在图像文件的BMP格式、GIF格式、TIFF格式和JPEG格式中，（　　）。

（a）为表示同一幅图像，BMP格式的数据使用量最多

（b）GIF格式独立于操作系统

（c）每种格式都有头文件，其中TIFF格式的最复杂

（d）一个JPEG格式的数据文件中可存放多幅图像

2.9 一幅256×256的图像，若灰度级为16，则存储它所需的比特数为（　　）。

（a）256k　　（b）512k　　（c）1M　　（d）2M

2.10　下列程序是 BMP 文件的描述，请加上简要注释。

```
'位图文件头,14 字节
Public Type BITMAPFILEHEADER
    bfType As Integer
    bfSize As Long
    Reserved1 As Integer
    Reserved2 As Integer
    bfOffset As Long
End Type
'位图文件信息头,40 字节
Public Type BITMAPINFOHEADER
    biSize As Long
    biWidth As Long
    biHeight As Long
    biPlanes As Integer
    biBitCount As Integer
    biCompression As Long
    biSizeImage As Long
    biXpelsPerMeter As Long
    biYpelsPerMeter As Long
    biClrUsed As Long
    biClrImportant As Long
End Type
'调色板信息
Public Type BITMAPPALETTE
    rgbBlue As Byte
    rgbGreen As Byte
    rgbRed As Byte
    rgbReserved as Byte
End Type
```

2.11　简述调色板的作用。

第3章 图像分割

图像最重要的特征之一是边缘，是图像分割的主要依据，本章讲述图像分割的基本概念和方法，重点讲述边缘的基本特征、经典边缘检测算子及其模板，包括 Roberts 算子、Sobel 算子、Kirsch 算子、Prewitt 算子、拉普拉斯算子等微分算子。同时，讲述纹理图像分割和二值图像分割的概念及其算法。最后介绍属于特征提取技术的霍夫（Hough）变换。

3.1 引 言

在一幅图像中，景物往往由众多的目标组成，反映在图像中是众多的区域。每个目标或区域可以进一步分解成一些具有某些特征的最小成分——基元。因此，在获取图像以后，首先要对复杂的景物作出分解。目标的分解主要根据图像中存在的边缘、纹理、形状、目标表面主方向等图像特征，把图像分解成一系列的目标或区域，直至最终形成基元。这一过程称为图像分割。图像分割的目的是为了识别和理解图像。

图像最基本的特征是边缘。边缘是指其周围像素灰度有阶跃状变化或屋顶状变化的那些像素的集合，它存在于目标与背景、目标与目标、区域与区域、基元与基元之间。因此，边缘是图像分割所依赖的最重要的特征，也是纹理特征中的重要信息源和形状特征的基础。而且，图像的纹理形状特征的提取又常常要依赖于图像分割。

图像的边缘提取和分割是图像处理、图像分析和计算机视觉等研究领域的经典课题之一，有较长的研究历史和一定的深度和难度。

统计模式识别认为，图像可能包含一个或多个物体，并且每个物体属于若干事先定义的类型、范畴或模式之一。虽然模式识别可以用多种方法实现，但在此只关心用数字图像处理技术对它的实现。

在给定一幅含有多个物体的数字图像的条件下，模式识别过程如图 3.1 所示，由 3 个主要阶段组成。

第一阶段称为图像分割或物体分离阶段。在该阶段中检测出各个物体，并且把它们的图像和其余景物分离。这一过程也可以称为图像预处理。

第二阶段是特征提取，一个物体某个可度量性质是度量值，而特征是一个或多个度量值的函数。计算特征是为了对物体的一些重要特征进行定量估计。特征抽取过程产生了一组特征，把它们组合在一起，就形成了特征向量。

第三阶段称为分类。它的输出仅仅是一种决策，确定每个物体应该归属的类别。每个物体被识别为某一特定类型，它是通过一个分类过程加以实现的。分类以特征向量作为依据。

图 3.1 模式识别的三个阶段

本章主要讨论边缘检测和图像分割，为后续的特征提取和模式识别做图像预处理。

3.2 图像分割处理

利用计算机进行数字图像处理的目的有两个：一是产生更适合人类视觉观察和识别的图像，二是希望计算机能够自动识别和理解图像。无论是为了何种目的，图像处理的关键问题是对包含有大量各式各样景物信息的图像进行分解。分解的最终结果就是图像被分成一些具有各种特征的最小成分，这些成分就称为图像的基元。产生这些基元的过程就是图像分割的过程。

可以把图像分割处理定义为将数字图像划分成互不相交的区域的过程。应用数字图像处理技术，设法分离图像中的物体，把图像分裂成像素集合，每个像素集合代表一个物体的图像。数字图像分割的结果可以用于数字图像分析。

图像分割可以采用3种不同的原理来实现。在区域方法中，把个别像素划分到各个物体或区域中。在边界方法中，只需确定存在于区域的边界。在边缘方法中，先确定边缘像素，并把它们连接在一起以构成所需的边界。

图像分割作为图像处理领域中极为重要的内容之一，是实现图像分析与理解的基础。从概念上来说，所谓图像分割就是按照一定的原则将一幅图像或景物分为若干个部分或子集的过程。

图像分割也可以理解为将图像中有意义的特征区域或者需要应用的特征区域提取出来，这些特征区域可以是像素的灰度值、物体轮廓曲线、纹理特性等，也可以是空间频谱或直方图特征等。

在图像中用来表示某一物体的区域，其特征都是相近或相同的，但是不同物体的区域之间，特征就会明显变化。目前已经提出的图像分割方法很多，从分割依据的角度来看，图像的分割方法可以分为相似性分割和非连续性分割。

相似性分割就是将具有同一灰度级或相同组织结构的像素聚集在一起，形成图像的不同区域；非连续性分割就是首先检测局部不连续性，然后将它们连接在一起形成边界，这些边界将图像分成不同的区域。由于不同种类的图像，不同的应用场合，需要提取的图像特征是不同的，当然对应的图像特征提取方法也就不同，所以并不存在一种普遍适应的最优方法。

根据分割过程中处理策略的不同，分割算法又可分为并行算法和串行算法。在并行算法中，所有判断和决定都可独立和同时地进行；而在串行算法中，后续处理过程要用到早期处理的结果。在实际应用中，常常将多种分割算法相结合，以取得更好的分割效果。

图像分割也可以按照如下的标准分类：基于区域的分割方法，包括阈值分割法、区域生长和分裂合并法、聚类分割法等；基于边界的分割方法，包括微分算子法、串行边界技术等；基于区域和边界技术相结合的分割方法。

3.2.1 图像分割的基本方法

图像分割的目的是把一个图像分解成它的子区域或对象，以便对每一目标进行测量。测量结果的质量依赖于图像分割的质量。下面介绍一些常用的图像分割方法。

1. 直方图分割与图像二值化

最简单的分割方法建立在图像灰度直方图分析的基础上。如果一个图像是由明亮目标在一个暗的背景上组成的，那么其灰度直方图将显示两个最大值，一个是由目标点产生的峰值，另一个峰值是由背景点产生的。

如果目标和背景之间反差足够大，则直方图中的两个峰值相距甚远，这样就可以选择一个灰度阈值 T 将两个最大值隔开。图像中所有大于 T 的灰度值可用数值1取代，而所有小于或等

于 T 的灰度值可用数值 0 取代。这样就生成一个二值图像 $g(x,y)$，其中目标点用 1 表示，背景点用 0 表示。如果图像由两个以上背景成分所组成，则直方图将显示多重峰值，分割可以取多重阈值来完成。二值图像 $g(x,y)$ 可表示为

$$g(x,y) = \begin{cases} 1 & f(x,y) \geqslant T \\ 0 & f(x,y) < T \end{cases} \quad (3.1)$$

二值图像是指图像上的所有像素点的灰度值只有两种可能，不是"0"就是"255"，也就是说，整个图像呈现出明显的黑白效果。通常，采用归一化方法，用"0"、"1"表示"0"和"255"。

为了得到理想的二值图像，一般采用阈值分割技术。它对物体与背景有较强对比的图像的分割特别有效，计算简单而且总能用封闭、连通的边界定义不交叠的区域。所有灰度大于或等于阈值的像素被判决为属于物体，灰度值用"255"表示，否则这些像素点被排除在物体区域以外，灰度值为"0"，表示背景。这样，物体的边界就成为这样一些内部的点的集合，这些点都至少有一个邻域点不属于该物体。如果感兴趣的物体在内部有均匀一致的灰度值，并且其处在一个具有另外一个灰度值的均匀背景下，那么使用阈值法可以得到较好的分割效果。如果物体与背景的差别不在灰度值上，如纹理不同，可以将这个性质转换为灰度的差别，然后利用阈值化技术来分割该图像。

为了使分割适用性更强，设计的图像分割算法应该可以自动选择阈值。在数字图像处理的实际应用中，基于物体、环境和应用域等知识的图像分割算法比基于固定阈值的算法更具有普遍性和适应性。这些知识包括：对应于物体的图像灰度特性、物体的尺寸、物体在图像中所占的比例、图像中不同类型物体的数量等。图像直方图具有灰度统计特性，通常被用来作为分割图像的工具。

2. 区域生长

另一种同样利用区域均匀性进行分割的方法称为区域生长（Region Growing）法。首先，在图像中挑选一个或一个以上的种子点，种子点的数目等于被检测区域的数目。然后，规定一个像素之间的相似性准则，最简单的是基于像素灰度值的准则。例如，两个像素的灰度值之间相差的绝对值小于给定的阈值，则称它们是相似的。区域生长法开始时，先检查种子点周围的全部点。如果一个点足够类似于它的种子点，则它被划归为该种子点区域。对每一个区域都重复这一过程，即检查围绕相应区域种子点的各像素，直到在这个图像中所有的点都被分类划分为止。

区域生长是把图像分割成若干小区域，比较相邻小区域的特征相似性，将相似的区域逐一合并，最后形成特征不同的区域。区域生长法要注意3个问题：取定区域的数目、选择特征、确定相似性准则。特征相似性是构成合并区域的基本准则，相邻性是指所取的邻域方式。区域生长根据所用的邻域方式和相似性准则的不同，可以简单分为：像素与像素、像素与区域、区域与区域。

（1）简单区域扩张法

以图像的某个像素为生长点，比较相邻像素的特征，将特征相似的相邻像素合并为同一区域；以合并的像素为生长点，重复整个过程，最终形成具有相似特征的像素的集合。

（2）像素与区域生长

比较单个像素的特征与其相邻区域的特征，如果相似则将该像素合并到相邻区域中。比较已经存在区域像素灰度平均值与该区域邻接的像素灰度值，如果差值小于阈值则合并，否则不合并。这种方法与起始像素有关，起始位置不同分割结果有差异。

（3）区域与区域生长

这种方法的基本原则是将图像分割成若干子块，比较相邻子块的相似性，如果相似则合并，否则不合并。

下面介绍不依赖于起始点的方法：

① 设灰度差的阈值为 0，用像素与区域生长法将具有相同灰度的像素合并到同一区域，得到图像的初始分割图像；

② 从被分割图像的一个小区域开始，求出相邻区域间的灰度差，将差值最小的相邻区域合并；

③ 重复上述操作，将区域逐一合并，终止规则为没有像素满足加入某个区域的条件时区域生长停止。

3．使用阈值进行图像分割

使用阈值进行图像分割是一种区域分割技术，对物体与背景有较强对比的图像的分割特别有效。该方法计算简单，而且总能用封闭且连通的边界定义不交叠的区域。

（1）局部阈值分割

阈值分割法分为全局阈值分割法和局部阈值分割法。局部阈值分割法是将原图像划分成较小的图像，并对每个子图像选取相应的阈值。在阈值分割后，相邻子图像之间的边界处可能产生灰度级的不连续性，因此需用平滑技术进行排除。

局部阈值分割法虽然能改善分割效果，但存在以下几个缺点：

① 每幅子图像的尺寸不能太小，否则统计出的结果无意义；

② 每幅图像的分割是任意的，如果有一幅子图像正好落在目标区域或背景区域，而根据统计结果对其进行分割，也许会产生更差的结果；

③ 由于局部阈值法对每一幅子图像都要进行统计，所以速度很慢，难以适应实时性的要求。

（2）全局阈值分割

采用阈值确定边界的最简单做法是在整幅图像中，将灰度阈值设置为常数。如果背景的灰度值在整个图像中可合理地认为恒定，而且所有物体与背景都具有几乎相同的对比度，那么只要选择了正确的阈值，使用一个固定的全局阈值分割图像一般会有较好的效果。

全局阈值分割方法在图像处理中应用比较多，它在整幅图像内采用固定的阈值分割图像。对于比较简单的图像，可以假定物体和背景分别处于不同的灰度级，图像被零均值高斯噪声污染，所以图像的灰度分布曲线近似认为是由两个正态分布函数 (μ_1, σ_1^2) 和 (μ_2, σ_2^2) 叠加而成的，图像的直方图将会出现两个分离的峰值，如图 3.2 所示。对于这样的图像，分割阈值可以选择直方图的两个波峰间的波谷所对应的灰度值作为分割的阈值。这种分割方法不可避免地会出现误分割，使一部分本属于背景的像素被判决为物体，属于物体的一部分像素同样会被误认为是背景。可以证明，当物体的尺寸和背景相等时，这样选择阈值可以使错误分割的概率达到最小。在大多数情况下，由于图像的直方图在波谷附近的像素稀疏，因此这种方法对图像的分割影响不大。可以推广到具有不同灰度均值的多物体图像的分割。

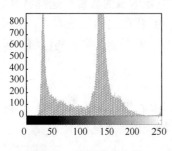

图 3.2 原图像直方图

迭代式阈值选择算法是对上一种方法的改进，它首先选择一个近似阈值 T，将图像分割成

两部分 R_1 和 R_2，计算区域 R_1 和 R_2 的均值 μ_1 和 μ_2，选择新的分割阈值 $T=(\mu_1+\mu_2)/2$，重复上述步骤直到 μ_1 和 μ_2 不再变化为止。

根据如图 3.2 所示的灰度直方图选择不同的阈值，产生的图像分割效果也不同，不同阈值 T 对分割结果的影响如图 3.3 所示。因此，对于不同的图像以及对于图像处理结果的不同要求，必须正确地选择阈值，以便得到更好的分割效果。

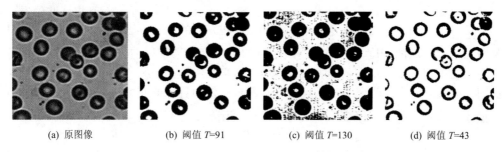

(a) 原图像　　　(b) 阈值 $T=91$　　　(c) 阈值 $T=130$　　　(d) 阈值 $T=43$

图 3.3　不同阈值对分割结果的影响

综上所述，当使用阈值规则进行图像分割时，所有灰度值大于或等于阈值的像素都被判属于物体。所有灰度值小于该阈值的像素被排除在物体之外。

（3）最佳自适应阈值

在许多情况下，背景的灰度值并不是常数，物体与背景的对比度在图像中也有变化。这时，一个在图像中某一区域分割效果良好的阈值，在其他区域可能效果很差。在这种情况下，把灰度阈值取成一个随图像中位置缓慢变化的函数值是适宜的。或者，对图像采用划分区域处理的方法，这种算法就称为自适应阈值。

除非图像中的物体有陡峭的边沿，否则灰度阈值的抽取对物体的边界定位和整体的尺寸有很大的影响。这就意味着后续的尺寸，特别是面积的测量对于灰度阈值的选择很敏感。由于这个原因，需要一个最佳的、或至少是具有一致性的方法确定阈值。在此，可以采用直方图技术。

一幅含有一个与背景明显对比的物体的图像具有包含双峰的灰度直方图，如图 3.4 所示。两个尖峰对应于物体内部和外部数目较多的点。两峰间的谷对应于物体边缘附近数目相对较少的点。在类似这样的情况下，通常使用直方图来确定灰度阈值。

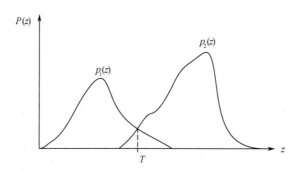

图 3.4　一幅图像中两个区域的灰度级概率密度函数

利用阈值 T 对物体面积进行计算的定义为

$$A = \int_T^\infty H(D)\,\mathrm{d}D \tag{3.2}$$

式中，D 为目标中的灰度级，$H(D)$ 为灰度直方图。

显然，如果阈值对应于直方图的谷，阈值从 T 增加到 $T+\Delta T$ 只会引起面积略微减小。因此，如果把阈值设在直方图的谷上，那么可以把阈值选择中的小误差对面积的影响降到最低。一种更可靠的方法是把阈值设在相对于两峰的某个固定位置，如中间位置上，这两个峰分别代表物体内部和外部典型的灰度值。

假设一幅图像仅包含两个主要灰度级区域。令 z 表示灰度级的值，而且将这些值看成是随机量，并且将图像的直方图看成是概率密度函数（PDF）的估计 $P(z)$。在两个灰度级区域中，一个是图像中亮区域的密度，另一个是暗区域的密度。如果密度的表达式已知或者进行了假设，则它能够确定一个最佳阈值（具有最低分割误差），将图像分割为两个可以区分的区域。

如图 3.4 所示，假设两个 PDF 中，$p_1(z)$ 表示图像中目标的灰度级，$p_2(z)$ 对应背景的灰度级。描述图像中整体灰度级变化的混合概率密度函数为

$$P(z) = P_1 p_1(z) + P_2 p_2(z) \tag{3.3}$$

式中，P_1 为像素属于目标像素的概率，P_2 为像素属于背景像素的概率。假设任何像素不是属于目标就是属于背景，那么有

$$P_1 + P_2 = 1 \tag{3.4}$$

选择一个阈值 T，使得在判别一个像素是属于目标或者背景时的平均出错率降至最小。将一个背景点当成目标点进行分类时，错误发生的概率为

$$E_1 = \int_{-\infty}^{T} p_2(z) \, \mathrm{d}z \tag{3.5}$$

式(3.5)表示曲线 $p_2(z)$ 下方位于阈值 T 左边区域的面积。同样，将一个目标点当成背景点进行分类，错误发生的概率为

$$E_2 = \int_{T}^{\infty} p_1(z) \, \mathrm{d}z \tag{3.6}$$

式(3.6)表示曲线 $p_1(z)$ 下方位于 T 右边区域的面积。判别出错率的整体概率为

$$E(T) = P_2 E_1(T) + P_1 E_2(T) \tag{3.7}$$

要选择出错最少的阈值，需要对 $E(T)$ 进行微分运算，表示为

$$\frac{\mathrm{d}E(T)}{\mathrm{d}T} = 0 \tag{3.8}$$

得到结果为

$$P_1 p_1(T) = P_2 p_2(z) \tag{3.9}$$

根据式(3.9)解出 T，即为最佳阈值。如果 $P_1 = P_2$，则最佳阈值 T 位于图 3.4 中曲线 $p_1(z)$ 和 $p_2(z)$ 的交点处。

另一种确定 T 的方法是由高斯密度来表示，高斯密度用均值和方差表示为

$$P(z) = \frac{P_1}{\sqrt{2\pi}\sigma_1} \exp\left[-\frac{(z-\mu_1)^2}{2\sigma_1^2}\right] + \frac{P_2}{\sqrt{2\pi}\sigma_2} \exp\left[-\frac{(z-\mu_2)^2}{2\sigma_2^2}\right] \tag{3.10}$$

式中，μ_1 和 σ_1^2 分别是目标像素高斯密度的均值和方差，μ_2 和 σ_2^2 分别是背景像素的均值和方差。利用式(3.3)，并将式(3.10)代入式(3.9)，求出一般解，则可以得到阈值 T，表示为

$$AT^2 + BT + C = 0 \tag{3.11}$$

式中

$$A = \sigma_1^2 - \sigma_2^2$$
$$B = 2(\mu_1 \sigma_2^2 - \mu_2 \sigma_1^2) \tag{3.12}$$

$$C = \sigma_1^2 \mu_2^2 - \sigma_2^2 \mu_1^2 + 2\sigma_1^2 \sigma_2^2 \ln\left(\frac{\sigma_2 P_1}{\sigma_1 P_2}\right)$$

由于二次方程有两个可能的解，所以要得到最佳的解，需要两个阈值。如果方差都相等，即 $\sigma^2 = \sigma_1^2 = \sigma_2^2$，则阈值可以表示为

$$T = \frac{\mu_1 + \mu_2}{2} + \frac{\sigma^2}{\mu_1 - \mu_2}\ln\left(\frac{P_2}{P_1}\right) \tag{3.13}$$

如果 $P_1 = P_2$，则最佳阈值是均值的平均数。

3.2.2 边缘图像及分类

确定图像中的物体边界的另一种方法是，先检测每个像素及其直接邻域的状态，以决定该像素是否确实处于一个物体的边缘上。具有所需特性的像素称为边缘点。当图像中各个像素的灰度级用来反映各像素符合边缘像素要求的程度时，那么这种图像就称为边缘图像或边缘图。

如图 3.5 所示，当目标和背景的边缘清晰时，称为阶跃状边缘。当目标和背景的边缘是渐变时，称为屋顶状边缘。根据不同的边缘选择不同的边缘检测算子才能对图像进行边缘检测和有效的分割。

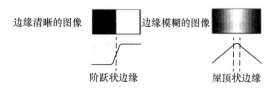

图 3.5 图像边缘示意图

3.2.3 边缘检测算子

边缘检测算子检查每个像素的邻域，并对灰度变化率进行量化，通常也包括方向的确定。有很多方法可以使用，其中大多数是基于方向导数掩模求卷积的方法。经典的、最简单的边缘检测方法是对原图像按像素的某邻域构造边缘检测算子。如梯度算子、Sobel 算子、拉普拉斯算子、Kirsch 算子和 Prewitt 算子等。

对于图像曲面 $z = f(x,y)$，定义它的 α 方向的方向导数在 (x,y) 点的值为

$$f_\alpha'(x,y) = \frac{\partial f(x,y)}{\partial x}\sin\alpha + \frac{\partial f(x,y)}{\partial y}\cos\alpha \tag{3.14}$$

$$f_\alpha'(x,y) = \lim \frac{f(x + h\sin\alpha, y + h\cos\alpha) - f(x,y)}{h} \tag{3.15}$$

式中，α 取顺时针方向。由定义容易验证二阶方向导数为

$$f_\alpha''(x,y) = \frac{\partial^2 f(x,y)}{\partial x^2}\sin^2\alpha + 2\frac{\partial^2 f(x,y)}{\partial x \partial y}\sin\alpha\cos\alpha + \frac{\partial^2 f(x,y)}{\partial y^2}\cos^2\alpha \tag{3.16}$$

对于经过量化和离散化而获得的数字图像，这些微分符号均用差分符号来代替。经过量化和离散化而得到的数字图像差分形式为

$$\Delta_x f(i,j) = f(i,j) - f(i-1,j) \tag{3.17}$$

$$\Delta_y f(i,j) = f(i,j) - f(i,j-1) \tag{3.18}$$

x 方向、y 方向的二阶差分分别为

$$\Delta_x^2 f(i,j) = \Delta_x f(i+1,j) - \Delta_x f(i,j) \tag{3.19}$$

$$\Delta_y^2 f(i,j) = \Delta_y f(i,j+1) - \Delta_y f(i,j) \tag{3.20}$$

$$\Delta_{xy}^2 f(i,j) = \Delta_x f(i,j+1) - \Delta_x f(i,j) \tag{3.21}$$

$$\Delta_{yx}^2 f(i,j) = \Delta_y f(i+1,j) - \Delta_y f(i,j) \tag{3.22}$$

下面介绍几种常用的边缘检测算子，如图 3.6 所示为一个像素的 8 邻域示意图，可以用坐标进行标注。例如，位于坐标 (i,j) 的一个像素 p 有 4 个水平和垂直的相邻像素，其坐标表示为

$$(i+1,j),(i-1,j),(i,j+1),(i,j-1)$$

这个像素集称为 p 的 4 邻域，用 $N_4(p)$ 表示，每个像素距离 (i,j) 一个单位距离。

p 的 4 个对角的相邻像素坐标表示为

$$(i-1,j-1),(i-1,j+1),(i+1,j+1),(i+1,j-1)$$

它们与 4 邻域点共同构成 p 点的 8 邻域，用 $N_8(p)$ 表示。下面讲述的边缘检测算子表达式都是基于图 3.6 所示的 8 邻域表示。

1. 梯度边缘算子

对于阶跃状边缘图像，在边缘点其一阶导数取极值。由此，对数字图像 $\{f(i,j)\}$ 的每个像素取它的梯度值，表示为

$$G(i,j) = \sqrt{[\Delta_x f(i,j)]^2 + [\Delta_y f(i,j)]^2} \tag{3.23}$$

适当取门限 T_g 做如下判断：若 $G(i,j) \ge T_g$，则 (i,j) 点为阶跃状边缘点，$\{G(i,j)\}$ 称为梯度算子的边缘图像。在有些问题中，只对边缘位置感兴趣，把边缘点标为"1"，非边缘点标为"0"，形成边缘二值图像。

2. Roberts 边缘算子

Roberts 边缘算子是一种利用局部差分算子寻找边缘的算子。表示为

$$R(i,j) = \{[\sqrt{f(i,j)} - \sqrt{f(i+1,j+1)}]^2 + [\sqrt{f(i+1,j)} - \sqrt{f(i,j+1)}]^2\}^{\frac{1}{2}} \tag{3.24}$$

式中，$f(i,j)$ 是具有整数像素坐标的输入图像。其中的平方根运算使该处理类似于人类视觉系统中发生的过程。如图 3.7 所示为 Roberts 的边缘算子模板。根据模板在图像处理中的运算特点，有时也将模板称为卷积核，运算过程为：将被模板覆盖的像素与模板相应位置处的数据先相乘再求和。

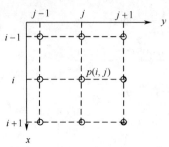

图 3.6 像素 8 邻域坐标示意图

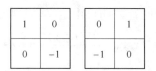

图 3.7 Roberts 边缘算子模板

3. Sobel 边缘算子

如图 3.8 所示，两个卷积核形成了 Sobel 边缘算子。图像中的每个点都用这两个核做卷积。通常，一个核对垂直边缘响应最大，而另一个核则对水平边缘响应最大。两个卷积的最大值作

为该点的输出值。运算结果是一幅边缘幅度图像。

-1	-2	-1
0	0	0
1	2	1

-1	0	1
-2	0	2
-1	0	1

图 3.8　Sobel 边缘算子模板

对于阶跃状边缘图像，Sobel 提出一种检测边缘点的算子。对数字图像 $\{f(i,j)\}$ 的每个像素考察其上、下、左、右相邻点灰度的加权差，与之接近的邻点权重大。据此，定义的 Sobel 算子表示为

$$S(i,j) = |[f(i-1,j-1) + 2f(i-1,j) + f(i-1,j+1)] - [f(i+1,j-1) + 2f(i+1,j) + f(i+1,j+1)]|$$
$$+ |[f(i-1,j-1) + 2f(i,j-1) + f(i+1,j-1)] - [f(i-1,j+1) + 2f(i,j+1) + f(i+1,j+1)]|$$
（3.25）

适当取阈值 T_s，做如下判断：若 $S(i,j) \geqslant T_s$，则 (i,j) 点为阶跃状边缘点，所有边缘点的集合构成 $\{S(i,j)\}$，为边缘图像。

4. 拉普拉斯（Laplacian）边缘算子

对于阶跃状边缘，二阶导数在边缘点出现零交叉，即边缘点两旁二阶导数取异号，据此，对数字图像 $\{f(i,j)\}$ 的每个像素，取它关于 x 轴方向和 y 轴方向的二阶差分之和，表示为

$$\nabla^2 f(i,j) = \Delta_x^2 f(i,j) + \Delta_y^2 f(i,j)$$
$$= f(i+1,j) + f(i-1,j) + f(i,j+1) + f(i,j-1) - 4f(i,j)$$
（3.26）

式(3.26)就是拉普拉斯边缘算子，这是一个与边缘方向无关的边缘检测算子。通常可以采用数字化方式，用如图 3.9 所示的模板中的一个来实现。

对于屋顶状边缘，在边缘点的二阶导数取极小值。对数字图像 $\{f(i,j)\}$ 的每个像素取它关于 x 轴方向和 y 轴方向的二阶差分之和的相反数，即拉普拉斯边缘算子的相反数。则表示为

$$L(i,j) = -\nabla^2 f(i,j)$$
$$= -f(i+1,j) - f(i-1,j) - f(i,j+1) - f(i,j-1) + 4f(i,j)$$
（3.27）

对角线上的像素加入后得到拉普拉斯边缘算子的另外一种表达方式，表示为

$$\nabla^2 f(i,j) = [f(i+1,j-1) + f(i+1,j+1) + f(i-1,j+1) + f(i-1,j-1)$$
$$+ f(i+1,j) + f(i-1,j) + f(i,j+1) + f(i,j-1)] - 8f(i,j)$$
（3.28）

$\{L(i,j)\}$ 称作边缘图像，拉普拉斯边缘算子模板及扩展模板如图 3.9 所示。

0	-1	0
-1	4	-1
0	-1	0

1	1	1
1	-8	1
1	1	1

图 3.9　拉普拉斯边缘算子模板及扩展模板

5. Kirsch 边缘算子

如图 3.10 所示，8 个卷积核组成了 Kirsch 边缘算子。图像中的每个点都用 8 个模板进行

卷积，每个模板对某个特定边缘方向作出最大响应。所有 8 个方向中的最大值作为边缘幅度图像的输出。最大响应模板的序号构成了对边缘方向的编码。

−3	−3	5
−3	0	5
−3	−3	5

0°

−3	5	5
−3	0	5
−3	−3	−3

45°

5	5	5
−3	0	−3
−3	−3	−3

90°

5	−3	−3
5	0	−3
5	−3	−3

135°

5	5	−3
5	0	−3
−3	−3	−3

180°

−3	−3	−3
5	0	−3
5	5	−3

225°

5	5	−3
5	0	−3
−3	−3	−3

270°

−3	−3	−3
−3	0	5
−3	5	5

315°

图 3.10 Kirsch 边缘算子模板

6．Marr-Hildreth 边缘算子

Marr-Hildreth 边缘检测算子是将高斯算子和拉普拉斯算子结合在一起而形成的一种新的边缘检测算子，先用高斯算子对图像进行平滑处理，然后采用拉普拉斯算子根据二阶微分过零点来检测图像边缘，因此该算子也称为 LOG（Laplacian of Gaussian）算子。

在数字图像中实现图像与模板卷积运算时，运算速度与选取的模板大小有直接关系。模板越大，检测效果越明显，速度越慢，反之则效果差一点，但速度提高很多。因此，在不同的条件下应选取不同大小的模板。在实际计算过程中，还可以通过分解的方法提高运算速度，即把二维滤波器分解为独立的行、列滤波器。常用的 5×5 模板的 Marr-Hildreth 边缘算子如图 3.11 所示。这是一个 5×5 的矩阵表示，在数字图像处理中模板有两种表示方法，一种是用填有数字的方格表示，一种是用矩阵表示，它们在算法上是一致的。

图 3.12 所示为 LOG 算子中心点的像素与其邻域像素的距离和位置加权系数的关系。将图 3.12 绕 y 轴旋转一周后，LOG 算子很像一顶墨西哥草帽，所以，LOG 又叫墨西哥草帽滤波器。

$$\begin{bmatrix} -2 & -4 & -4 & -4 & -2 \\ -4 & 0 & 8 & 0 & -4 \\ -4 & 8 & 24 & 8 & -4 \\ -4 & 0 & 8 & 0 & -4 \\ -2 & -4 & -4 & -4 & -2 \end{bmatrix}$$

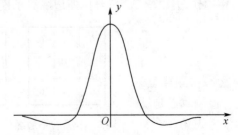

图 3.11 LOG 算子的 5×5 模板　　　　图 3.12 LOG 算子中心点的距离与位置加权系数的关系

7．Canny 边缘算子

Canny 边缘算子是近年来在数字图像处理中广泛应用的边缘算子，它是应用变分原理推导

出的一种用高斯模板导数逼近的最优算子。通过Canny算子的应用，可以计算出数字图像的边缘强度和边缘梯度方向，为后续边缘点的判断提供依据。

Canny算子用范数求导方法推导出高斯函数的一阶导数，即为最优边缘检测算子的最佳近似。由于卷积运算可交换、可结合，故Canny算法首先采用二维高斯函数对图像进行平滑，二维高斯函数表示为

$$G(x,y) = \frac{1}{2\pi\sigma^2}\exp\left(-\frac{x^2+y^2}{2\sigma^2}\right) \tag{3.29}$$

式中，σ 为高斯滤波器参数，它控制着平滑的程度，σ 较小的滤波器定位精度高，但信噪比低；σ 较大的滤波器情况正好相反。因此，要根据需要选取高斯滤波器参数。

传统Canny算法利用一阶微分算子来计算平滑后图像 f 各点处的梯度幅值和梯度方向，获得相应的梯度幅值图像 C 和梯度方向图像 ϑ。点 (i,j) 处两个方向的偏导数 $C_x(i,j)$ 和 $C_y(i,j)$ 分别为

$$C_x(x,y) = (f(i,j+1) - f(i,j) + f(i+1,j+1) - f(i+1,j))/2 \tag{3.30}$$

$$C_y(i,j) = (f(i,j) - f(i+1,j) + f(i+1,j+1))/2 \tag{3.31}$$

则此时点 (i,j) 处的梯度幅值和梯度方向分别表示为

$$C(i,j) = \sqrt{C_x^2(i,j) + C_y^2(i,j)} \tag{3.32}$$

$$\vartheta(i,j) = \arctan\frac{C_x(i,j)}{C_y(i,j)} \tag{3.33}$$

为了精确定位边缘，必须细化梯度幅值图像 C 中的屋脊带，只保留幅值的局部极大值，即非极大值抑制（NMS）。Canny算法在梯度幅值图像 C 中以点 (i,j) 为中心 3×3 的邻域内沿梯度方向 $\vartheta(i,j)$ 进行插值，若点 (i,j) 处的梯度幅值 $C(i,j)$ 大于 $\vartheta(i,j)$ 方向上与其相邻的两个插值，则将点 (i,j) 标记为候选边缘点，反之则标记为非边缘点。这样，就得到了候选的边缘图像 E。

传统Canny算法采用双阈值法从候选边缘点中检测和连接出最终的边缘。双阈值法首先选取高阈值 T_H 和低阈值 T_L，然后开始扫描图像。对候选边缘图像 E 中标记为候选边缘点的任一像素点 (i,j) 进行检测，若点 (i,j) 梯度幅值 $C(i,j)$ 高于高阈值 T_H，则认为该点一定是边缘点，若点 (i,j) 梯度幅值 $C(i,j)$ 低于低阈值 T_L，则认为该点一定不是边缘点。而对于梯度幅值处于两个阈值之间的像素点，则将其看作疑似边缘点，再进一步依据边缘的连通性对其进行判断，若该像素点的邻接像素中有边缘点，则认为该点也为边缘点，否则，认为该点为非边缘点。

在下面描述的3个标准意义下，Canny边缘检测算子对受白噪声影响的阶跃状边缘检测是最优的。

① 检测标准——不丢失重要的边缘，不应有虚假的边缘；
② 定位标准——实际边缘与检测到的边缘位置之间的偏差最小；
③ 单响应标准——将多个响应降低为单个边缘响应。

Canny边缘检测算子是基于如下的几个概念提出的。

① 边缘检测算子是针对一维信号表达的，对检测标准和定位标准最优。
② 如果考虑第3个标准（多个响应），则需要通过数值优化的办法得到最优解。该最优Canny算子可以有效地近似为标准差为 σ 的高斯平滑滤波器的一阶微分，因此可以实现边缘检测误差小于20%，这与LOG边缘检测算子很相似。
③ 将边缘检测算子推广到二维情况，阶跃状边缘由位置、方向和可能的幅度来确定。

8. Prewitt 边缘算子

Prewitt 提出了类似的计算偏微分估计值的方法，梯度计算算法表示为

$$p_x = \{f(i+1,j-1) + f(i+1,j) + f(i+1,j+1)\} - \{f(i-1,j-1) + f(i-1,j) + f(i-1,j+1)\} \quad (3.34)$$

$$P_y = \{f(i-1,j+1) + f(i,j+1) + f(i+1,j+1)\} - \{f(i-1,j-1) + f(i,j-1) + f(i+1,j-1)\} \quad (3.35)$$

它的卷积算子模板如图 3.13 所示。

$$\begin{bmatrix} -1 & 0 & 1 \\ -1 & 0 & 1 \\ -1 & 0 & 1 \end{bmatrix} \quad \begin{bmatrix} -1 & -1 & -1 \\ 0 & 0 & 0 \\ 1 & 1 & 1 \end{bmatrix}$$

图 3.13 Prewitt 边缘检测算子方向的模板

当用两个模板（卷积核）组成边缘检测器时，通常取较大的幅度作为输出值，这使得它们对边缘的走向有些敏感。取它们的平方和之后的开平方，即可以获得性能更一致的全方位的响应，这与真实的梯度值更接近。另一种方法是将 Prewitt 算子扩展到 8 个方向，即边缘样板算子。这些算子样板由理想的边缘子图像构成。依次用边缘样板去检测图像，与被检测区域最为相似的样板给出最大值。用这个最大值作为算子的输出值 $p(i,j)$，这样可将边缘像素检测出来。采用 Prewitt 算子不仅能检测边缘点，而且能抑制噪声的影响。定义 Prewitt 边缘检测算子模板如图 3.14 所示。8 个算子样板对应的边缘方向如图 3.15 所示。

$$\begin{bmatrix} 1 & 1 & 1 \\ 1 & -2 & 1 \\ -1 & -1 & -1 \end{bmatrix} \quad \begin{bmatrix} 1 & 1 & 1 \\ 1 & -2 & -1 \\ 1 & -1 & -1 \end{bmatrix} \quad \begin{bmatrix} 1 & 1 & -1 \\ 1 & -2 & -1 \\ 1 & 1 & -1 \end{bmatrix} \quad \begin{bmatrix} 1 & -1 & -1 \\ 1 & -2 & -1 \\ 1 & 1 & 1 \end{bmatrix}$$

1 方向　　　　2 方向　　　　3 方向　　　　4 方向

$$\begin{bmatrix} -1 & -1 & -1 \\ 1 & -2 & 1 \\ 1 & 1 & 1 \end{bmatrix} \quad \begin{bmatrix} -1 & -1 & 1 \\ -1 & -2 & 1 \\ 1 & 1 & 1 \end{bmatrix} \quad \begin{bmatrix} -1 & 1 & 1 \\ -1 & -2 & 1 \\ -1 & 1 & 1 \end{bmatrix} \quad \begin{bmatrix} 1 & 1 & 1 \\ -1 & -2 & 1 \\ -1 & -1 & 1 \end{bmatrix}$$

5 方向　　　　6 方向　　　　7 方向　　　　8 方向

图 3.14 Prewitt 边缘检测算子模板

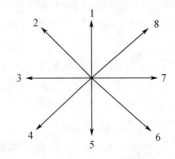

图 3.15 8 个算子样板对应的边缘方向

3.2.4 边缘检测算子的对比

在数字图像处理中，对边缘检测算法的主要要求就是运算速度快，边缘定位准确，噪声抑

制能力强，因此就这几方面对以上介绍的几种算子进行分析比较。首先，在运算速度方面，对于一个$N \times N$的图像，其计算量如表3.1所示。从表3.1可以看出，Kirsch算子、Marr-Hildreth算子和Canny算子的运算量都比较大。

表3.1　各种算子计算量对比

算子名称	加法运算	乘法运算
Roberts 算子	$3 \times N^2$	0
Sobel 算子	$11 \times N^2$	$2 \times N^2$
Prewitt 算子	$11 \times N^2$	0
Kirsch 算子	$56 \times N^2$	$16 \times N^2$
Laplacian 算子	$4 \times N^2$	N^2
Marr-Hildreth 算子	运算量大，具体看所取卷积模块的大小	
Canny 算子	运算量大，具体看所取卷积模块的大小	

其次，在边缘检测中边缘定位能力和噪声抑制能力是一对矛盾，就各种算法而言，有的边缘定位能力比较强，有的抗噪声能力比较好；而对某些算子，参数的选择也直接影响到边缘定位能力和噪声抑制能力的强弱。下面根据实际测试结果，简单介绍各个算子的特点。

1. Roberts 算子

Roberts边缘算子利用局部差分算子寻找边缘，边缘定位精度较高，但容易丢失一部分边缘信息，同时由于没有经过图像平滑处理，所以不能抑制噪声。该算子对具有边缘陡峭的低噪声图像响应最好。

2. Sobel 算子和 Prewitt 算子

Sobel算子和Prewitt算子都是对图像进行差分和滤波运算，差别只是平滑部分的权值有些差异，因此对噪声具有一定的抑制能力，但不能完全排除检测结果中出现伪边缘；同时这两个算子边缘定位比较准确和完整。这两类算子对灰度渐变和具有噪声的图像处理效果较好。

3. Kirsch 边缘算子

Kirsch算子对8个方向边缘信息进行检测，因此具有较好的边缘定位能力，并且对噪声有一定的抑制作用。就边缘定位能力和抗噪声能力而言，该算子的处理效果比较理想。

4. Laplacian 边缘算子

拉普拉斯边缘算子为二阶微分算子，对图像中的阶跃状边缘点定位准确且具有旋转不变性，即无方向性。但是该算子容易丢失一部分边缘的方向信息，造成一些不连续的检测边缘，同时抗噪声能力比较差。拉普拉斯算子比较适用于屋顶状边缘的检测。

5. Marr-Hildreth 边缘算子

Marr-Hildreth算子首先通过高斯函数对图像作平滑处理，因此对噪声的抑制作用比较明显，但同时也可能将原有的边缘也平滑了，造成某些边缘无法检测到。此外，高斯函数中方差参数σ的选择，对图像边缘检测效果有很大的影响。σ越大，检测到的图像细节越丰富，但对噪声抑制能力相对下降，易出现伪边缘；反之，则抗噪声性能提高，但边缘定位准确性下降，易丢失许多真边缘，因此，对于不同的图像应该选择不同的参数。

6. Canny 边缘算子

Canny边缘算子同样采用高斯函数对图像进行平滑处理，因此具有较强的去噪能力，但同样容易平滑掉一些边缘信息。同时，其后所采用的一阶微分算子的方向性较Marr-Hildreth算子要好，因此边缘定位准确性较高。通过实验结果可以看出，该算子是传统边缘检测算子中效果较好的算子之一。

3.3 霍夫（Hough）变换

在数字图像处理中，霍夫（Hough）变换属于特征提取技术，它由 Paul Hough 于 1962 年提出，最初只是用于二值图像直线检测，后来扩展到任意形状的检测。现在常用的变换技术称作广义霍夫变换，1981 年被 Dana H. Ballard 扩展后应用到计算机视觉领域。

在实际应用中，图像像素由于噪声、不均匀照明引起的边缘断裂和杂散的亮度不连续而难以得到完全的边缘特征。因此，典型的边缘检测算法遵循用链接过程把像素组装成有意义的边缘的方法。一种寻找并链接图像中线段的处理方式就是霍夫变换。

1. 霍夫变换原理与性质

传统霍夫变换主要用于检测二值图像中的直线或者曲线，具体方法是把二值图像变换到霍夫参数计算空间（HPCS），并在该空间的特定位置上出现峰值，因此检测曲线可以简化为找出峰值位置的问题。霍夫变换的主要优点是：检测出曲线的能力受曲线中断点等干扰的影响较少，因而是一种快速的形状检测方法。以直线检测为例，平面中任意一条直线可以用两个参数 ρ 和 θ 完全确定下来，其中 ρ 指明了该直线到原点的距离，θ 确定了该直线的方位，其函数关系可表示为

$$f((\rho,\theta),(x,y)) = \rho - x\cos\theta - y\sin\theta = 0 \tag{3.36}$$

给定一幅图像中的一个点集合，假设想要找到位于直线上的所有点的子集。一种可能的解决方法就是先找到所有由每一对点所决定的线，然后找到接近特殊线的所有点的子集。这种处理方法的问题是需要找 $n(n-1)/2 \sim n^3$ 条线，然后进行 $n(n(n-1))/2 \sim n^3$ 次每一点与所有线的比较。这种方法计算起来很麻烦，因此一般不予采用。

另外，采用霍夫变换时，考虑一个点 (x_i, y_i) 和所有通过该点的线。通过点 (x_i, y_i) 的线有无数条，这些线对某些常数 a 和 b 来说，均满足 $y_i = ax_i + b$。将其改写为 $b = -ax_i + y_i$，并考虑 ab 平面（也称为参数空间），可对一个固定点 (x_i, y_i) 产生单独的一条直线。此外，第二个点 (x_j, y_j) 也有这样一条在参数空间上与它相关的直线，这条直线和与 (x_i, y_i) 相关的直线相交于点 (a, b)，其中 a 和 b 分别是 xy 平面上包含点 (x_i, y_i) 和 (x_j, y_j) 的直线的斜率和截距。如图 3.16(a) 和(b)所示说明了上述这些概念。

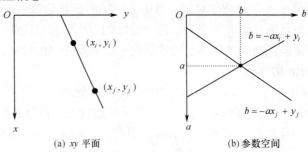

图 3.16 霍夫变换中 xy 平面和参数空间示意图

从原理上讲，可以绘制出与所有图像点 (x_i, y_i) 相对应的参数空间直线，而图像直线可以通过许多参数空间直线相交来识别。然而，这种方法的实际困难是直线的斜率 a 接近无限大，也就是接近垂直方向。解决这个问题的一种方法是使用直线的标准表示法，用参数方程表示为

$$x\cos\theta + y\sin\theta = \rho \tag{3.37}$$

如图 3.17(a)所示说明了参数 ρ 和 θ 的几何解释。相对于水平线，$\theta=0°$，ρ 等于正的 x 截距。同样，相对于垂直线而言，$\theta=90°$，ρ 等于正的 y 截距，或 $\theta=-90°$，ρ 等于负的 y 截距。如图 3.17(b)所示，其中的每一条正弦曲线表示通过特定点 (x_i,y_i) 的一簇直线。$\rho\theta$ 平面中的交点 (ρ',θ')，对应于 xy 平面中通过点 (x_i,y_i) 和 (x_j,y_j) 的直线。图像空间 xy 平面中位于同一条直线上的点 (x_i,y_i) 经过霍夫变换后，在参数空间中相交于同一点 (ρ',θ')。在参数空间中确定该点的位置比在图像中确定多个点容易些，确定了该点的位置，如图 3.17(b)所示，就知道了图像空间中直线的参数。

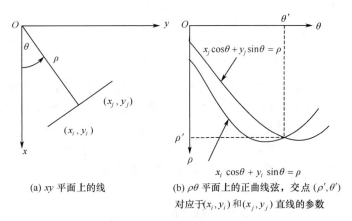

(a) xy 平面上的线　　(b) $\rho\theta$ 平面上的正曲线弦，交点 (ρ',θ')
　　　　　　　　　　　对应于 (x_i,y_i) 和 (x_j,y_j) 直线的参数

图 3.17　xy 平面上直线映射到 $\rho\theta$ 平面

霍夫变换具有如下性质：
① 通过 xy 平面上一点的一簇直线变换到 $\rho\theta$ 平面时，将形成一条正弦状曲线；
② $\rho\theta$ 平面中的一点对应于 xy 平面中的一条直线；
③ xy 平面中一条直线上的 n 个点对应于 $\rho\theta$ 平面中经过一个公共点的 n 条曲线；
④ $\rho\theta$ 平面中一条曲线上的 n 个点对应于 xy 平面中过一公共点的 n 条直线。

2. 霍夫变换应用

霍夫变换计算时把 $\rho\theta$ 参数空间细分为所谓的累加器单元，如图 3.18 所示，其中 (ρ_{min},ρ_{max}) 和 $(\theta_{min},\theta_{max})$ 是参数值的期望范围。一般来说，θ 和 ρ 的最大范围为 $-90°\leqslant\theta\leqslant90°$ 和 $-D\leqslant\rho\leqslant D$，其中 D 是图像中交点间的距离。坐标 (i,j) 处的单元（累加器的值为 $A(i,j)$）对应于与参数空间坐标 (ρ_i,θ_j) 相关的方形。最初，这些单元被设置为零。然后，对于图像平面上的每一个非背景点 (x_k,y_k)，令 θ 等于 θ 轴上允许的细分值，并通过式 $\rho=x_k\cos\theta+y_k\sin\theta$ 求出相应的 ρ 值。然后，将得到的 ρ 值四舍五入为最接近的 ρ 轴上的允许单元值。相应的累加器单元加 1。在这个过程的最后，$A(i,j)$ 意味着 xy 平面上的 n 个点位于线 $x\cos\theta_j+y\sin\theta_j=\rho_i$ 上。$\rho\theta$ 平面上的细分数决定了这些点共线的精度。

通常，将 xy 平面称为图像平面，$\rho\theta$ 平面称为参数平面，提取直线的霍夫变换步骤如下：
① 在 ρ 和 θ 的最大值和最小值之间建立一个离散参数空间；
② 建立一个累加器 $A(\rho,\theta)$，并置每个元素的初值为 0；
③ 在 $\rho\theta$ 参数平面，对每一点做霍夫变换，计算出网格上所有点的 (ρ,θ) 值，并在相应的累加器加 1，即 $A(\rho,\theta)=A(\rho,\theta)+1$；

④ 完成累加后，统计 $A(\rho,\theta)$ 的值就得到 (ρ,θ) 处共线点的个数和共线的参数，由此可以得出点所在的线。

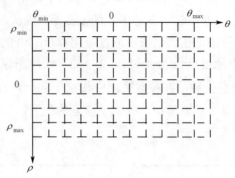

图 3.18 把 $\rho\theta$ 平面划分为累加器单元

综上所述，霍夫变换算法的输入为包含有黑条纹白背景的二值图，输出为 HPCS 空间的累加器矩阵的值。基本原理是将图像空间中直线检测问题转换到参数空间中对点的检测问题，通过在参数空间中进行简单的累加统计完成检测任务的方法。而且在参数空间中，噪声点或孤立点是随机的，得不到有效的积累，因此其数值很小。而图像空间的直线对参数空间的点的积累贡献很大，因此提高了信噪比，达到了较好的检测效果。

3.4 纹 理 分 析

图像的纹理分析已经在许多领域得到了广泛的应用。纹理一般指人们所观察到的图像中像素的灰度变化规律，通常将局部不规则而在宏观上有规律的特性称为纹理。图像的纹理特征描述了在图像中反复出现的局部模式及其排列规则，反映了宏观意义上灰度变化的一些规律。图像可以看成是不同纹理区域的组合，纹理通常定义为图像的某种局部性质，或是对局部区域像素之间关系的一种度量，可用于定量描述图像中的空间信息。

把图像分成不同的部分，各部分内部具有相近纹理的过程称为纹理分割。由于不同物体往往具有不同的纹理特征，纹理分割将图像划分为互不相交的若干区域，每一个区域内部具有相对一致的纹理特征。两种常见的纹理分割方法是基于区域的方法和基于边界的方法，用于识别具有相同纹理的区域和检测相邻纹理的突变点。纹理分割包括有监督和无监督的纹理分割。有监督纹理分割是指在对待分割图像掌握一定先验知识的情况下进行纹理分割，反之称之为无监督分割。纹理的先验知识包括确定待分割图像的纹理类别数目、不同纹理的表现特性等。

3.4.1 基于邻域特征统计的方法

将图像中某一局部区域内灰度的统计特征计算出来作为图像纹理特征，主要方法概括总结如下。

1．最大最小值法

设原图像为 $\{f(x,y)\}$，图像的大小为 $M\times N$，最大最小值法是以 (i,j) 点像素为中心的窗口 $(2k+1)\times(2k+1)$ 内的灰度最大值与最小值的差值作为窗口中心的纹理统计值，表示为

$$I(i,j) = \max_{\substack{|x-i|\leq k \\ |y-j|\leq k}} \{f(x,y)\} - \min_{\substack{|x-i|\leq k \\ |y-j|\leq k}} \{f(x,y)\} \tag{3.38}$$

式中，窗口大小决定了被检测的纹理尺寸，$I(i,j)$ 表示纹理的强度。

2. 方差法

方差法是以 (i,j) 点像素为中心的窗口 $(2k+1)\times(2k+1)$ 内的灰度方差作为窗口中心的纹理特征统计值，表示为

$$\sigma^2(i,j) = \sum_{x=i-k}^{i+k} \sum_{y=j-k}^{j+k} [f(x,y) - \mu]^2 \tag{3.39}$$

式中，μ 为窗口内灰度平均值，灰度方差反映了纹理强度信息。

3. 绝对值法

以 (i,j) 点像素为中心的窗口 $(2k+1)\times(2k+1)$ 内的每个像素灰度值与窗口内的灰度平均值的绝对值的和作为窗口中心的纹理特征统计值，表示为

$$A(i,j) = \sum_{x=i-k}^{i+k} \sum_{y=j-k}^{j+k} |f(x,y) - \mu| \tag{3.40}$$

式中，μ 为窗口内灰度平均值，$A(i,j)$ 反映了窗口内纹理的强度信息。

4. 高斯滤波差值法

高斯滤波差值法表示为

$$W(i,j) = 1 - \sigma \exp\left[-\frac{(i-i_0)^2 + (j-j_0)^2}{2\sigma^2}\right] \tag{3.41}$$

式中，(i_0, j_0) 为高斯模板中心坐标，σ 为标准差。算法步骤如下：

① 采用两个不同的标准差 σ_1、σ_2，对原图像进行滤波；
② 将两个滤波输出的差值图像作为纹理统计值。
这种方法适用于尺度较小的纹理。

5. 信息熵法

以 (i,j) 点像素为中心的窗口 $(2k+1)\times(2k+1)$ 内的每个像素的灰度值熵的和作为窗口中心的纹理特征统计值，表示为

$$B(i,j) = -\sum_{x=i-k}^{i+k} \sum_{y=j-k}^{j+k} f(x,y) / \sum_{x=i-k}^{i+k} \sum_{y=j-k}^{j+k} f(x,y) \tag{3.42}$$

式中，$B(i,j)$ 反映灰度变化速率。

3.4.2 傅里叶频谱方法提取纹理特征

由于傅里叶变换的共轭对称性，即满足 $|F(u,v)| = |F(-u,-v)|$，频谱分布以图像原点为中心是对称的。图像的纹理呈现出一定的周期性，或者说它在图像空间中具有一定的发生频率，可以对图像进行频谱分析来提取纹理特征。对于较粗的纹理，它的能量主要集中在低频部分；对于较细的纹理，较大的能量集中在高频部分。

将 u,v 以极坐标表示为

$$r = \sqrt{u^2 + v^2} \tag{3.43}$$

$$\theta = \arctan\frac{v}{u} \tag{3.44}$$

这时的频谱可用函数 $S(r,\theta)$ 表示。对于每个确定的频率 r，$S(r,\theta)$ 是一个一维函数 $S_r(\theta)$；对于每个确定的方向 θ，$S(r,\theta)$ 是一个一维函数 $S_\theta(r)$。

对于每个确定的频率 r，可以得到以原点为圆心的圆形上的频谱特性，表示为

$$S(r) = \sum_{\theta=0}^{\pi} S_\theta(r) \tag{3.45}$$

同样，对于每个确定的方向 θ，可以得到沿着自原点的辐射方向上的频谱所表现的特性，表示为

$$S(\theta) = \sum_{r=1}^{R} S_r(\theta) \tag{3.46}$$

式中，R 表示以原点为中心的圆的半径。$S(r)$ 和 $S(\theta)$ 构成整幅图像或图像区域纹理频谱能量的描述。

3.4.3 灰度共生矩阵

由于纹理是由灰度分布在空间位置上反复出现而形成的，因而在图像空间中相隔某距离的两像素间会存在一定的灰度关系，这种关系被称为图像中灰度空间的相关特性。通过研究灰度的空间相关特性来描述纹理，这正是灰度共生矩阵的思想基础。

从灰度级为 i 的像素点出发，距离为 δ 的另一个像素点同时发生的灰度级为 j，定义这两个灰度在整个图像中发生的概率分布，称为灰度共生矩阵。如图 3.19 所示，其中 Δx 和 Δy 的范围由像素间距 δ 和方向 θ 两个参数决定，即 $\Delta x = \delta \cos\theta$，$\Delta y = \delta \sin\theta$。灰度共生矩阵可以表示纹理的稀疏度、对比度、复杂度及其纹理力度等特性。

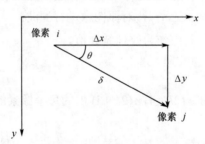

图 3.19　像素对示意图

设 $f(x,y)$ 为一幅灰度图像，对图像中任一区域 R，定义 S 为区域中具有特定空间联系的像素对集合，则灰度共生矩阵可表示为

$$m_{(d,\theta)}(i,j) = \text{card}\{[(x_1,y_1),(x_2,y_2)] \in S \mid f(x_1,y_1) = i \ \& \ f(x_2,y_2) = j\} \tag{3.47}$$

式中，$x_2 = x_1 + d\cos\theta$，$y_2 = y_1 + d\sin\theta$，$\text{card}(S)$ 表示集合 S 中对 $m_{(d,\theta)}(i,j)$ 有贡献的元素个数。在实际应用中，常需要对式(3.47)进行归一化，表示为

$$m'_{(d,\theta)}(i,j) = \frac{\text{card}\{[(x_1,y_1),(x_2,y_2)] \in S \mid f(x_1,y_1) = i \ \& \ f(x_2,y_2) = j\}}{\text{card}(S)} \tag{3.48}$$

为减少计算量，计算中往往需要先对图像进行灰度变换，降低灰度等级，同时减少 θ 的方向数，通常取 0°、45°、90°、135° 这 4 个方向。

假设图像的灰度级有 8 级，则对应于如图 3.20(a)所示的图像区域，其共生矩阵 $m_{(1,90°)}$ 如图 3.20(b)所示。

	0	1	2	3	4	5	6	7
0	0	0	0	0	0	0	0	0
1	0	1	2	0	0	0	0	0
2	0	1	0	2	0	0	0	0
3	0	0	1	1	0	0	0	0
4	0	1	0	0	0	0	0	0
5	0	0	0	0	0	0	0	0
6	0	0	0	0	0	0	0	0
7	0	0	0	0	0	0	0	0

1 2 1 3 4
2 3 1 2 4
3 3 2 1 1

(a) 图像数据　　　　　(b) 灰度共生矩阵

图 3.20　灰度共生矩阵示例

灰度共生矩阵是分析图像局部模式和排列规则的基础，为了有效利用灰度共生矩阵所提供的灰度方向、间隔和变化幅度的信息，在共生矩阵的基础上提取了一些有意义的统计量，基于这些数字统计量，对图像纹理特征进行了定量描述。所提出的纹理特征主要有以下几种。

（1）角二阶距（能量）

该特征反映了图像区域的均匀性或平滑性，可以表示为

$$W_1 = \sum_i \sum_j \{m(i,j)\}^2 \tag{3.49}$$

在均匀区域，灰度值变化较小，大部分像素对具有相同或相近的取值，主要发生在矩阵的对角线附近，其他大部分元素为零；而在非均匀区，灰度值变化大的像素相对较多，在整个灰度共生矩阵上概率均匀分布，而且矩阵中元素的值都很小，所以，非均匀区的角二阶距比均匀区的角二阶距要小。该测度对区域内有无灰度变化较敏感，但对灰度值变化数值大小不敏感，即具有高的局部灰度值对比度的区域角二阶距值不一定高。当共生矩阵中所有 $m(i,j)$ 都相等时，W_1 达到最小值。

（2）对比度

又称为非相似性，可理解为图像的清晰度，即纹理清晰度。数学描述为

$$W_2 = \sum_i \sum_j (i-j)^2 m(i,j) \tag{3.50}$$

其中，$|i-j|$ 表示图像特定位置关系下像素对灰度值差，灰度值差值大的像素对越多，这个值就越大。对比度反映了近邻像素的反差，当图像中两个灰度级点对的统计个数接近共生矩阵对角线时，纹理变化较小，对比度较小；反之，则表明近邻像素的反差较大，纹理较细。因此对比度值的大小反映了纹理的粗细度。

（3）相关性

相关系数在一定程度上反映了矩阵行与列的线性相关程度。相关系数较大时，图像区域灰度分布比较均匀。相关性可表示为

$$W_3 = \frac{\sum_i \sum_j ij m(i,j)^2 - \mu_x \mu_y}{\delta_x \delta_y} \tag{3.51}$$

式中，μ_x，μ_y，δ_x，δ_y 分别定义为

$$\mu_x = \sum_i i \sum_j m(i,j)$$
$$\mu_y = \sum_i j \sum_j m(i,j) \tag{3.52}$$
$$\delta_x = \sum_i (j-\mu_x)^2 \sum_j m(i,j)$$
$$\delta_y = \sum_i (j-\mu_y)^2 \sum_j m(i,j)$$

（4）熵

熵给出了图像内容随机性的度量，是图像具有信息量的度量。表示为

$$W_4 = \sum_i \sum_j m(i,j) \log[m(i,j)] \tag{3.53}$$

纹理是图像信息的一种，若图像没有任何纹理，则灰度共生矩阵几乎为零矩阵，熵值接近于 0；若图像有较多的细纹理，则矩阵中元素近似相等，该图像的熵值最大；若仅有较少的纹理，则矩阵中的元素的差别较大，图像的熵值就较小。

（5）差分矩

差分矩的定义为

$$W_5 = \sum_i \sum_j (i-\mu)^2 m(i,j) \tag{3.54}$$

式中，μ 为 $m(i,j)$ 的均值。

（6）逆差分矩

逆差分矩又称均匀性，可表示为

$$W_6 = \sum_i \sum_j \frac{m(i,j)}{1+(i-j)^2} \tag{3.55}$$

对于匀质区域，其灰度共生矩阵的元素集中在对角线上，$(i-j)^2$ 值小，则均匀性特征值较大；对于非匀质区域，由于其灰度共生矩阵的元素集中在远离对角线上，$(i-j)^2$ 值大，则均匀性的值较小，所以该特征是图像分布平滑性的测度。

（7）和平均

和平均表示为

$$W_7 = \sum_k \sum_i \sum_j i m(i,j) \tag{3.56}$$

式中，$k = i + j$。

（8）和方差

和方差表示为

$$W_8 = \sum_k \sum_i \sum_j (i-W_7)^2 m(i,j) \tag{3.57}$$

式中，$k = i + j$。

（9）和熵

和熵表示为

$$W_9 = \sum_k \sum_i \sum_j m(i,j) \log_2 m(i,j) \tag{3.58}$$

（10）差方差

差方差表示为

$$W_{10} = \sum_{k=2}^{2N} \sum_{i=1}^{N} \sum_{k=1}^{N} m(i,j) \qquad k = |i-j| = 0,1,\cdots,N-1 \tag{3.59}$$

式中，$d = \sum_{i=1}^{N} \sum_{j=1}^{N} |i-j| m(i,j)$。

由于上述分量的物理意义和取值范围不同，因此，分割时需要对它们进行内部归一化。这样，在进行相似量度度量时，可使各分量具有相同的权重。

习　题　3

3.1　图像分割有何实际意义？具体的分割方法有哪些？

3.2　图像的边缘具有哪些特征？

3.3　什么是区域？什么是图像分割？

3.4　边缘检测的理论依据是什么？有哪些常用算法？各种边缘检测算子具有什么特点？

3.5　设图像表示为

$$f(x,y) = \begin{bmatrix} 1 & 5 & 30 & 10 & 10 & 20 & 20 & 20 \\ 1 & 7 & 30 & 15 & 15 & 15 & 10 & 9 \\ 3 & 7 & 10 & 10 & 2 & 6 & 7 & 6 \\ 1 & 0 & 8 & 7 & 2 & 1 & 0 & 0 \\ 1 & 1 & 6 & 50 & 2 & 2 & 2 & 2 \\ 2 & 3 & 9 & 7 & 2 & 0 & 0 & 0 \\ 1 & 5 & 25 & 10 & 20 & 20 & 10 & 50 \\ 50 & 20 & 30 & 2 & 7 & 2 & 0 & 0 \end{bmatrix}$$

试设计一种算法求出进行图像二值化的阈值 T，并且对图像进行二值分割。

3.6　设计一种利用 Sobel 边缘算子进行图像边缘检测的程序框图。

第4章 图像变换

为了有效和快速地对图像进行处理和分析,常常需要将原定义在图像空间的图像以某种形式转换到其他空间,并且利用图像在这个空间的特有性质进行处理,然后通过逆变换操作转换到图像空间。本章讨论图像变换方法,重点介绍图像处理中常用的正交变换,如傅里叶变换、离散余弦变换和小波变换等。

4.1 傅里叶变换

从 20 世纪 60 年代开始,利用计算机实现快速傅里叶变换得到广泛应用。傅里叶变换后的变换域称之为频域。在频域中,处理图像用到信号分析和频谱分析等概念,可以加深对图像的理解。傅里叶变换可用于图像处理和图像编码。

4.1.1 连续傅里叶变换

1. 一维连续傅里叶变换

设 $f(x)$ 为变量 x 的连续可积函数,则定义 $f(x)$ 的傅里叶变换为

$$F(u) = \int_{-\infty}^{\infty} f(x) e^{-j2\pi ux} dx \tag{4.1}$$

式中,j 为虚数单位,u 为频域变量,x 为空域变量。从 $F(u)$ 恢复 $f(x)$ 称为傅里叶逆变换,定义为

$$f(x) = \int_{-\infty}^{\infty} F(u) e^{j2\pi ux} du \tag{4.2}$$

实函数的傅里叶变换,其结果多为复函数,$R(u)$ 和 $I(u)$ 分别为 $F(u)$ 的实部和虚部,则

$$F(u) = R(u) + jI(u) \tag{4.3}$$

$$\phi(u) = \arctan \frac{I(u)}{R(u)} \tag{4.4}$$

$$|F(u)| = \sqrt{R^2(u) + I^2(u)} \tag{4.5}$$

式中,$|F(u)|$ 称为 $f(x)$ 的傅里叶谱,谱的平方称为 $f(x)$ 的能量谱。u 称为变换域变量,也叫频域变量,应用欧拉公式,指数项 $e^{-j2\pi ux}$ 可展开为

$$e^{-j2\pi ux} = \cos 2\pi ux - j\sin 2\pi ux \tag{4.6}$$

从欧拉公式可以看出,指数函数可以表达为正弦函数和余弦函数的代数和,利用正弦函数和余弦函数的奇偶特性可以简化式(4.1)傅里叶变换的计算。可以证明,傅里叶变换是正交的,也是完备的。

2. 二维连续傅里叶变换

傅里叶变换可以推广到两个变量连续可积的函数 $f(x,y)$。若 $F(u,v)$ 是可积的,则存在如下傅里叶变换对,表示为

$$F(u,v) = \int_{-\infty}^{\infty} \int_{-\infty}^{\infty} f(x,y) e^{-j2\pi(ux+vy)} dx dy \tag{4.7}$$

$$f(x,y) = \int_{-\infty}^{\infty}\int_{-\infty}^{\infty} F(u,v) e^{j2\pi(ux+vy)} \mathrm{d}u \mathrm{d}v \tag{4.8}$$

二维函数的傅里叶谱、相位和能量谱分别表示为

$$|F(u,v)| = \sqrt{R^2(u,v) + I^2(u,v)} \tag{4.9}$$

$$\phi(u,v) = \arctan\frac{I(u,v)}{R(u,v)} \tag{4.10}$$

$$E(u,v) = R^2(u,v) + I^2(u,v) \tag{4.11}$$

4.1.2 离散傅里叶变换

1. 一维离散傅里叶变换

对于一个连续函数 $f(x)$ 等间隔采样可以得到一个离散序列。设采样点数为 N，则这个离散序列可表示为 $\{f(0), f(1), f(2), \cdots, f(N-1)\}$。令 x 为离散实变量，u 为离散频率变量，则可以将离散傅里叶变换对定义为

$$F(u) = \sum_{x=0}^{N-1} f(x) e^{-j2\pi ux/N} \quad (u = 0, 1, \cdots, N-1) \tag{4.12}$$

$$f(x) = \frac{1}{N}\sum_{u=0}^{N-1} F(u) e^{j2\pi ux/N} \quad (x = 0, 1, \cdots, N-1) \tag{4.13}$$

离散傅里叶变换的矩阵形式为

$$\begin{bmatrix} F(0) \\ F(1) \\ \vdots \\ F(N-1) \end{bmatrix} = \begin{bmatrix} W^0 & W^0 & W^0 & \cdots & W^0 \\ W^0 & W^{1\times 1} & W^{2\times 1} & \cdots & W^{(N-1)\times 1} \\ \vdots & \vdots & \vdots & & \vdots \\ W^0 & W^{1\times(N-1)} & W^{2\times(N-1)} & \cdots & W^{(N-1)\times(N-1)} \end{bmatrix} \begin{bmatrix} f(0) \\ f(1) \\ \vdots \\ f(N-1) \end{bmatrix} \tag{4.14}$$

$$\begin{bmatrix} f(0) \\ f(1) \\ \vdots \\ f(N-1) \end{bmatrix} = \frac{1}{N}\begin{bmatrix} W^0 & W^0 & W^0 & \cdots & W^0 \\ W^0 & W^{-1\times 1} & W^{-2\times 1} & \cdots & W^{-1\times(N-1)} \\ \vdots & \vdots & \vdots & & \vdots \\ W^0 & W^{-(N-1)\times 1} & W^{-(N-1)\times 2} & \cdots & W^{-(N-1)\times(N-1)} \end{bmatrix} \begin{bmatrix} F(0) \\ F(1) \\ \vdots \\ F(N-1) \end{bmatrix} \tag{4.15}$$

式中，$W = \mathrm{e}^{-\mathrm{j}\frac{2\pi}{N}}$，称为变换核。

2. 二维离散傅里叶变换

二维离散傅里叶变换的正变换和逆变换分别表示为

$$F(u,v) = \sum_{x=0}^{M-1}\sum_{y=0}^{N-1} f(x,y) e^{-j2\pi\left(\frac{xu}{M}+\frac{yv}{N}\right)} \tag{4.16}$$

$$f(x,y) = \frac{1}{MN}\sum_{u=0}^{M-1}\sum_{v=0}^{N-1} F(u,v) e^{j2\pi\left(\frac{ux}{M}+\frac{vy}{N}\right)} \quad (x=0,1,\cdots,M-1; y=0,1,\cdots,N-1) \tag{4.17}$$

当 $M = N$ 时，正、逆变换对具有下列对称的形式

$$F(u,v) = \frac{1}{N}\sum_{x=0}^{N-1}\sum_{y=0}^{N-1} f(x,y) e^{-j2\pi(ux+vy)/N} \tag{4.18}$$

$$f(x,y) = \frac{1}{N}\sum_{u=0}^{N-1}\sum_{v=0}^{N-1} F(u,v) e^{j2\pi(ux+vy)/N} \tag{4.19}$$

仿照二维连续傅里叶变换，定义 $\{f(x,y)\}$ 的功率谱为 $F(u,v)$ 与 $F^*(u,v)$ 的乘积，即 $F(u,v)$ 的实部平方加虚部平方。功率谱是图像的重要特征，反映图像的灰度分布。例如，具有精细结构和细微结构的图像奇高频分量较丰富，而低频分量反映图像的概貌。

在数字图像处理系统上实现离散傅里叶变换，利用以下性质可以简化运算。

（1）可分离性

利用可分离性，傅里叶变换对可表示为

$$F(u,v) = \frac{1}{N}\sum_{x=0}^{N-1} e^{-j2\pi \frac{ux}{N}} \sum_{y=0}^{N-1} f(x,y) e^{-j2\pi \frac{vy}{N}} \quad (u,v=0,1,\cdots,N-1) \tag{4.20}$$

$$f(x,y) = \frac{1}{N}\sum_{u=0}^{N-1} e^{j2\pi \frac{ux}{N}} \sum_{v=0}^{N-1} F(u,v) e^{j2\pi \frac{vy}{N}} \quad (x,y=0,1,\cdots,N-1) \tag{4.21}$$

由式(4.21)可知，图像离散傅里叶变换的具体计算过程为：对图像 $\{f(x,y)\}$ 的每一行进行一维傅里叶变换后得到 N 个值，将其排在同一行位置，再对由逐行变换获得的矩阵的每一列进行一维傅里叶变换。离散傅里叶变换可以用快速傅里叶变换（FFT）实现。

图像数据在计算机中存放的格式为按行存放，一维傅里叶变换执行后，得到 N 个值按行放回。在执行第二个一维傅里叶变换时，需要按列进行，取数速度减慢。因此，在执行行变换后要进行图像数据矩阵的转置，大矩阵的快速转置算法是二维图像 FFT 的一个关键。目前，已经出现用芯片进行图像 FFT，使得运算具有更高速度，具有实时处理功能。

从分离形式可知，一个二维傅里叶变换可以由连续两次运用一维傅里叶变换来实现。例如，式(4.20)可以分成如下两式

$$F(x,v) = N\left[\frac{1}{N}\sum_{y=0}^{N-1} f(x,y) e^{-j2\pi \frac{vy}{N}}\right] \quad (v=0,1,\cdots,N-1) \tag{4.22}$$

$$F(u,v) = \frac{1}{N}\sum_{x=0}^{N-1} F(x,v) e^{-j2\pi \frac{ux}{N}} \quad (u,v=0,1,\cdots,N-1) \tag{4.23}$$

对于每个 x 值，式(4.22)方括号中是一个一维傅里叶变换，所以 $F(x,v)$ 可以由按 $f(x,y)$ 的每一列求变换再乘以 N 得到。在此基础上，再对 $F(x,v)$ 每一行求傅里叶变换就可以得到 $F(u,v)$。上述过程可以描述为

$$f(x,y) \xrightarrow{\text{列变换} \times N} F(x,v) \xrightarrow{\text{行变换}} F(u,v)$$

注意到图像 $\{f(x,y)\}$ 是非负实数矩阵，即 $f(x,y) = f^*(x,y)$，因此对式(4.21)两边取共轭，可表示为

$$f^*(x,y) = \left\{\frac{1}{N}\sum_{u=0}^{N-1} e^{j2\pi \frac{ux}{N}} \sum_{v=0}^{N-1} F(u,v) e^{j2\pi \frac{vy}{N}}\right\}^*$$

$$= \frac{1}{N}\sum_{u=0}^{N-1}\sum_{v=0}^{N-1} \{F(u,v) e^{j2\pi \frac{(ux+vy)}{N}}\}^*$$

因为 $f(x,y) = f^*(x,y)$，所以

$$f(x,y) = \frac{1}{N}\sum_{u=0}^{N-1}\sum_{v=0}^{N-1} F^*(u,v) e^{-j2\pi \frac{(ux+vy)}{N}} \tag{4.24}$$

比较式(4.22)与式(4.18)可知，其形式完全相同。因此，求逆变换可以调用正变换程序执行，只要以 $F^*(u,v)$ 代替 $f(x,y)$ 的位置即可。

（2）坐标中心点位置

对图像矩阵 $\{f(x,y)\}$ 作 FFT，得到 $F(u,v)$。通常希望将 $F(0,0)$ 移到 $F\left(\dfrac{N}{2},\dfrac{N}{2}\right)$，以得到傅里叶变换及其功率谱的完整显示。利用傅里叶变换的移频特性可以证明，对 $f(x,y)(-1)^{x+y}$ 进行傅里叶变换可以得到将中心移到 $\left(\dfrac{N}{2},\dfrac{N}{2}\right)$ 的傅里叶变换结果，即

$$\begin{aligned}F\left(\frac{u+N}{2},\frac{v+N}{2}\right)&=\frac{1}{N}\sum_{x=0}^{N-1}\sum_{y=0}^{N-1}f(x,y)\exp\left\{\frac{-j2\pi}{N}\left[\left(u+\frac{N}{2}\right)x+\left(v+\frac{N}{2}\right)y\right]\right\}\\&=\frac{1}{N}\sum_{x=0}^{N-1}\sum_{y=0}^{N-1}f(x,y)\exp\left[-j\pi(x+y)\right]\exp\left[\frac{-j2\pi(ux+vy)}{N}\right]\\&=\frac{1}{N}\sum_{x=0}^{N-1}\sum_{y=0}^{N-1}f(x,y)(-1)^{x+y}\exp\left[\frac{-j2\pi(ux+vy)}{N}\right]\quad(u,v=0,1,2,\cdots,N-1)\end{aligned}$$

（4.25）

式(4.25)表明，对 $f(x,y)(-1)^{x+y}$ 进行傅里叶变换后得到了将中心移到 $\left(\dfrac{N}{2},\dfrac{N}{2}\right)$ 的傅里叶变换。

4.2 离散余弦变换

数字图像处理中的正交变换，除了傅里叶变换以外，还经常用到离散余弦变换（Discrete Cosine Transform，DCT）。DCT 是与傅里叶变换相关的一种变换，它类似于离散傅里叶变换（Discrete Fourier Transform，DFT），但是只使用实数。离散余弦变换相当于一个长度大概是 2 倍的离散傅里叶变换，这个离散傅里叶变换是对一个实偶函数进行的，因为一个实偶函数的傅里叶变换仍然是一个实偶函数。

离散余弦变换经常在信号处理和图像处理中使用，用于对信号和图像（包括静止图像和运动图像）进行有损数据压缩。这是由于离散余弦变换具有很强的"能量集中"特性。大多数的自然信号，包括声音和图像的能量都集中在离散余弦变换后的低频部分，而且当信号具有接近马尔科夫过程（Markov Processes）的统计特性时，离散余弦变换的去相关性接近于 K-L 变换（Karhunen-Loève 变换，具有最优的去相关性）的性能。

例如，在静止图像编码标准 JPEG、运动图像编码标准 MPEG 和 H.26x 的各个标准中都使用了二维离散余弦变换。在这些标准中，首先对输入图像进行离散余弦变换，然后将 DCT 变换系数进行量化之后进行熵编码。在对输入图像进行 DCT 前，需要将图像分成 $N\times N$ 子块，通常 $N=8$，对每个 8×8 块的每行进行 DCT 变换，然后每列进行变换，得到的是一个 8×8 的变换系数矩阵。其中，(0,0)位置的元素就是直流分量，矩阵中的其他元素根据其位置，表示不同频率的交流分量。

在以上特性的基础上，改进的离散余弦变换可以被用在高级音频编码(AAC for Advanced Audio Coding)、Vorbis 和 MP3 音频压缩中。

此外，离散余弦变换也经常被用来使用谱方法解偏微分方程，这时离散余弦变换不同的变

量对应着数组两端不同的奇/偶边界条件。下面重点讨论 DCT 的基本定义及其在数字图像处理中的应用。

4.2.1 一维离散余弦变换

一维离散余弦变换定义为

$$F(0) = \frac{1}{\sqrt{N}} \sum_{x=0}^{N-1} f(x) \tag{4.26}$$

$$F(u) = \sqrt{\frac{2}{N}} \sum_{x=0}^{N-1} f(x) \cos\frac{2(x+1)u\pi}{2N} \tag{4.27}$$

$$f(x) = \sqrt{\frac{1}{N}} F(0) + \sqrt{\frac{2}{N}} \sum_{u=1}^{N-1} F(u) \cos\frac{(2x+1)u\pi}{2N} \tag{4.28}$$

式中，$F(u)$ 是第 u 个余弦变换系数，u 是广义频率变量，$u=1,2,\cdots,N-1$；$f(x)$ 是时域 N 点序列，$x=0,1,2,\cdots,N-1$。式(4.27)和式(4.28)构成了一维离散余弦变换对。

4.2.2 二维离散余弦变换

二维离散余弦变换定义为

$$F(0,0) = \frac{1}{N} \sum_{x=0}^{N-1} \sum_{y=0}^{N-1} f(x,y)$$

$$F(0,v) = \frac{\sqrt{2}}{N} \sum_{x=0}^{N-1} \sum_{y=0}^{N-1} f(x,y) \cos\frac{(2y+1)v\pi}{2N}$$

$$F(u,0) = \frac{\sqrt{2}}{N} \sum_{x=0}^{N-1} \sum_{y=0}^{N-1} f(x,y) \cos\frac{(2x+1)u\pi}{2N}$$

$$F(u,v) = \frac{2}{N} \sum_{x=0}^{N-1} \sum_{y=0}^{N-1} f(x,y) \cos\frac{(2x+1)u\pi}{2N} \cos\frac{(2y+1)v\pi}{2N} \tag{4.29}$$

式(4.29)是正变换式，其中 $f(x,y)$ 是空间域的二维向量元素，$u,v=0,1,2,\cdots,N-1$，$F(u,v)$ 是变换系数阵列的元素。

二维离散余弦逆变换表示为

$$\begin{aligned} f(x,y) = &\frac{1}{N} F(0,0) + \frac{\sqrt{2}}{N} \sum_{v=1}^{N-1} F(0,v) \cos\frac{(2y+1)v\pi}{2N} + \frac{\sqrt{2}}{N} \sum_{u=1}^{N-1} F(u,0) \cos\frac{(2x+1)u\pi}{2N} \\ &+ \frac{2}{N} \sum_{u=1}^{N-1} \sum_{v=1}^{N-1} F(u,v) \cos\frac{(2x+1)u\pi}{2N} \cos\frac{(2y+1)v\pi}{2N} \end{aligned} \tag{4.30}$$

其中，$x,y=0,1,2,\cdots,N-1$。

4.2.3 离散余弦变换的矩阵表示

二维离散余弦变换具有系数为实数，正变换与逆变换的核相同的特点。离散余弦变换是一种正交变换。为了分析计算方便，还可以用矩阵的形式来表示。

设 f 为一个 N 点的离散信号序列，即 f 可以用一个 $N\times 1$ 的列向量表示，F 为频域中一个

$N×1$ 的列向量。$N×N$ 的矩阵 C 为离散余弦变换矩阵，一维离散余弦变换表示为

$$F = C \cdot f \tag{4.31}$$

$$f = C^{\mathrm{T}} \cdot F \tag{4.32}$$

二维离散余弦变换可表示为

正变换
$$F = C \cdot f \cdot C^{\mathrm{T}} \tag{4.33}$$

逆变换
$$f = C^{\mathrm{T}} \cdot F \cdot C \tag{4.34}$$

式中，$C = \sqrt{\dfrac{2}{N}} \begin{bmatrix} \sqrt{\dfrac{1}{2}} & \sqrt{\dfrac{1}{2}} & \cdots & \sqrt{\dfrac{1}{2}} \\ \cos\dfrac{1}{2N}\pi & \cos\dfrac{3}{2N}\pi & \cdots & \cos\dfrac{2N-1}{2N}\pi \\ \vdots & \vdots & \vdots & \vdots \\ \cos\dfrac{N-1}{2N}\pi & \cos\dfrac{3(N-1)}{2N}\pi & \cdots & \cos\dfrac{(2N-1)(N-1)}{2N}\pi \end{bmatrix}$

C 是一个正交矩阵，即 $C \cdot C^{\mathrm{T}} = E$，$E$ 为单位矩阵。

【例 4.1】 设一幅 $4×4$ 的图像用矩阵表示为

$$f(x,y) = \begin{bmatrix} 1 & 1 & 1 & 1 \\ 1 & 0 & 0 & 1 \\ 1 & 0 & 0 & 1 \\ 1 & 1 & 1 & 1 \end{bmatrix}$$

$N = 4$，则

$$C = \sqrt{\dfrac{1}{2}} \begin{bmatrix} \sqrt{\dfrac{1}{2}} & \sqrt{\dfrac{1}{2}} & \sqrt{\dfrac{1}{2}} & \sqrt{\dfrac{1}{2}} \\ \cos\dfrac{\pi}{8} & \cos\dfrac{3\pi}{8} & \cos\dfrac{5\pi}{8} & \cos\dfrac{7\pi}{8} \\ \cos\dfrac{2\pi}{8} & \cos\dfrac{6\pi}{8} & \cos\dfrac{10\pi}{8} & \cos\dfrac{14\pi}{8} \\ \cos\dfrac{3\pi}{8} & \cos\dfrac{9\pi}{8} & \cos\dfrac{15\pi}{8} & \cos\dfrac{21\pi}{8} \end{bmatrix}$$

$$= \begin{bmatrix} 0.5 & 0.5 & 0.5 & 0.5 \\ 0.653 & 0.271 & -0.271 & -0.653 \\ 0.5 & -0.5 & -0.5 & 0.5 \\ 0.270 & -0.653 & 0.653 & -0.271 \end{bmatrix}$$

试求 $f(x,y)$ 的离散余弦变换 $F(u,v)$。

解 $F(u,v) = C \cdot f \cdot C^{\mathrm{T}}$

$$= \begin{bmatrix} 0.5 & 0.5 & 0.5 & 0.5 \\ 0.653 & 0.271 & -0.271 & -0.653 \\ 0.5 & -0.5 & -0.5 & 0.5 \\ 0.270 & -0.653 & 0.653 & -0.271 \end{bmatrix} \begin{bmatrix} 1 & 1 & 1 & 1 \\ 1 & 0 & 0 & 1 \\ 1 & 0 & 0 & 1 \\ 1 & 1 & 1 & 1 \end{bmatrix} \begin{bmatrix} 0.5 & 0.653 & 0.5 & 0.270 \\ 0.5 & 0.271 & -0.5 & -0.653 \\ 0.5 & -0.271 & -0.5 & 0.653 \\ 0.5 & -0.653 & 0.5 & -0.271 \end{bmatrix}$$

$$= \begin{bmatrix} 3 & 0 & 1 & -0.002 \\ 0 & 0 & 0 & 0 \\ 1 & 0 & -1 & 0 \\ -0.002 & 0 & 0 & 0 \end{bmatrix}$$

从结果可以看出，离散余弦变换具有信息强度集中的特点。图像进行 DCT 变换后，在频域中矩阵左上角低频的幅值大而右下角高频幅值小，经过量化处理后产生大量的零值系数，在编码时可以压缩数据，因此 DCT 被广泛用于视频编码图像压缩。

4.3 K-L 变换

K-L 变换是一种主成分分析的变换方法。当变量之间存在一定的相关关系时，可以通过原始变量的线性组合，构成为数较少的新变量代替原始变量。这种处理方法叫做主成分分析，其中的新变量叫做原始变量的主成分。

设有大小为 $N \times N$ 的 M 幅图像 $f_i(x,y)$，每幅图像以向量形式表示为

$$X_i = \begin{bmatrix} f_i(0,0) \\ f_i(0,1) \\ \vdots \\ f_i(N-1, N-1) \end{bmatrix} \tag{4.35}$$

X 向量的协方差矩阵定义为

$$C_x = E\{(X - m_x)(X - m_x)^{\mathrm{T}}\} \tag{4.36}$$

式中

$$m_x = E\{X\} \tag{4.37}$$

令 ϕ_i 和 $\lambda_i (i=1,2,\cdots,N^2)$ 是 C_x 的特征向量和对应的特征值，特征值按减序排列。变换矩阵的行是 C_x 的特征值，则变换矩阵为

$$A = \begin{bmatrix} \phi_{11} & \phi_{12} & \cdots & \phi_{1N^2} \\ \phi_{21} & \phi_{22} & \cdots & \phi_{2N^2} \\ \cdots & \cdots & \cdots & \cdots \\ \phi_{N^21} & \phi_{N^22} & \cdots & \phi_{N^2N^2} \end{bmatrix} \tag{4.38}$$

式中，ϕ_{ij} 对应第 i 个特征向量的第 j 个分量。

K-L 变换的定义为

$$K = A(X - m_x) \tag{4.39}$$

其中，K 为新的图像向量，$(X - m_x)$ 为原始向量 X 减去均值向量 m_x，称为中心化的图像向量。

K-L 变换的步骤如下：
① 求协方差矩阵 C_x；

② 求协方差矩阵的特征值 λ_i；
③ 求特征向量 ϕ_i；
④ 构成特征矩阵 A，按式(4.39)计算 K。

K-L 变换是均方误差最小意义上的最优变换，去相关性好，可以用于数据压缩、图像旋转。但是它是非分离变换，必须计算协方差矩阵及其特征值和特征向量，因此计算量巨大。此外，因为 K-L 变换没有快速算法，所以应用受到了局限。

4.4 小波变换

小波分析是当前应用数学和工程学科中一个迅速发展的领域。与傅里叶变换相比，小波变换是空间（时间）和频率的局部变换，因而能有效地从信号中提取信息。它通过伸缩和平移运算对信号进行多尺度细化，最终达到在高频处时间细分、低频处频率细分，能够自动适应时频信号分析的要求，从而聚焦到信号的任意细节。

小波编码是近年来随着小波变换而提出的一种在图像和视频压缩领域具有很好发展的编码技术。由于小波变换具有良好的时域或空域局部特征，以及适应人类视觉系统的特性，所以它非常有利于图像视频信号的压缩编码。

4.4.1 连续小波变换

1. 一维连续小波变换

设函数 $f(t)$ 具有有限能量，即 $f(t) \in L^2(R)$（平方可积函数空间），给定基本小波函数 ψ，信号 $f(t)$ 的连续小波变换定义为

$$W_f(a,b) = \frac{1}{\sqrt{a}} \int_{-\infty}^{\infty} f(t) \psi\left(\frac{t-b}{a}\right) dt = \int_{-\infty}^{\infty} f(t) \psi_{a,b}(t) dt \qquad a > 0 \tag{4.40}$$

式中，a 为尺度参数，b 为定位参数，函数 $\psi(t)$ 称为小波。若 $a>1$，则函数 $\psi_{a,b}(t)$ 具有伸展作用；若 $a<1$，则函数 $\psi_{a,b}(t)$ 具有收缩作用。

小波的选择既不是唯一的，也不是任意的。$\psi(t)$ 是归一化的具有单位能量的解析函数，它应满足如下几个条件。

① 定义域应是紧支撑的，即在一个很小的区间之外，函数值为零，该函数具有速降特性。
② 平均值为零，即

$$\int_{-\infty}^{\infty} \psi(t) dt = 0 \tag{4.41}$$

其高阶矩也为零，即

$$\int_{-\infty}^{\infty} t^k \psi(t) dt = 0 \quad (k = 0, 1, 2, \cdots, N-1) \tag{4.42}$$

小波的容许性条件表示为

$$C_\psi = \int_{-\infty}^{\infty} \frac{|\psi(\omega)|^2}{\omega} d\omega < \infty \tag{4.43}$$

式中，$\psi(\omega) = \int_{-\infty}^{\infty} \psi(t) e^{-j\omega t} dt$ 是 $\psi(t)$ 的傅里叶变换，C_ψ 是有限值，它表示 $\psi(\omega)$ 连续可积，且 $\psi(0) = \int_{-\infty}^{\infty} \psi(t) dt = 0$。

对于所有的 $f(t)$，$\psi(t) \in L^2(R)$，连续小波逆变换为

$$f(t) = \frac{1}{C_\psi} \int_{-\infty}^{\infty} \int_{-\infty}^{\infty} a^{-2} W_f(a,b) \psi_{a,b}(t) \mathrm{d}a \mathrm{d}b \tag{4.44}$$

2. 一维连续小波变换的性质

（1）线性

小波变换是线性变换，它把一维信号分解成不同尺度的分量。设 $W_{f_1}(a,b)$ 为 $f_1(t)$ 的小波变换，如果

$$f(t) = k_1 f_1(t) + k_2 f_2(t) \qquad k_1, k_2 \text{为常数} \tag{4.45}$$

则有
$$W_f(a,b) = k_1 W_{f_1}(a,b) + k_2 W_{f_2}(a,b) \tag{4.46}$$

（2）平移和伸缩的共变性

连续小波变换在任何平移下是共变的，若 $f(t) \leftrightarrow W_f(a,b)$ 是小波变换对，则 $f(t-b_0) \leftrightarrow W_f(a, b-b_0)$ 也是小波变换对。伸缩的共变性表示为

$$f(a_0 t) \leftrightarrow \frac{1}{\sqrt{a_0}} W_f(a_0 a, a_0 b) \tag{4.47}$$

（3）小波变换的时-频局部化

小波变换实现时-频局部化分析的特点与信号频率高低密切相关，因此，了解小波变换在频域中的特性是很重要的。小波变换的时-频局部化表示为

$$W_f(a,b) = \frac{1}{2\pi} \int_{-\infty}^{\infty} F(\omega) \psi_{a,b}(\omega) \mathrm{d}\omega \tag{4.48}$$

3. 二维连续小波变换

若 $f(x,y)$ 是一个二维函数，则它的连续小波变换为

$$W_f(a, b_x, b_y) = \int_{-\infty}^{\infty} \int_{-\infty}^{\infty} f(x,y) \psi_{a,b_x,b_y}(x,y) \mathrm{d}x \mathrm{d}y \tag{4.49}$$

式中，b_x 和 b_y 分别表示在 x、y 轴的平移。

$$\psi_{a,b_x,b_y}(x,y) = \frac{1}{|a|} \psi\left(\frac{x-b_x}{a}, \frac{y-b_y}{a}\right) \tag{4.50}$$

二维连续小波逆变换表示为

$$f(x,y) = \frac{1}{C_\psi} \int_0^{\infty} \int_{-\infty}^{\infty} \int_{-\infty}^{\infty} W_f(a, b_x, b_y) \psi_{a,b_x,b_y}(x,y) \mathrm{d}b_x \mathrm{d}b_y \frac{\mathrm{d}a}{a^3} \tag{4.51}$$

4.4.2 离散小波变换

1. 一维离散小波变换

如果待展开的函数是一个数字序列，如连续函数 $f(x)$ 的抽样值，那么得到的系数就称为 $f(x)$ 的离散小波变换（DWT），表示为

$$W_\phi(j_0, k) = \frac{1}{\sqrt{M}} \sum_x f(x) \phi_{j_0,k}(x) \tag{4.52}$$

$$W_\psi(j, k) = \frac{1}{\sqrt{M}} \sum_x f(x) \psi_{j,k}(x) \tag{4.53}$$

对于 $j \geq j_0$，还有

$$f(x)=\frac{1}{\sqrt{M}}\sum_{k}W_{\phi}(j_{0},k)\phi_{j_{0},k}(x)+\frac{1}{\sqrt{M}}\sum_{j=j_{0}}^{\infty}\sum_{k}W_{\psi}(j,k)\psi_{j,k}(x) \tag{4.54}$$

式中，$f(x),\phi_{j_0,k}(x)$和$\psi_{j,k}(x)$是离散变量$x=0,1,2,\cdots,M-1$的函数，M为序列的长度。

2. 二维离散小波变换

给定可分离的二维尺度和小波函数，一维DWT到二维的扩展很简单。首先定义一个尺度和平移函数

$$\varphi_{j,m,n}(x,y)=2^{j/2}\varphi(2^{j}x-m,2^{j}y-n) \tag{4.55}$$

$$\psi_{j,m,n}^{i}(x,y)=2^{j/2}\psi^{i}(2^{i}x-m,2^{j}y-n) \quad i=\{H,V,D\} \tag{4.56}$$

式中，$\varphi(x,y)$是一个二维尺度函数，$\psi^H(x,y)$、$\psi^V(x,y)$、$\psi^D(x,y)$是3个二维小波度量函数。其中

$$\varphi(x,y)=\varphi(x)\varphi(y) \tag{4.57}$$

$$\psi^{H}(x,y)=\psi(x)\varphi(y) \tag{4.58}$$

$$\psi^{V}(x,y)=\varphi(x)\psi(y) \tag{4.59}$$

$$\psi^{D}(x,y)=\psi(x)\psi(y) \tag{4.60}$$

这些小波度量函数沿着不同方向的图像强度或灰度而变化：ψ^H度量沿着列的变化（水平边缘），ψ^V度量沿着行的变化（垂直边缘），ψ^D对应于对角线方向的变化。

大小为$M\times N$的图像$f(x,y)$的离散小波变换为

$$W_{\varphi}(j_{0},m,n)=\frac{1}{\sqrt{MN}}\sum_{x=0}^{M-1}\sum_{y=0}^{N-1}f(x,y)\varphi_{j_{0},m,n}(x,y) \tag{4.61}$$

$$W_{\psi}^{i}(j,m,n)=\frac{1}{\sqrt{MN}}\sum_{x=0}^{M-1}\sum_{y=0}^{N-1}f(x,y)\psi_{j,m,n}^{i}(x,y) \quad i=\{H,V,D\} \tag{4.62}$$

与一维情况相同，j_0是任意的开始尺度，$W_\varphi(j_0,m,n)$系数定义了在尺度j_0的$f(x,y)$的近似。$W_\psi^i(j,m,n)$系数对于$j\geq j_0$附加了水平、垂直和对角方向的细节。通常，令$j_0=0$并且选择$M=N=2^j,j=0,1,2,\cdots,J-1$和$m,n=0,1,2,\cdots,2^j-1$。给出式(4.61)和式(4.62)的$W_\varphi$和$W_\psi^i$，$f(x,y)$可以通过离散小波逆变换得到，表示为

$$f(x,y)=\frac{1}{\sqrt{MN}}\sum_{m}\sum_{n}W_{\varphi}(j_{0},m,n)\varphi_{j_{0},m,n}(x,y)$$
$$+\frac{1}{\sqrt{MN}}\sum_{i=H,V,D}\sum_{j=j_{0}}^{\infty}\sum_{m}\sum_{n}W_{\psi}^{i}(j,m,n)\psi_{j,m,n}^{i}(x,y) \tag{4.63}$$

与一维离散小波变换相同，二维DWT可以用数字滤波器和抽样来实现。用可分离的二维尺度和小波函数，对$f(x,y)$的行进行一维DWT，再对列进行一维DWT。图4.1所示的框图显示了二维小波变换的过程。如图4.1(a)所示，输入$W_\varphi(j+1,m,n)$，用$h_\varphi(-n)$和$h_\psi(-n)$卷积并对它进行列抽样，得到两个子图像，它们的水平分辨率以2为因子下降。高通部分或细节分量描述了图像垂直方向的高频信息，低通部分或近似分量包含图像的低频垂直信息。两个子图像以列的方式被滤波并抽样得到4个1/4大小的子图像$W_\varphi,W_\psi^H,W_\psi^V,W_\psi^D$，如图4.1(b)所示，这

些子图像是二维尺度函数与小波函数的内积，接着对每维进行抽样。滤波处理的两次迭代在如图 4.1(b)所示的最右侧产生两尺度分解。

图 4.1(c)描述了反向处理的综合滤波器簇，图像的重建算法为：在每次迭代中，4 尺度 j 的近似值的细节子图像用两个一维滤波器的内插和卷积，一个对子图像进行列操作，另一个进行行操作，结果是尺度 $j+1$ 的近似值，迭代处理一直进行到原图像被重建。$h_\varphi(n)$，$h_\psi(n)$ 作为相应的尺度和小波向量表示为

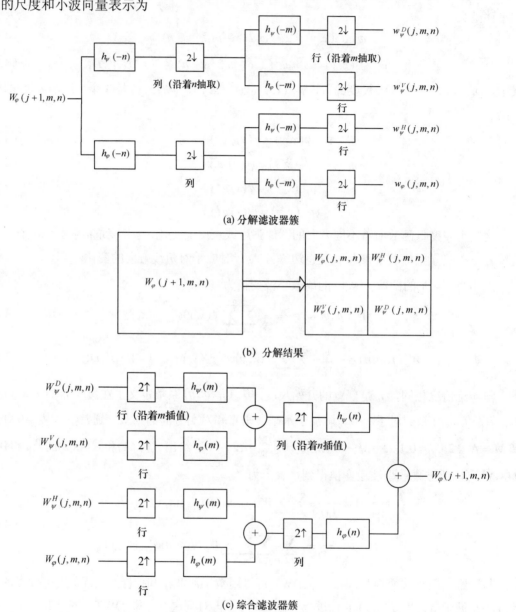

图 4.1 二维小波变换过程示意图

$$h_\varphi(n) = \begin{cases} \dfrac{1}{\sqrt{2}} & n = 0,1 \\ 0 & \text{其他} \end{cases} \quad (4.64)$$

$$h_\psi(n) = \begin{cases} \dfrac{1}{\sqrt{2}} & n = 0 \\ -\dfrac{1}{\sqrt{2}} & n = 1 \\ 0 & \text{其他} \end{cases} \quad (4.65)$$

习 题 4

4.1 函数 $f(x,y)$ 可进行傅里叶变换的基本条件是什么？

4.2 连续非周期函数的频谱和连续周期函数的频谱各具有什么特点？

4.3 二维傅里叶变换有哪些常用性质？

4.4 如果 $x(n) \leftrightarrow X(u), y(n) \leftrightarrow Y(u)$，试证明 $x(n) * y(n) \leftrightarrow X(u) \cdot Y(u)$。

4.5 证明离散傅里叶变换的频率位移特性。

4.6 小波变换是如何定义的？小波函数是唯一的吗？

4.7 已知一幅图像表示为

$$f(x,y) = \begin{bmatrix} 1 & 0 & 0 & 1 \\ 1 & 0 & 0 & 1 \\ 1 & 0 & 0 & 1 \\ 1 & 1 & 1 & 1 \end{bmatrix}$$

对其进行 DCT 变换，求出 $F(u,v)$，并且分析系数矩阵的特点。

第5章 图像增强

本章讨论图像质量增强的一些经典方法,重点介绍图像的空间域和频率域增强的理论与方法,如灰度线性变换、直方图均衡化、直方图规定化;频域的低通、高通滤波以及伪彩色、假彩色和真彩色增强的方法和处理效果。

5.1 概　　述

在获取图像的过程中,由于光照等多种因素的影响,会导致图像质量有所下降,图像增强的目的在于采用相关技术改善图像的视觉效果,提高图像的清晰度,或者将图像转换成一种更适合人或机器分析处理的形式。通过图像处理技术突出感兴趣的信息,抑制无用的信息,图像增强的效果靠主观感觉予以评价。图像增强的方法分为空间域增强和频率域增强。

5.1.1 图像增强的内容

图像在成像、传输、复制等过程中不可避免地会产生某些降质,如成像过程由于曝光过度或不足会使图像过亮或过暗,运动状态下成像会使目标模糊;传输过程由于各种噪声和干扰会使图像被污染等。因此,经常需要对降质图像进行预处理,以满足后期处理或分析的需要。图像增强是通过有选择地突出某些感兴趣的信息并抑制一些无用的信息,来对图像的某些特征如边缘、轮廓、对比度等进行强调,从而达到方便人或机器分析、使用这些信息的目的。

图像增强是图像进行后续处理的必要前期步骤,所以,研究最早、应用最广。但是由于处理图像的种类和目的不同,因此并没有通用算法。工程应用中往往需要根据实际情况选择合适的图像增强算法,并做适当的优化。

5.1.2 图像增强技术分类

图像增强技术从不同的角度有不同的分类方法。常见的有:从是否对输入图像进行变换的角度,可分为空间域增强和频率域增强;从对单个像素或区域进行操作的角度,可分为基于点操作的增强和基于区域操作的增强;从处理结果的角度,可分为平滑与锐化;从增强结果图像颜色的角度,又可分为灰度增强和彩色增强。这些分类在具体应用中存在诸多交叉、组合,如空间域增强方法包括基于点操作的增强和基于区域操作的增强;点操作既可以在空间域进行也可以在频率域进行。

1. 空间域增强

在空间域直接对图像像素值进行运算的模型如图 5.1 所示。图中,$f(x,y)$ 是原图像,$g(x,y)$ 是增强的图像,$h(x,y)$ 是空间运算函数。

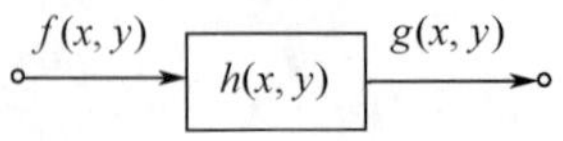

$$f(x,y) \longrightarrow \boxed{h(x,y)} \longrightarrow g(x,y)$$

图 5.1　空间域增强模型

对于区域操作如平滑、锐化等，可以表示为

$$g(x,y) = f(x,y) * h(x,y) \tag{5.1}$$

式中，*表示卷积运算。

2. 频率域增强

首先对原图像 $f(x,y)$ 进行 DFT 或 DWT 等变换，即将空间域的 $f(x,y)$ 变换为变换域的 $F(u,v)$，得到新的频谱 $G(u,v)$，表示为

$$G(u,v) = F(u,v) \cdot H(u,v) \tag{5.2}$$

式中，$H(u,v)$ 可以是低通滤波器，起平滑作用；也可以是高通滤波器，起锐化作用。$G(u,v)$ 经过逆变换即得到增强后的图像 $g(x,y)$。频率域的增强过程如图 5.2 所示。

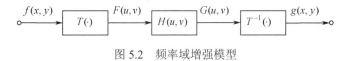

图 5.2　频率域增强模型

实际应用中，图像增强可以综合上述两种技术。如同态滤波增强既包含了空间域灰度的非线性运算，也包括频率域高频部分的增强。

5.1.3　图像增强的评价

尽管图像增强的运用很广泛，但目前还没有统一的评价标准，增强的结果主要靠人的主观感觉加以评价。这既给增强算法的设计带来较大的自由度，也给各种增强算法的比较带来了困难。为此，可以采用主观评价与客观评价相结合的方法来说明增强效果。

主观评价一般需要多人观察，以保证评价结果在统计学上有意义。表 5.1 为依据里克特五级量表设计的图像主观评价尺度评分表。

表 5.1　图像主观评价尺度评分表

分数	质量尺度	妨碍尺度
5	非常好	图像质量很好
4	好	能看出图像质量
3	一般	清楚地看出图像
2	差	对观看有妨碍
1	非常差	图像不能观看

客观评价多以处理结果达到某种（些）目的的程度来描述，如通过分割准确率、目标识别率、边缘强度、对比度等相关指标的提升来说明像质的改变情况。

5.2　点操作增强

数字图像是一个二维的空间像素阵列，阵列中的数值就是该位置像素的灰度值。点操作增强就是将这个二维像素阵列置于笛卡儿坐标系中，以单个像素为对象进行的增强处理，这是一种简单、实用的图像增强技术。

常见的增强方法主要有以下几类：

① 将 $f(\cdot)$ 中的每个像素基于某种操作 $T\{\}$ 直接得到 $g(\cdot)$，常用的有灰度级校正和灰度变换；

② 借助 f(·)的直方图进行变换；
③ 借助对一系列图像间的操作进行变换。

5.2.1 灰度级校正

灰度级校正主要用于解决成像不均匀的问题。设原图像为 $f(x,y)$，实际获得的含噪声的图像为 $g(x,y)$，则可以表示为

$$g(x,y)=e(x,y) \cdot f(x,y) \tag{5.3}$$

式中，$e(x,y)$是具有降质性质的函数。显然，只要知道了 $e(x,y)$，就可以重建原图像 $f(x,y)$。然而 $e(x,y)$ 往往未知，需要根据图像降质系统的特性计算或测量。

系统降质函数 $e(x,y)$ 可以简单地采用一幅灰度级全部为常数 C 的图像成像来标定。若定标图像 C 经成像系统实际的输出为

$$g_C(x,y)=C \cdot e(x,y) \tag{5.4}$$

$e(x,y)$为

$$e(x,y) = \frac{g_C(x,y)}{C} \tag{5.5}$$

代入式(5.5)，就可得实际图像 $g(x,y)$ 经校正后所恢复的原图像 $f(x,y)$，即

$$f(x,y) = C \cdot \frac{g(x,y)}{g_C(x,y)} \tag{5.6}$$

在实际应用中应当注意以下两个问题：

① 按式(5.6)校正的图像由于乘了系数 C 的影响，有可能出现"溢出"现象，即灰度级可能超过某些记录器件或显示设备输入信号的动态范围，这时还需要再做适当的灰度级调整；

② 经灰度级校正后的图像灰度值不一定在原降质图像的量化值上，因此必须对变换后的图像重新进行量化。

5.2.2 灰度变换

灰度变换是指图像 $f(x,y)$ 经过变换函数 $T\{\cdot\}$ 逐点变换成一幅新图像 $g(x,y)$ 的过程，即

$$g(x,y) = T\{f(x,y)\} \tag{5.7}$$

通过变换可使图像灰度的动态范围扩大，从而提高图像的对比度。根据变换函数 $T\{\cdot\}$ 的不同，可将灰度变换分为线性变换、分段线性变换和非线性变换 3 种。

1. 线性变换

当曝光不足或曝光过度等原因导致图像层次感较差时，可利用线性变换将灰度范围扩展，以增强图像的对比度，常用的是截取式线性变换，如需要将原图像 $f(x,y)$ 的灰度范围由 $[a,b]$ 变换到 $[c,d]$，如图 5.3 所示，设变换后的图像为 $g(x,y)$，则变换算法表示为

$$g(x,y) = \begin{cases} c & 0 \leqslant f(x,y) < a \\ \frac{d-c}{b-a}[f(x,y)-a]+c & a \leqslant f(x,y) \leqslant b \\ d & f(x,y) > b \end{cases} \tag{5.8}$$

式 5.8 中，当 $a=c=0$ 时，线性变换如图 5.4 所示。这时，变换后的图像 $g(x,y)$ 为

$$g(x,y) = kf(x,y), \quad k = \frac{d}{b} \tag{5.9}$$

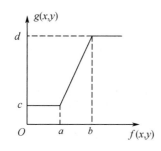 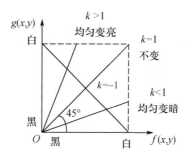

图 5.3　截取式线性变换示意图　　　图 5.4　线性变换示意图($a=c=0$)

当 $k=-1$ 时，表示图像反转。若图像灰度级为$[0,L-1]$，则反转图像的灰度级为

$$g(x,y)=L-1-f(x,y) \qquad (5.10)$$

当 $k=1$ 时，图像不变；当 $k<1$ 时，图像均匀变暗；当 $k>1$ 时，图像均匀变亮。

【例 5.1】 利用式(5.10)实现图像反转，$L=256$，如图 5.5 所示，其中(a)为原图像，图(b)为图(a)的反转结果。

(a) 原图像　　　(b) 反转图像

图 5.5　图像反转变换

2．分段线性变换

为了突出感兴趣的目标或灰度区间、抑制那些不感兴趣的灰度区域，可以采用分段线性变换。常用的分段线性变换是三段线性变换法。如图 5.6 所示将原图像 $f(x,y)$ 的灰度分布区间 $[0,M_f]$ 划分为所示的 3 个子区间，对每个子区间采用不同的线性变换，即通过变换参数 a、b、c、d 可实现不同灰度区间的灰度扩展或压缩。

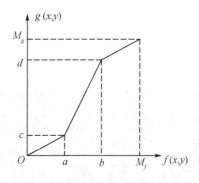

图 5.6　分段线性变换示意图

设变换后的图像为 $g(x,y)$，其灰度范围为 $[0,M_g]$，则分段线性变换可表示为

$$g(x,y) = \begin{cases} \dfrac{c}{a}f(x,y) & 0 \leq f(x,y) < a \\ \dfrac{d-c}{b-a}[f(x,y)-a]+c & a \leq f(x,y) \leq b \\ \dfrac{M_g-d}{M_f-b}[f(x,y)-b]+d & b < f(x,y) \leq M_f \end{cases} \quad (5.11)$$

式中，a,b,c,d,M_g,M_f 为大于零的常数，且 $0<a<b<M_f$，$0<c<d<M_g$。

【例5.2】 利用式(5.11)实现图像分段线性变换，如图5.7所示，其中图(a)为原图像，图(b)为当 $a=80$，$b=140$，$c=30$，$d=200$ 时图(a)的分段线性变换结果。

(a) 原图像　　　　　　　(b) 分段线性变换图像

图 5.7　分段线性变换

通过增加灰度区间分割的段数，以及调整各区间的分割点，可对任意一个灰度区间进行扩展和压缩，这种分段线性变换适用于在黑色或白色附近有噪声干扰的情况。例如，照片中的划痕、污斑，运用分段线性变换可以有效地改善视觉效果。

3. 非线性变换

当变换函数 $T\{\cdot\}$ 采用某些非线性变换函数时，如指数函数、对数函数等，即可实现图像灰度的非线性变换。

（1）对数变换

对数变换表示为

$$g(x,y) = c\log[1+f(x,y)] \quad (5.12)$$

式中，c 为常数。对数变换可以用于扩展低灰度区，压缩高灰度区，使灰度较低的图像细节更容易看清楚。同时，对数变换使图像灰度的分布与人的视觉特效相匹配。

【例5.3】 利用式(5.12)对图5.8(a)进行对数变换增强，取 $c=0.5$，变换结果如图5.8(b)所示。

 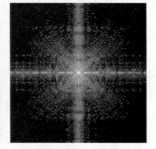

(a) 原图像　　　　　　　(b) 对数变换结果图

图 5.8　对数变换示例

（2）指数变换

指数变换表示为

$$g(x,y) = c[f(x,y)]^\gamma \tag{5.13}$$

式中，c 和 γ 为正常数。γ 取不同的值会得到不同的变换结果，如在 $c=1$ 的情况下，$\gamma<1$ 时的变换结果是扩展了低灰度区同时压缩了高灰度区；$\gamma=1$ 时，变换结果仍为原图像；$\gamma>1$ 时的变换结果是压缩了低灰度区同时扩展了高灰度区。γ 取值对变换结果的影响如图 5.9 所示，其中，r 表示原图像的灰度级，s 表示指数变换结果的灰度级。

【例 5.4】 利用式(5.13)对图 5.10(a)进行指数变换增强，取 $c = 0.5$，$\gamma = 2.5$，变换结果如图 5.10(b)所示。

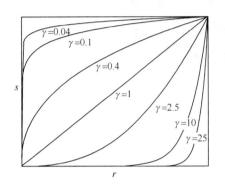

(a) 原图像　　(b) 指数变换结果图

图 5.9　γ 取值对变换结果的影响　　图 5.10　指数变换示例

（3）灰度切分变换

灰度切分也称为灰度开窗，它是将输入图像中某一灰度范围内的像素转换为最大灰度输出，而使其他灰度输出转换为最小灰度。其表达式为

$$g(x,y) = \begin{cases} 255 & f(x,y) \in \Delta \\ 0 & \text{其他} \end{cases} \tag{5.14}$$

式中，Δ 为像素取值范围。灰度切分变换可用于伪色彩显示，是人工图像分析时一种十分有效的方法。

【例 5.5】 利用式(5.14)对图 5.11(a)进行灰度切分变换增强，取 $\Delta = [120, 200]$，变换结果如图 5.11(b)所示。

(a) 原图像　　(b) 灰度切分变换结果图

图 5.11　灰度切分变换示例

（4）二值化

图像的二值化表示为

$$g(x,y) = \begin{cases} 255 & f(x,y) \geq T \\ 0 & f(x,y) < T \end{cases} \quad (5.15)$$

【例 5.6】 利用式(5.15)对图 5.12(a)进行二值变换增强，取 $T=100$，变换结果如图 5.12(b)所示。

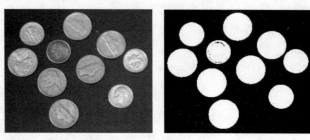

(a) 原图像 (b) 灰度二值化图像

图 5.12 图像二值化

5.2.3 灰度直方图变换

基于直方图变换方法进行图像增强是以概率论为基础的，常用的方法主要有直方图均衡化和直方图规定化。

直方图表示数字图像中每一灰度级与其出现概率间的统计关系。对于一幅数字图像 $f(x,y)$，其像素总数为 n，用 r_k 表示第 k 个灰度级对应的灰度值，n_k 表示灰度值为 r_k 的像素的个数。以横坐标表示灰度级，则直方图可以表示为

$$P(r_k) = \frac{n_k}{n} \quad (5.16)$$

式中，$P(r_k)$ 表示灰度 r_k 出现的相对频数。

直方图可以反映图像的灰度范围、灰度分布、平均亮度和明暗对比度等概貌，这些特征可为进一步处理图像提供重要依据。

1. 直方图均衡化

直方图均衡化也称直方图均匀化，就是把给定图像的直方图分布改变成均匀分布的直方图，然后按均衡直方图修正原图像，即借助直方图变换实现灰度映射。直方图均衡化，可使灰度值的动态范围最大，从而增强图像整体的对比度，使之看起来更清晰。

设图像 $f(x,y)$ 的灰度范围为 $f_{\min} \leq f(x,y) \leq f_{\max}$。为方便讨论，将其灰度范围转换到[0,1]区间，即

$$r = \frac{f(x,y) - f_{\min}}{f_{\max} - f_{\min}} \quad (5.17)$$

用 r 和 s 分别代表归一化了的原图像和经直方图均衡化后的图像灰度，即 $0 \leq r, s \leq 1$。直方图均衡化的过程就是要找到一种变换 $s = T(r)$，使原图像直方图 $P(r)$ 变成均匀分布的直方图 $P(s)$。$s = T(r)$ 应满足以下条件：

① 在 $0 \leq r \leq 1$ 区间，$T(r)$ 是单调递增函数；

② s 和 r 一一对应；

③ 对于 $r \in [0,1]$，有 $s \in [0,1]$；

④ 反变换 $r = T^{-1}(s)$ 也满足条件①、②、③。

变换函数 $T(r)$ 使原先集中于 Δr 区间的灰度拉开或压缩（$\Delta r \rightarrow \Delta s$），于是概率密度发生了变化，但变换前后概率不变，即

$$P(s)\Delta s = P(r)\Delta r \tag{5.18}$$

要进行直方图均衡化，就意味着 $P(s) = 1$，$s \in [0,1]$，由式(5.18)可得

$$\Delta s = P(r)\Delta r \tag{5.19}$$

若 $\Delta r \rightarrow dr$，$\Delta s \rightarrow ds$，则有

$$ds = P(r)dr \tag{5.20}$$

从而

$$s = T(r) = \int_0^r P(r)dr \tag{5.21}$$

可见，直方图均匀化的变换函数 $T(r)$ 为变换前概率密度函数的累加分布函数，它是一个从 0 开始单调递增的函数。

直方图均衡化的基本思想是把原图像的直方图变换为均匀分布的形式，这样就增加了像素灰度值的动态范围，从而达到增强图像整体对比度的效果。

增强函数需要满足两个条件：

① 在 $0 \leqslant h \leqslant L-1$ 范围内是一个单值单增函数，这是为了保证原图像各灰度级在变换后仍然保持从黑到白，或者从白到黑的排列次序；

② 对 $0 \leqslant h \leqslant L-1$ 有 $0 \leqslant g \leqslant L-1$，这个条件保证变换前后灰度值动态范围的一致性。

图像 $f(x,y)$ 的累积分布函数（Cumulative Distribution Function，CDF）就是 $f(x,y)$ 的累积直方图，其定义为

$$s_k = T(r_k) = \sum_{j=0}^{k} \frac{n_j}{n} = \sum_{j=0}^{k} p_r(r_j) \tag{5.22}$$

式中，$0 \leqslant r_k \leqslant 1$，$0 \leqslant s_k \leqslant 1$，$k$ 为离散的灰度级，n 为图像的像素总数，s_k 的取值是与 $T(r_k)$ 最近的那个灰度。

【例5.7】 直方图均衡化计算。设有一幅灰度等级 $N = 8$，大小为 64×64 的 8bit 灰度图像，直方图均衡化的计算步骤如表 5.2 所示。

表 5.2　直方图均衡化计算步骤

步骤	运算	步骤和结果							
1	列出原图像灰度级 $r_k, k=0,1,2,\dots,7$	0	1	2	3	4	5	6	7
2	统计原图像各灰度级像素数 n_k	750	1035	780	636	320	260	190	125
3	计算原图像的概率密度 $\frac{n_k}{n}$	0.18	0.25	0.19	0.16	0.08	0.06	0.05	0.03
4	计算累积概率密度 s_k	0.18	0.43	0.62	0.78	0.86	0.92	0.97	1.0
5	取整 $t_k=\text{int}[(N-1)s_k+0.5]$	1	3	4	5	5	6	6	6
6	确定映射对应关系 ($r_k \rightarrow t_k$)	0→1	1→3	2→4	3,4→5		5,6,7→6		
7	统计新图像各灰度级像素 n_k	0	750	0	1035	780	956	575	0
8	计算新图像的概率密度 $\frac{n_k}{n}$	0	0.18	0	0.25	0.19	0.24	0.14	0

如图 5.13(a)所示图像的灰度直方图如图 5.13(b)所示，直方图在低灰度区域上的频率较集

中，这样图像看上去整体偏暗、细节不太清楚。经直方图均衡化后的图像如图 5.13(c)所示（其直方图分布如图 5.13(d)所示），可以看出图像灰度间距拉开了，灰度分布变均匀了，目标和背景的反差增大，使图像的细节变得清晰可见，达到了图像增强的效果。

直方图均衡化实质上是以减少图像的灰度级来换取对比度的增大。因此，均衡化后的图像中常会出现假轮廓。

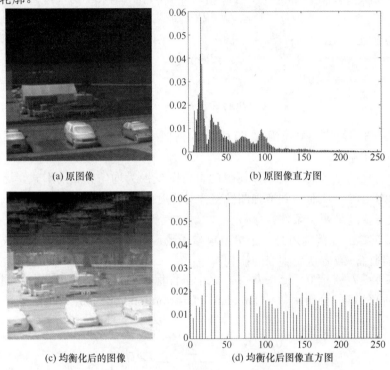

图 5.13　直方图均衡化示例

2．直方图规定化

直方图规定化是修改图像的直方图，使得它与另一幅图像的直方图匹配或具有一种预先规定的函数形状。其目的在于突出感兴趣的灰度范围，从而改善图像质量。直方图均衡化实际上是直方图规定化的一个特例，它预先规定变换后的直方图灰度分布呈均匀分布状，即 $P(s)=1$。

用 $P(r)$ 和 $P(z)$ 分别表示原图像和期望图像的灰度分布函数，对原图像和期望图像均作直方图均衡化处理，则有

$$s = T(r) = \int_0^r P(\eta)\mathrm{d}\eta \tag{5.23}$$

$$v = G(z) = \int_0^z P(\eta)\mathrm{d}\eta \tag{5.24}$$

$$z = G^{-1}(v) \tag{5.25}$$

由于都是进行均衡化处理，原图像处理后的灰度分布 $P(s)$ 与期望图像处理后的灰度分布 $P(v)$ 应相等，故可以用变换后的原图像灰度级 s 代替式(5.25)中的 v，即

$$z = G^{-1}(s) \tag{5.26}$$

由式(5.23)可得

$$z = G^{-1}[T(r)] \tag{5.27}$$

可见，直方图规定化是以直方图均衡化为桥梁来实现 $P(r)$ 与 $P(z)$ 的变换的。

下面通过一个实例讲述直方图规定化的处理过程。

【例 5.8】 设一幅图像大小为 64×64，灰度级为 8 级。表 5.3 所示为原始直方图的数据，表 5.4 所示为均衡化处理后的直方图数据，表 5.5 所示为规定的直方图数据。

表 5.3 原始直方图数据

r_k	0	$\frac{1}{7}$	$\frac{2}{7}$	$\frac{3}{7}$	$\frac{4}{7}$	$\frac{5}{7}$	$\frac{6}{7}$	1
n_k	790	1023	850	656	329	245	122	81
$P_r(r_k)=\frac{n_k}{n}(n=4096)$	0.19	0.25	0.21	0.16	0.08	0.06	0.03	0.02

表 5.4 均衡化处理后的直方图数据

$r_j \rightarrow s_k$	n_k	$p_s(s_k)$	$r_j \rightarrow s_k$	n_k	$p_s(s_k)$
$r_1 \rightarrow s_0 = \frac{1}{7}$	790	0.19	$r_2 \rightarrow s_2 = \frac{5}{7}$	850	0.21
$r_1 \rightarrow s_1 = \frac{3}{7}$	1023	0.25	$r_3, r_4 \rightarrow s_3 = \frac{6}{7}$	985	0.24
$r_2 \rightarrow s_2 = \frac{5}{7}$	850	0.21	$r_5, r_6, r_7 \rightarrow s_4 = 1$	448	0.11

表 5.5 规定的直方图数据

z_k	0	$\frac{1}{7}$	$\frac{2}{7}$	$\frac{3}{7}$	$\frac{4}{7}$	$\frac{5}{7}$	$\frac{6}{7}$	1
$p_z(z_k)$	0.00	0.00	0.00	0.15	0.20	245	0.30	0.15

直方图规定化的计算方法归纳如下：

① 对原图像进行直方图均衡化处理，原图像灰度与均衡化的映射关系见表 5.4；

② 利用 $s_k = T(r_k) = \sum_{j=0}^{k} \frac{n_j}{n} = \sum_{j=0}^{k} P_r(r_j)$, $0 \leq r_j \leq 1, k=0,1,2,\cdots,L-1$ 计算变换函数得到表 5.5；

③ 进行映射得到新的直方图。

如图 5.14 所示为直方图规定化示例。其中图(a)为原图像，其直方图分布如图(b)所示，图(c)为期望实现的直方图分布，图(d)直方图规定化后的图像，其直方图分布如图(e)所示。通过直方图匹配，图像灰度分布与期望的直方图十分接近，使图像轮廓更为清晰。

5.2.4 图像间运算

1. 算术与逻辑运算

图像间运算是在两幅或多幅图像的对应位置像素间进行的，这要求运算图像有相同的尺寸大小。图像间运算主要有算术运算和逻辑运算两种。

设像素 P_{ik} 和 P_{jk} 分别表示两幅图像 $f_i(x,y)$ 和 $f_j(x,y)$ 中对应位置的像素，两幅图像运算的结果为 $f_l(x,y)$，则它们之间的算术运算主要包括：

① 加法运算，记作 $P_{lk} = P_{ik} + P_{jk}$；

② 减法运算，记作 $P_{lk} = P_{ik} - P_{jk}$ 或 $P_{lk} = P_{jk} - P_{ik}$；

③ 乘法运算，记作 $P_{lk} = P_{ik} * P_{jk}$；

④ 除法运算，记作 $P_{lk} = P_{ik} / P_{jk}$ 或 $P_{lk} = P_{jk} / P_{ik}$。

算术运算一般用于灰度图像，如果运算后所得到的新灰度值超出原图像的动态范围，则需要利用灰度变换将其调整到原图像允许的动态范围内。

逻辑运算只用于二值图像，基本的逻辑运算有：

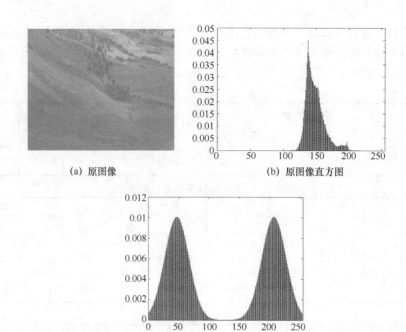

(a) 原图像　　　　　　　　　　(b) 原图像直方图

(c) 期望的直方图

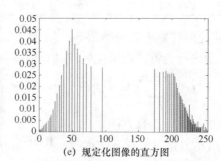

(d) 直方图规定化后的图像　　　(e) 规定化图像的直方图

图 5.14　直方图规定化示例

① 对图像 $f_i(x,y)$ 的像素求补，记作 $P_{lk} = \overline{P_{ik}}$ 或 NOT P_{ik}；

② 像素间的与，记作 $P_{lk} = P_{ik} \cdot P_{jk}$ 或 P_{ik} AND P_{jk}；

③ 像素间的或，记作 $P_{lk} = P_{ik} + P_{jk}$ 或 P_{ik} OR P_{jk}；

④ 像素间的异或，记作 $P_{lk} = P_{ik} \oplus P_{jk}$ 或 P_{ik} XOR P_{jk}。

这些基本的逻辑运算还可以组合，其组合定理符合逻辑运算定理，如 $\overline{AB} = \overline{A} + \overline{B}$，$\overline{A+B} = \overline{AB}$ 等。

2. 图像间运算的应用

（1）图像加法运算的应用

① 去除叠加性噪声

多幅图像累加可用于减少或去除图像采集过程中引入的随机噪声。在实际中，采集到的图像 $g(x,y)$ 可看作是由原图像 $f(x,y)$ 和噪声图像 $n(x,y)$ 叠加而成的，即

$$g(x,y) = f(x,y) + n(x,y) \tag{5.28}$$

如果图像中各点的噪声互不相关，且具有零均值统计特性，则可通过将一系列采集的图像 $\{g_i(x,y),\ i=1,2,\cdots,M\}$ 相加来消除噪声。$g_i(x,y)$ 实际上是混入噪声的图像集，可表示为

$$g_i(x,y) = f_i(x,y) + n_i(x,y) \tag{5.29}$$

设将 M 幅含有随机加性噪声的图像相加再求平均得到一幅新图像，即

$$\overline{g}(x,y) = \frac{1}{M}\sum_{i=1}^{M} g_i(x,y) = \frac{1}{M}\sum_{i=1}^{M}[f_i(x,y) + n_i(x,y)]$$
$$= f(x,y) + \frac{1}{M}\sum_{i=1}^{M} n_i(x,y) \tag{5.30}$$

则新图像 $\overline{g}(x,y)$ 的数学期望为

$$E\{\overline{g}(x,y)\} = E\left\{\frac{1}{M}\sum_{i=1}^{M} g_i(x,y)\right\} = \frac{1}{M}\sum_{i=1}^{M}\{E[f_i(x,y)] + E[n_i(x,y)]\}$$
$$= \frac{1}{M}\sum_{i=1}^{M} f_i(x,y) = f(x,y) \tag{5.31}$$

图像 $\overline{g}(x,y)$ 的均方差与噪声方差的关系为

$$\sigma_{\overline{g}(x,y)} = \sqrt{\frac{1}{M}}\sigma_{n(x,y)} \tag{5.32}$$

可见，随着平均图像数量 M 的增加，噪声在每个像素位置 (x,y) 的影响就会减少。图 5.15 给出一组用图像平均法消除随机噪声的例子。其中图(a)为叠加了零均值高斯随机噪声的灰度图像，图(b)、(c)、(d)分别为 8、16、32 幅同类图叠加后再取平均的结果。由此可见，随着平均图像数量的增加，噪声的影响逐渐减小。

(a) 叠加高斯噪声的图像

(b) 8 幅图像平均结果

(c) 16 幅图像平均结果

(d) 32 幅图像平均结果

图 5.15 用多幅图像平均法消除随机噪声

② 产生图像叠加效果

两幅或多幅图像相加可以得到图像合成的效果，也可以用于图像衔接。如图 5.16 所示是合成效果，其中图(a)和(b)是两幅原图像，图(c)是合成后的效果。

(a) 原图像 1

(b) 原图像 2

(c) 叠加图像

图 5.16 两幅图像及其叠加效果

(2) 图像间减法的应用

① 运动目标检测

将同一景物在不同时间拍摄的图像或同一景物在不同波段的图像相减，这就是图像的减法运算，通常称为差影法。设有图像 $f_1(x,y)$ 和 $f_2(x,y)$，它们之间的差为

$$g(x,y) = f_1(x,y) - f_2(x,y) \tag{5.33}$$

利用相邻两帧图像的差可以将图像中的运动目标检测出来。如图 5.17 所示给出了带有运动目标的两幅图像以及它们的差值图像，从差值图像中很容易确定运动目标的位置。因此，差影法常用于动态监测和目标跟踪。例如在银行金库内，摄像头每隔一定时间拍摄一幅图像，并与上一幅图像做差影，如果图像差超过了预先设置的阈值，则表明可能有异常情况发生，应自动或以某种方式报警；在遥感监测中，差值图像可以发现森林火灾、洪水泛滥、灾情变化等；也可用于监测河口、海岸的泥沙淤积及江河、湖泊、海岸等的污染；利用差值图像还能鉴别出耕地及不同的作物覆盖情况。

(a) 第 N 帧图像　　　　(b) 第 $N+1$ 帧图像　　　　(c) 两帧图像的差值图像

图 5.17　序列图像的差值效果

② 混合图像分离

对于一幅混合图像，如果能够获得相同尺寸的其中某些场景目标图像，通过减法则可以实现目标图像分离，如图 5.18 所示。用同样的方法，可以移除背景信息，从而增强目标的识别性。

(a) 混合图像　　　　(b) 背景图像　　　　(c) 分离图像

图 5.18　混合图像分离

(3) 图像间乘法的应用

图像的乘法主要是对图像进行掩模操作，可以遮掉图像中的某些部分。如图 5.19 所示。

(a) 原图像 1　　　　(b) 原图像 2　　　　(c) 相乘结果

图 5.19　图像间乘法的运算

（4）图像间除法的应用

图像的除法可以用来纠正由于照明或传感器的非均匀性造成的图像灰度阴影，还被用于产生比率图像。简单的除法运算可用于改变图像的灰度级，常用于遥感图像处理中。除法运算可以理解为两幅图像之间的对比，也可以说是两幅图像之间的对比度。图 5.20(c)是用图 5.20(a)除以图 5.20(b)得到的结果图像，由此可以得到两幅图像之间的差异。

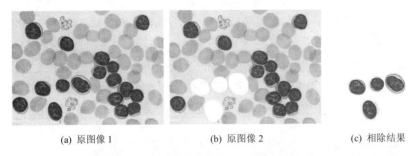

(a) 原图像 1　　　　　(b) 原图像 2　　　　　(c) 相除结果

图 5.20　图像间除法的运算

（5）图像间逻辑运算的应用

如图 5.21 所示，图(a)、(b)为原图像，图(c)~(f)为图像间逻辑运算所得结果。为方便阅读，图像外部实线框均为后期添加。

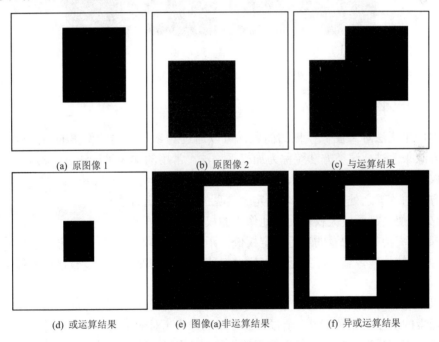

(a) 原图像 1　　　　　(b) 原图像 2　　　　　(c) 与运算结果

(d) 或运算结果　　　　(e) 图像(a)非运算结果　　(f) 异或运算结果

图 5.21　图像间逻辑运算

5.3　基于区域操作增强

所谓区域操作增强是指增强运算是在原图像的一个小窗口内进行的，而非单个像素上，常用的有邻域平均、空域滤波、频域滤波、自适应滤波及中值滤波等方法。

5.3.1 邻域平均法

设一幅图像 $f(x,y)$ 为 $N\times N$ 的阵列,图像为 $g(x,y)$ 的像素灰度值由 $f(x,y)$ 的对应位置上预定邻域的几个像素的灰度值的平均值所决定,实现方法表示为

$$g(x,y)=\frac{1}{M}\sum_{(i,j)\in S}f(x,y) \qquad (5.34)$$

式中,$x,y=0,1,2,\cdots,N-1$,S 是 (x,y) 点邻域坐标的集合[不包含点 (x,y)],M 是 S 内坐标点的总数。

如图 5.22 所示为以 3×3 模板用邻域平均法得出的随机噪声污染图像的平滑效果。可以看出采用邻域平均法对消除随机噪声效果较好,但在降噪的同时也使图像模糊了,尤其是图像边缘和细节之处的模糊更为明显。研究表明邻域越大,模糊越严重。

(a) 含有噪声的图像　　　　　　(b) 平均滤波效果

图 5.22　用邻域平均法的图像平滑

5.3.2 加权平均法

针对邻域平均法导致图像模糊的问题,可以通过对参与平均的像素的不同特点分别赋予不同权值方法来改进,这类方法统称为加权平均法。常用的加权平均法有:k 近邻均值法、梯度倒数加权平均、最大均匀性平均、小斜面模型平均等。

这些方法的关键之处是权值如何确定。常见的权值确定方法有:

① 给处理像素赋予较大权值,其他像素的权值相对小一些;

② 按照距离待处理像素的远近确定权值,距离待处理像素较近的像素赋予较大权值;

③ 按照与待处理像素灰度接近程度确定权值,与待处理像素灰度较接近的像素赋予较大的权值。

下面以 k 近邻均值法为例进行介绍:k 近邻均值法的依据是在 $m\times m$ 的窗口中,属于同一集合内的像素的灰度值相关度高。所以,被处理的像素(对应于窗口中心的像素)可以用窗口内与中心像素灰度最接近的 k 个邻近像素的平均灰度值来代替。

具体步骤如下:

① 选取一个 $m\times m$ 的模板;

② 在其中选择 k 个与待处理像素的灰度差为最小的像素;

③ 用这 k 个像素的灰度均值替换掉原来的值。

图 5.23 所示是模板为 3×3,$k=3$ 的 k 近邻均值滤波器。

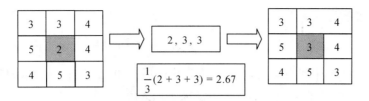

图 5.23　k 近邻均值滤波器

5.3.3　空域低通滤波

图像灰度变化平缓的部分在频域属于低频部分,而其灰度变化快的部分在频域属于高频部分,所以,图像中目标的边缘以及噪声的频率分量都属于高频分量,因此采用低通滤波可去除噪声。由于频域滤波与空域卷积等价,所以只要适当地设计空间域系统的单位冲激响应矩阵 H 就可以达到滤除噪声、增强图像的效果。

$$G(x,y) = \sum_m \sum_n F(m,n) H(x-m+1, y-n+1) \tag{5.35}$$

式中,G 为 $N\times N$ 阵列;H 为 $L\times L$ 阵列。

下面是几种用于噪声平滑的系统单位冲激响应阵列:

$$H_1 = \frac{1}{9}\begin{bmatrix} 1 & 1 & 1 \\ 1 & 1 & 1 \\ 1 & 1 & 1 \end{bmatrix} \quad H_2 = \frac{1}{10}\begin{bmatrix} 1 & 1 & 1 \\ 1 & 2 & 1 \\ 1 & 1 & 1 \end{bmatrix} \quad H_3 = \frac{1}{16}\begin{bmatrix} 1 & 2 & 1 \\ 2 & 4 & 2 \\ 1 & 2 & 1 \end{bmatrix}$$

$$H_4 = \frac{1}{8}\begin{bmatrix} 1 & 1 & 1 \\ 1 & 1 & 1 \\ 1 & 1 & 1 \end{bmatrix} \quad H_5 = \frac{1}{2}\begin{bmatrix} 0 & \frac{1}{4} & 0 \\ \frac{1}{4} & 1 & \frac{1}{4} \\ 0 & \frac{1}{4} & 0 \end{bmatrix} \tag{5.36}$$

以上矩阵 H 又称为低通卷积模板或称为掩模。

掩模不同,中心点或邻域的重要程度也不同,因此,具体应用时应根据问题的需要选取合适的掩模。但无论什么样的掩模,都必须保证全部权系数之和为单位值,这样才能保证输出图像的灰度值在许可范围内,才不致产生"溢出"现象。

5.3.4　中值滤波

中值滤波是一种非线性滤波,由于在实际运算过程中并不需要图像的统计特性,所以比较方便。在一定的条件下,可以克服线性滤波器所带来的图像细节模糊的问题,特别是对滤除脉冲干扰及图像扫描噪声最为有效。但对点、线、尖顶细节多的图像不宜采用中值滤波的方法。

1. 中值滤波原理

中值滤波是用一个含有奇数点的滑动窗口,将窗口中心点的值用窗口内各点中间的值代替。假设窗口有 5 个点,其值为 80,90,200,110,120,那么此窗口内各点的中值即为 110。

设有一个一维序列 $f_1, f_2, \cdots, f_n$。取窗口长度为 m(m 为奇数),对此序列进行中值滤波,就是从输入序列中相继抽出 m 个数,$f_{i-v}, \cdots, f_{i-1}, f_i, f_{i+1}, \cdots, f_{i+v}$,其中 f_i 为窗口的中心值,$v = \dfrac{m-1}{2}$,再将这 m 个点值按其数值大小排列,取其序号为正中间的那个数作为滤波后的输

出值。用数学式表示为

$$g_i = \text{Med}\{f_{i-v}, \cdots, f_i, \cdots, f_{i+v}\} \quad i \in \mathbf{Z}, \; v = \frac{m-1}{2} \tag{5.37}$$

【例 5.9】 有一个序列为{0,3,4,0,7}，重新排序后为{0,0,3,4,7}，则 Med{0,3,4,0,7}=3。此例若用平滑滤波，窗口也是取 5，那么平滑滤波输出为(0+3+4+0+7)/ 5=2.8。

一维中值滤波概念很容易推广到二维。对二维图像序列{f_{ij}}进行中值滤波时，滤波窗口也是二维的，同样将窗口内像素排序，生成单调数据序列{x_{ij}}，取其中间值作为滤波后对应的中心像素值即可。

中值滤波器的窗口形状有线状、方形、十字形、圆形、菱形等多种。不同形状的窗口产生不同的滤波效果，使用时需根据图像内容和要求来选择。对于有缓变的较长轮廓线物体的图像，采用方形或圆形窗口比较适宜；对于包含尖顶角物体的图像，则适宜采用十字形窗口。

【例 5.10】 如图 5.24 所示，给出了使用中值滤波去除椒盐噪声的示例。

(a) 含噪声图像　　(b) 3×3 中值滤波　　(c) 5×5 中值滤波　　(d) 7×7 中值滤波

图 5.24　中值滤波去除椒盐噪声示例

图 5.24(a)为带有椒盐噪声的图像，图(b)为用 3×3 窗口进行中值滤波的效果，图(c)为用 5×5 窗口进行中值滤波的效果，图(d)为用 7×7 窗口进行中值滤波的效果。从中可以看出，窗口尺寸越大，噪声清除得越干净，但图像的边缘变得越模糊。

2．复合型中值滤波

对一些内容复杂的图像，可以使用复合型中值滤波。如中值滤波线性组合、高阶中值滤波组合、加权中值滤波及迭代中值滤波等。

（1）中值滤波的线性组合

将几种窗口尺寸大小和形状不同的中值滤波器组合使用，只要各窗口都与中心对称，滤波输出可保持几个方向上的边缘跳变，而且跳变幅度可调节。其线性组合方程式为

$$g_{ij} = \sum_{K=1}^{N} a_k \text{Med}_{A_k}(f_{ij}) \tag{5.38}$$

式中，a_k 为不同中值滤波的系数，A_k 为窗口。

（2）高阶中值滤波组合

可以表示为

$$g_{ij} = \max_{k}\left[\text{Med}_{A_k}(x_{ij}) \right] \tag{5.39}$$

这种中值滤波可以使输入图像中任意方向的细线条保持不变，而且又有一定的噪声平滑性能。

（3）其他类型的中值滤波

在某些情况下，为了尽可能去除噪声，而又尽量保持有效的图像细节，可以对中值滤波器

参数进行某种修正。如迭代中值滤波，就是对输入序列重复进行同样的中值滤波，直到输出不再有变化为止。如加权中值滤波，也就是对窗口中的数进行某种加权，以保证滤波的效果。另外，中值滤波器还可以和其他滤波器联合使用。总之，图像信息是多种多样的，要求也不一样，因此在处理具体问题时，要依靠丰富的经验来合理有效地使用中值滤波器。

5.4 频域增强

与空间域图像增强相同，频域图像增强的目的同样是改善图像的质量，包括消除噪声、突出边缘等。假定原图像为 $f(x,y)$，经过傅里叶变换为 $F(u,v)$，频域增强的方法是选择合适的滤波器 $H(u,v)$ 对图像的频谱进行滤波，消除噪声，然后经过傅里叶逆变换得到增强的图像 $g(x,y)$。频域滤波的理论基础是傅里叶变换和卷积定理，设 $g(x,y) \leftrightarrow G(u,v)$，$f(x,y) \leftrightarrow F(u,v)$，$H(u,v)$ 为滤波器，$f(x,y)*h(x,y) \Leftrightarrow H(u,v)F(u,v)$，则频域滤波可表示为

$$G(u,v) = H(u,v) \cdot F(u,v) \tag{5.40}$$

通常，频域滤波可以分为低通滤波、高通滤波、带通滤波和同态滤波。

5.4.1 频域低通滤波

利用式(5.40)，其中 $F(u,v)$ 是含噪声图像的傅里叶变换，$G(u,v)$ 是平滑图像的傅里叶变换，$H(u,v)$ 是系统函数的傅里叶变换。对 $G(u,v)$ 再经过反变换即得到噪声平滑后的图像 $g(x,y)$。其过程如图 5.25 所示。

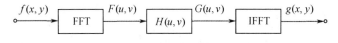

图 5.25 线性滤波处理框图

1. 理想低通滤波器（ILPF）

一个理想低通滤波器的系统函数可表示为

$$H(u,v) = \begin{cases} 1 & D(u,v) \leq D_0 \\ 0 & D(u,v) > D_0 \end{cases} \tag{5.41}$$

式中，D_0 是一个规定的非负量，称作理想低通滤波器的截止频率。$D(u,v)$ 代表从频率平面的原点到(u,v)点的距离，即

$$D(u,v) = [u^2+v^2]^{1/2} \tag{5.42}$$

如图 5.26 所示，给出了理想低通滤波器的特性曲线。

由于 $H(u,v)$ 在 D_0 处由 1 突变到 0，所以理想低通滤波器在平滑处理过程中会产生较严重的模糊和"振铃"现象。巴特沃斯滤波器、指数滤波器和梯形滤波器可以改善此种情况。

2. 巴特沃斯低通滤波器（BLPF）

BLPF 又称作最大平坦滤波器。一个 n 阶巴特沃斯滤波器的系统函数为

$$H(u,v) = \frac{1}{1+\left[\dfrac{D(u,v)}{D_0}\right]^{2n}} \tag{5.43}$$

或者表示为

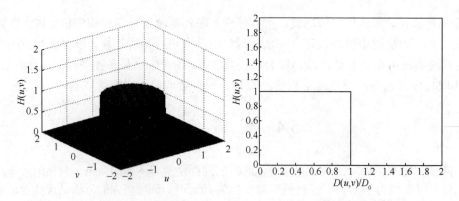

(a) 理想低通滤波器系统函数的三维图　　　(b) 理想低通滤波器系统函数的剖面图

图 5.26　理想低通滤波器的特性曲线

$$H(u,v) = \frac{1}{1+[\sqrt{2}-1][D(u,v)/D_0]^{2n}} \tag{5.44}$$

与 ILPF 不同，BLPF 的通带与阻带之间没有明显的不连续性，因此没有"振铃"现象发生，模糊程度减少，但从系统函数 $H(u,v)$ 的特性曲线可以看出，因为尾部保留有较多高频，所以对噪声的平滑效果不如 ILPF。通常采用下降到 $H(u,v)$ 最大值的 $1/\sqrt{2}$ 那一点为滤波器的截止频率点较好。阶数 n 不同，滤波效果也不同。

如图 5.27 所示为一阶和三阶巴特沃斯低通滤波器的特性曲线。

3．指数型低通滤波器（ELPF）

ELPF 的系统函数 $H(u,v)$ 表示为

$$H(u,v) = e^{-\left[\frac{D(u,v)}{D_0}\right]^n} \tag{5.45}$$

或者表示为

$$H(u,v) = \exp\left\{\left[\ln\frac{1}{\sqrt{2}}\right]\left[\frac{D(u,v)}{D_0}\right]^n\right\} \tag{5.46}$$

当 $D(u,v)=D_0$，$n=1$ 时，式(5.45)的 $H(u,v)=1/e$，式(5.46)的 $H(u,v)=1/\sqrt{2}$，所以两者的衰减特性仍有不同。由于 ELPF 具有比较平滑的过渡带，为此平滑后的图像没有振铃现象，而 ELPF 与 BLPF 相比具有更快的衰减特性。

如图 5.28 所示，给出了一阶和三阶指数低通滤波器的特性曲线。

4．梯形低通滤波器（TLPF）

梯形滤波器的系统函数介于理想低通滤波器和具有平滑过渡带的低通滤波器之间，它的系统函数为

$$H(u,v) = \begin{cases} 1 & D(u,v) < D_0 \\ \frac{1}{[D_0 - D_1]}[D(u,v) - D_1] & D_0 \leqslant D(u,v) \leqslant D_1 \\ 0 & D(u,v) > D_1 \end{cases} \tag{5.47}$$

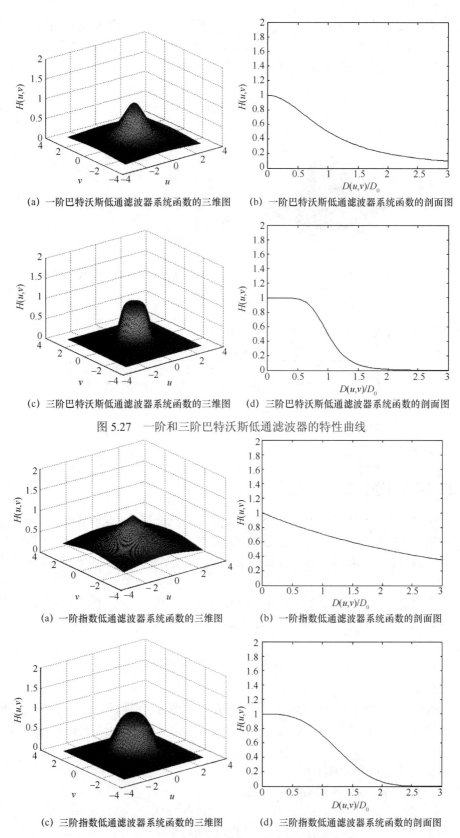

(a) 一阶巴特沃斯低通滤波器系统函数的三维图　　(b) 一阶巴特沃斯低通滤波器系统函数的剖面图

(c) 三阶巴特沃斯低通滤波器系统函数的三维图　　(d) 三阶巴特沃斯低通滤波器系统函数的剖面图

图 5.27　一阶和三阶巴特沃斯低通滤波器的特性曲线

(a) 一阶指数低通滤波器系统函数的三维图　　(b) 一阶指数低通滤波器系统函数的剖面图

(c) 三阶指数低通滤波器系统函数的三维图　　(d) 三阶指数低通滤波器系统函数的剖面图

图 5.28　一阶和三阶指数低通滤波器的特性曲线

在规定 D_0 和 D_1 时,要满足 $D_0<D_1$ 的条件。一般为了方便,把 $H(u,v)$ 的第一个转折点 D_0 定义为截止频率,第二个变量 D_1 可以任意选取,只要 D_1 大于 D_0 就可以了。

如图 5.29 所示,给出了梯形低通滤波器的特性曲线。

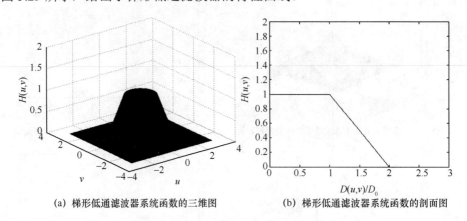

(a) 梯形低通滤波器系统函数的三维图　　(b) 梯形低通滤波器系统函数的剖面图

图 5.29　梯形低通滤波器的特性曲线

对 4 种滤波器性能进行比较,结果如表 5.6 所示。

表 5.6　4 种滤波器性能比较

类别	振铃程度	图像模糊程度	噪声平滑效果
ILPF	严重	严重	最好
TLPF	较轻	轻	好
ELPF	无	较轻	一般
BLPF	无	很轻	一般

5.4.2　频域高通滤波

高通滤波器是为了衰减或抑制低频分量,而通过高频分量。图像的边缘、细节主要在高频部分得到反映,而图像的模糊是高频部分较弱造成的。为了消除模糊,突出图像的边缘信息,则采用高通滤波器让高频部分通过,削弱图像的低频成分,再经过傅里叶逆变换得到边缘锐化的图像。

通过上述讨论已经知道低通滤波器的作用就是让低频成分通过,削弱高频成分。给定一个低通滤波器的系统函数 $H_1(u,v)$,并且利用下面简单的关系,就可以获得相应高通滤波器的系统函数表示为

$$H_\mathrm{h}(u,v) = 1 - H_1(u,v) \tag{5.48}$$

1. 高通滤波

由于图像中目标的边缘对应高频分量,所以要锐化图像可以应用高通滤波器。频域中常用的高通滤波器有 4 种,即理想高通滤波器、巴特沃斯高通滤波器、指数高通滤波器和梯形高通滤波器。

(1) 理想高通滤波器(IHPF)

一个二维理想高通滤波器的系统函数满足

$$H_\mathrm{h}(u,v) = \begin{cases} 0 & D(u,v) \leqslant D_0 \\ 1 & D(u,v) > D_0 \end{cases} \tag{5.49}$$

式中，D_0 为截止频率，可根据图像的特点来选定。

$$D(u,v)=\sqrt{u^2+v^2} \tag{5.50}$$

理想高通滤波器使特定频率区域的高频分量通过并保持不变，而其他频率区域的分量全部被抑制。理想高通滤波器的特性曲线如图 5.30 所示。

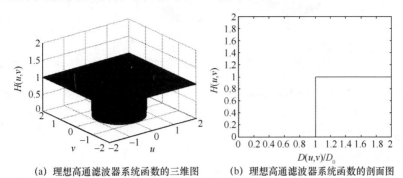

(a) 理想高通滤波器系统函数的三维图　　(b) 理想高通滤波器系统函数的剖面图

图 5.30　理想高通滤波器的特性曲线

（2）巴特沃斯高通滤波器（BHPF）

巴特沃斯高通滤波器的系统函数为

$$H(u,v)=\frac{1}{1+[D_0/D(u,v)]^{2n}} \tag{5.51}$$

或

$$H(u,v)=\frac{1}{1+(\sqrt{2}-1)[D_0/D(u,v)]^{2n}} \tag{5.52}$$

式中，D_0 为截止频率，$D(u,v)=\sqrt{u^2+v^2}$，n 为阶数。巴特沃斯高通滤波器是二维空间上的连续平滑高通滤波器。其特性曲线如图 5.31 所示。

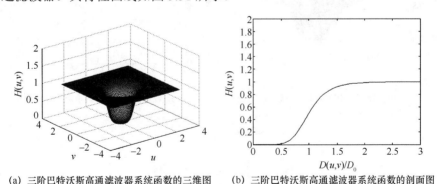

(a) 三阶巴特沃斯高通滤波器系统函数的三维图　　(b) 三阶巴特沃斯高通滤波器系统函数的剖面图

图 5.31　三阶巴特沃斯高通滤波器的特性曲线

（3）指数高通滤波器（EHPF）

指数高通滤波器的系统函数为

$$H(u,v)=\exp\{[\ln(1/\sqrt{2})][D_0/D(u,v)]^n\} \tag{5.53}$$

式中，n 决定指数函数的衰减率。

指数高通滤波器的特性曲线如图 5.32 所示。

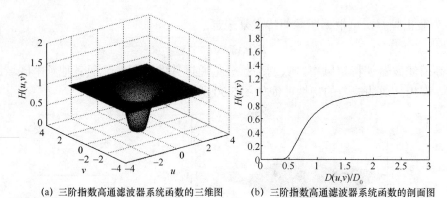

(a) 三阶指数高通滤波器系统函数的三维图　　(b) 三阶指数高通滤波器系统函数的剖面图

图 5.32　三阶指数高通滤波器的特性曲线

（4）梯形高通滤波器（THPF）

梯形高通滤波器的系统函数为

$$H(u,v) = \begin{cases} 0 & D(u,v) < D_1 \\ \dfrac{D(u,v) - D_1}{D_0 - D_1} & D_1 \leqslant D(u,v) \leqslant D_0 \\ 1 & D(u,v) > D_0 \end{cases} \quad (5.54)$$

式中，D_0 为截止频率，$D_1 < D_0$，D_1 根据需要选择。梯形高通滤波器是一种滤波特性介于理想高通滤波器和像 BHPF 这种完全平滑滤波器之间的高通滤波器。图 5.33 是其特性曲线。

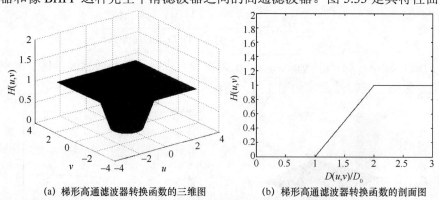

(a) 梯形高通滤波器转换函数的三维图　　(b) 梯形高通滤波器转换函数的剖面图

图 5.33　梯形高通滤波器的特性曲线

5.5　同态滤波

同态是代数上的一个术语，20 世纪 60 年代被引入信号处理领域，主要用于处理乘性噪声。具体做法是将乘法利用对数变为加法处理，即

$$\ln[f_1(x,y) f_2(x,y)] = \ln f_1(x,y) + \ln f_2(x,y) \quad (5.55)$$

设由光反射形成自然景物的图像 $f(x,y)$ 的数学模型为

$$f(x,y) = f_i(x,y) f_r(x,y) \quad (5.56)$$

不失一般性，假定入射光的动态范围大但变化缓慢，与图像低频分量对应；而反射光部分变化迅速，与图像的高频分量对应。因此，图像增强时的基本思路是通过减少入射分量 $f_i(x,y)$，同时增加反射分量 $f_r(x,y)$ 来改善图像 $F_r(u,v)$ 的效果。

同态滤波处理步骤如下：
① 对式(5.55)两边取对数得
$$\ln f(x,y) = \ln f_i(x,y) + \ln f_r(x,y) \tag{5.57}$$
② 对式(5.57)两边进行傅里叶变换，得
$$F(u,v) = F_i(u,v) + F_r(u,v) \tag{5.58}$$
③ 用一个频域同态滤波函数 $H(u,v)$ 进行滤波，可得
$$H(u,v)F(u,v) = H(u,v)F_i(u,v) + H(u,v)F_r(u,v)$$
即
$$F'(u,v) = F_i'(u,v) + F_r'(u,v) \tag{5.59}$$
可以衰减 $F_i(u,v)$ 分量并提升 $F_r(u,v)$ 频率分量。

④ 进行傅里叶反变换，则有
$$f'(x,y) = f_i'(x,y) + f_r'(x,y) \tag{5.60}$$
⑤ 对式(5.60)两边取指数，得同态滤波结果为
$$g(x,y) = \exp\{f'(x,y)\} = \exp\{f_i'(x,y)\} \cdot \exp\{f_r'(x,y)\} \tag{5.61}$$

同态滤波增强图像的效果与滤波曲线的分布形状有关。在实际应用中，需要根据不同图像的特性和增强需要，选用不同的滤波曲线以得到满意的结果。

【例 5.11】 图 5.34 给出了同态滤波处理的示例。图(a)为原图像，其中在暗处的图像轮廓几乎看不清，使用同态滤波函数 $H(u,v) = (\gamma_H - \gamma_L) * e^{-c*D(u,v)/D_0^2} + \gamma_L$ 对原图像进行同态滤波处理。图(b)为 $\gamma_H = 2.0$，$\gamma_L = 0.3$，$c = 2.0$ 时经同态滤波处理后的图像，可以看出图像整体变亮且轮廓较为清晰。

(a) 原图像　　　　　　　　(b) 同态滤波效果

图 5.34　同态滤波处理示例

5.6　彩 色 增 强

5.6.1　伪彩色增强

伪彩色增强是把黑白图像的各个灰度级按一定关系（线性或非线性）映射成相应的彩色，从而将单色图像映射为彩色图像。伪彩色处理的目的是提高图像内容的可辨识度。伪彩色处理又分为空域法和频域法。空域法包括灰度分层法和灰度变换法。

1. 灰度分层法

灰度分层法是伪彩色处理技术中最简单且易操作的一种。假设黑白图像的灰度范围为

$0 \leq f(x,y) \leq L$，用 $M+1$ 个灰度等级把该灰度范围划分成 M 个灰度区间，并将 $M+1$ 个灰度级记为 $l_0, l_1, \cdots, l_M$。对每一个灰度区间赋给一种颜色 C_i，这种映射关系可表示为

$$f(x,y) = C_i \qquad l_{i-1} \leq f(x,y) \leq l_i \tag{5.62}$$

如图 5.35 所示给出了这种映射关系的示意图。

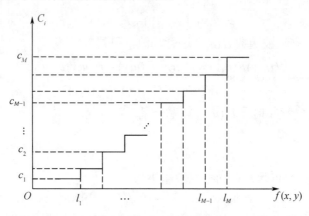

图 5.35　灰度分层法示意图

对灰度区间的划分，可以是均匀的，也可以是非均匀的，即对感兴趣的灰度级范围分得密一些，其他区间分得稀一些。灰度分层可以通过硬件实现，也可由编程来实现。通常，灰度分层法的效果和分层密度成比例，层次越多，细节越丰富，彩色越柔和，但分层的层数受到显示系统硬件性能的约束。

【例 5.12】　如图 5.36 所示，采用分层法进行图像伪彩色变换，层数分别取 8 层和 64 层。图(a)是一幅原图像；图(b)是 8 层伪彩色变换得到的伪彩色结果；图(c)是 64 层伪彩色变换得到的伪彩色结果。(彩色图像见本书插页或扫二维码查看。)

(a) 原图像　　　　　(b) 8 层伪彩色变换后的图像　　　　(c) 64 层伪彩色变换后的图像

图 5.36　图像分层法伪彩色变换

2. 灰度变换法

灰度变换法是一种有代表性的伪彩色处理方法。根据色度学原理，任何一种彩色均由红、绿、蓝三基色按适当比例合成，灰度变换法就是把黑白图像的灰度 $f(x,y)$ 映射为三基色灰度，然后用它们分别控制彩色显示器的红、绿、蓝电子枪，以产生相应的彩色图像显示，或者控制硬拷贝机（如彩色打印机）形成彩色图像。

把黑白图像的灰度 $f(x,y)$ 映射成三基色的对应关系表示为

$$\begin{cases} R(x,y) = T_R\{f(x,y)\} \\ G(x,y) = T_G\{f(x,y)\} \\ B(x,y) = T_B\{f(x,y)\} \end{cases} \quad (5.63)$$

灰度变换法形成伪彩色图像的原理框图如图5.37所示。

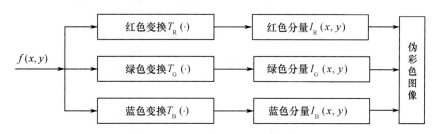

图5.37 灰度变换法形成伪彩色图像的原理框图

灰度变换的关系T_R，T_G，T_B可以是线性的，也可以是非线性的。如图5.38所示为一组典型的变换函数，其中图5.38（a）将任何低于$L/2$的灰度级映射成最暗的红色；在$L/2$到$3L/4$之间，红色输入线性增加；灰度在$3L/4$到L之间则映射保持不变，等于最亮的红色调。其他彩色映射与此类似。3种变换函数共同作用于图5.38(d)中，从图中可以看出，纯基色只在灰度轴的两端和正中心处出现。

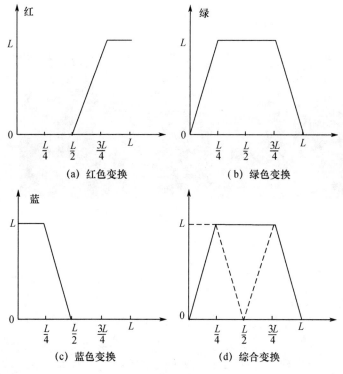

图5.38 伪彩色变换函数

3. 频域伪彩色处理

频域伪彩色处理与空域伪彩色处理除了图像处理空间不同之外，更为重要的特点是，它不是以图像灰度级为根据对图像进行彩色变换的，而是以图像的频谱函数为依据对图像进行彩色变换的。变换后图像彩色不是图像灰度级的表示特征,而是图像空间频率成分的表示特征。如图 5.39 所示,输入图像 $f(x,y)$,经过傅里叶变换得到频谱函数 $F(u,v)$;将频谱函数分别送到红、绿、蓝 3 个通道各自独立进行不同频谱成分的滤波处理,如分别进行低通、带通、高通滤波,得到相应的红、绿、蓝的频谱量;然后各通道分别进行傅里叶反变换,得到空域的红、绿、蓝分量;最后经过附加处理后送到彩色显示器或打印机等,得到彩色图像的输出。

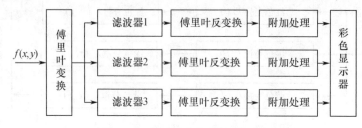

图 5.39 频域伪彩色处理原理图

【例 5.13】 图 5.40(a)是一幅彩色图像;图 5.39(b)是由下列红、绿、蓝的变换函数变换得到的伪彩色结果。

$0 \leqslant f(x,y) \leqslant \dfrac{L}{4}$ 时 $R(x,y)=0$;$G(x,y)=0$;$B(x,y)=f(x,y)$

$\dfrac{L}{4} \leqslant f(x,y) \leqslant \dfrac{3L}{4}$ 时 $R(x,y)=0$;$G(x,y)=f(x,y)$;$B(x,y)=0$

$\dfrac{3L}{4} \leqslant f(x,y) \leqslant L$ 时 $R(x,y)=f(x,y)$;$G(x,y)=0$;$B(x,y)=0$

(a) 原图像

(b) 伪彩色增强后的图像

图 5.40 的二维码

图 5.40 图像的伪彩色增强

5.6.2 假彩色增强

假彩色增强是将真实的自然彩色图像或遥感多光谱图像处理成便于人们识别的彩色图像的方法。比如,将绿色草原变成红色,蓝色海洋换成绿色等,使目标物体置于奇特的环境中,更容易引起观察者的注意。另外,可根据人眼的色觉灵敏度,重新分配图像成分的颜色。例如,根据人眼视网膜中视锥体和视杆体对可见光区的绿色波长较敏感的特性,可将原来非绿色描述的图像细节或目标物经过假彩色处理变成绿色,从而达到提高目标分辨率的目的。

通过对三基色分量的坐标变换,可把真彩色图像处理成假彩色图像,其一般表达式为

$$\begin{pmatrix} R_g \\ G_g \\ B_g \end{pmatrix} = \begin{pmatrix} \alpha_1 & \beta_1 & \gamma_1 \\ \alpha_2 & \beta_2 & \gamma_2 \\ \alpha_3 & \beta_3 & \gamma_3 \end{pmatrix} \begin{pmatrix} R_f \\ G_f \\ B_f \end{pmatrix} \tag{5.64}$$

式中，R_f，G_f，B_f 为原图像某点的三基色亮度；R_g，G_g，B_g 为处理后图像该点的三基色亮度。

在多光谱图像中，常常包含一些非可见光波段的图像，因而可以探测到人眼看不到的目标，通过假彩色增强可以使之凸显。

假定同一景物的多个波段图像为 $f_1(x,y)$，$f_2(x,y)$，…，$f_n(x,y)$，按照其灰度级依比例赋给对应的红、绿、蓝三基色，映射变换为

$$\begin{pmatrix} R(x,y) \\ G(x,y) \\ B(x,y) \end{pmatrix} = \begin{pmatrix} T_{R1} & T_{R2} & \cdots & T_{Rn} \\ T_{B1} & T_{B2} & \cdots & T_{Bn} \\ T_{G1} & T_{G2} & \cdots & T_{Gn} \end{pmatrix}_{3\times n} \begin{pmatrix} f_1(x,y) \\ f_2(x,y) \\ \vdots \\ f_n(x,y) \end{pmatrix} \tag{5.65}$$

式中，$R(x,y)$，$G(x,y)$，$B(x,y)$ 是合成的假彩色图像中红、绿、蓝三色分量值，T_{Ri}，T_{Gi}，T_{Bi} 分别代表灰度级到三基色的映射关系，构成一个 $3\times n$ 的映射关系矩阵。再把 $R(x,y)$，$G(x,y)$，$B(x,y)$ 合成，就得到处理后的假彩色图像 $g(x,y)$，表示为

$$g(x,y) = [R(x,y), \ G(x,y), \ B(x,y)] \tag{5.66}$$

最常用的映射关系矩阵是 3×3 的单位矩阵。这样，通过多个波段图像的假彩色融合就达到了目标凸显的效果。

【例 5.14】 图 5.41 是经过配准的同一场景的可见光（Visible Image）、红外中波（Infrared Medium Wave Image，MWIR）和红外长波图像（Infrared Long Wave Image，LWIR）及其假彩色合成图像。具体实现方法如下：$f_1(x,y)$，$f_2(x,y)$，$f_3(x,y)$ 分别表示红外长波图像、红外中波图像和可见光图像，$T_{Ri}=0.9$，$T_{Gi}=1.5$，$T_{Bi}=1.2$。从合成图像图 5.40(d)中可以看出隐藏在树林中的两个热目标已很好凸显。

(a) 可见光图像　　　　(b) 红外中波图像　　　　(c) 红外长波图像　　　　(d) 假彩色图像

图 5.41　图像的假彩色变换

5.6.3 真彩色增强

真彩色（True Color）图像是指接近人眼能够分辨的最大颜色数目的彩色图像，一般指能够达到质量的 24 位彩色图像。在真彩色增强中，尽管对 R、G、B 各分量直接使用对灰度图的增强方法可以增加图像中可视细节的亮度，但得到的增强图像中的色调有可能没有意义。这是因为在增强中对应同一个像素的 R、G、B 这 3 个分量都发生了变化，它们的相对数值与原来不同了，从而导致原图像颜色的较大变化，且这种变化很难控制。所以，真彩色增强常常在不同颜色空间进行，特别是与人的视觉特性相吻合的 H（Hue）、S（Saturation）、I（Intensity）

等空间。

若将 RGB 图转化为 HSI 图，亮度分量和色度分量就分开了，避免了相对数值发生变化。采用真彩色增强方法的基本步骤如下：

① 将原始彩色图的 R、G、B 分量图转化为 H、S、I 分量图；
② 利用对灰度图增强的方法增强其中的某个分量图；
③ 再将结果转换为 R、G、B 分量图，以便使用彩色显示器显示。

【例 5.15】 如图 5.42 所示为将原图像从 RGB 空间转到为 HSI 空间，对 I 分量增强，再逆变换回 RGB 空间的结果。其中图(a)是原始的彩色图像，图(b)是增强的结果。可以看出增强以后图像的色彩更明亮，且边缘整体上更为清楚。I 增强是采用式(5.13)实现的，其中 $c=1$，$\gamma=0.6$。

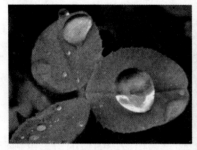
(a) 原图像

(b) 强度增强图像

图 5.42 的二维码

图 5.42 图像增强效果

习 题 5

5.1 试分别给出把灰度范围(0,10)拉伸为(0,15)、把灰度范围(10,20)变换到(15,25)和把灰度范围(20,30)压缩为(25,30)的变换方程。

5.2 试给出变换方程 $T(z)$，使其满足在 $10 \leqslant z \leqslant 100$ 的范围内，$T(z)$ 是 $\lg Z$ 的线性函数。

5.3 已知一幅 64×64，3bit 数字图像，各个灰度级出现的频数如表 5.7(a)所示。要求将图像进行直方图变换，使其变换后的图像具有表 5.7(b)所示的灰度级分布，并画出变换前后图像的直方图。

表 5.7 原图及变换后图像各灰度级频数

(a) 原图各灰度级频数　　　　　　(b) 变换后图像各灰度级频数

$f(x,y)$	n_k	n_k/n	$g_h(x,y)$	n_k	n_k/n
0	560	0.14	0	0	0
1	920	0.22	1	0	0
2	1046	0.26	2	0	0
3	705	0.17	3	790	0.19
4	356	0.09	4	1023	0.25
5	267	0.06	5	850	0.21
6	170	0.04	6	985	0.24
7	72	0.02	7	448	0.11

5.4 一幅图像数据如图 5.43 所示，由于干扰，在接收时图像中有若干个亮点（灰度为 255），试问此类图像如何处理？并画出处理后的图像。

1	1	1	8	7	4
2	255	2	3	3	3
3	3	255	4	3	3
3	3	3	255	4	6
3	3	4	5	255	8
2	3	4	6	7	8

图 5.43　习题 5.4 图

第6章 图像复原

本章讨论图像复原的相关问题,在介绍图像退化模型的基础上,讲述图像复原的方法。首先介绍几种常用的传统的图像复原方法,在此基础上再讨论几种较为有效的现代图像复原方法,最后对另一类常见的降质图像——几何失真进行分析处理。

6.1 图像退化原因与复原技术分类

图像在采集、传输、记录和显示过程中,常常会产生质量的退化(Degradation)。造成图像退化的原因大致可分为以下几个方面:
① 射线辐射、大气湍流等造成的目标畸变;
② 模拟图像数字化的过程中,部分细节损失导致图像质量下降;
③ 聚焦不准产生散焦模糊;
④ 成像系统中的噪声干扰;
⑤ 相机与景物之间的相对运动产生的运动模糊;
⑥ 底片感光和图像显示时产生记录或显示失真;
⑦ 成像系统的像差、非线性畸变、有限带宽等造成的图像失真;
⑧ 携带遥感仪器的飞机或卫星运动不稳定,以及地球自转等因素引起的几何失真。

图像复原(Image Restoration)是在研究图像退化原因的基础上,以退化图像为依据,根据一定的先验知识,建立一个退化模型,然后用相反的运算,以恢复原景物图像。一定存在一幅理想图像作为质量准则,来衡量复原图像与其接近的程度。

由于引起退化的原因很多,而且性质不同,所以,描述图像退化过程所建立的数学模型也是各不相同的。加之用于复原的估计准则不同,因此图像复原的方法、技术也各不相同。一般图像处理解决的是"正问题",即对输入图像进行加工、处理,进而得到所需的输出图像。而图像复原是信号的求逆问题,经常需要一些先验知识和约束条件才能获得有意义的解。

为了改善图像的质量,人们在空间域和变换域分别采用了相应的处理方法。图像复原与图像增强有类似的地方,都是为了改善图像。但是它们又有着明显的差异。图像复原是试图利用退化过程的先验知识使已退化的图像恢复本来面目,即根据退化的原因,分析引起退化的环境因素,建立相应的数学模型,并且按着使图像降质的逆过程恢复图像。从图像质量评价的角度来看,图像复原就是提高图像的可理解性。而图像增强的目的是提高视觉质量,图像增强的过程基本上是一个探索的过程,利用人类的心理状态和视觉系统去控制图像质量,直到人们的视觉系统满意为止。

数字图像在获取的过程中,由于光学系统的像差、光学成像衍射、成像系统的非线性畸变、摄影胶片感光特性的非线性、成像过程的相对运动、大气的湍流效应、环境随机噪声等原因,图像会产生一定程度的退化。因此,必须采取一定的方法尽可能地减少或消除图像质量的下降,恢复图像的本来面目,这就是图像复原,也称为图像恢复。

图像复原是利用退化现象的某种先验知识,建立退化现象的数学模型,再根据模型进行反向的推演运算,以恢复原来的景物图像。因而,图像复原可以理解为图像降质过程的逆过程。建立图像复原的反向过程的数学模型,就是图像复原的主要任务。经过反向过程的数学模型的运算,要想恢复全真的景物图像比较困难。所以,图像复原本身往往需要有一个质量标准,即衡量接近全真景物图像的程度,或者说,对原图像的估计是否到达最佳的程度。

图像复原在航空航天、国防公安、生物医学、文物修复等领域具有广泛的应用。传统的图像复原方法是建立在平稳图像、系统的空间线性不变性和具有图像与噪声统计特性先验知识等条件下的,这些方法较为成熟并已在各个领域得到应用;而现代的图像复原方法是在非平稳图像,如卡尔曼滤波、非线性方法,如神经网络、信号与噪声的先验知识未知,如盲图像复原等前提下进行处理的,因此更加接近实际情况。

6.1.1 连续图像退化的数学模型

连续图像退化的一般模型如图 6.1 所示。输入图像 $f(x,y)$ 经过一个退化系统或退化算子 $H(x,y)$ 后,产生的退化图像 $g(x,y)$ 可以表示为

$$g(x,y) = H[f(x,y)] \tag{6.1}$$

如果仅考虑加性噪声的影响,则退化图像可表示为

$$g(x,y) = H[f(x,y)] + n(x,y) \tag{6.2}$$

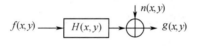

图 6.1 图像退化一般模型

由式(6.2)可知,退化的图像是由成像系统的退化加上系统噪声而形成的。因此,若 $H(x,y)$ 和 $n(x,y)$ 已知,则图像复原就是在退化图像 $g(x,y)$ 的基础上做逆运算,得到 $f(x,y)$ 的一个最佳估计 $\hat{f}(x,y)$。之所以说是"最佳估计"而非"真实估计",是由于图像复原运算有可能存在病态性。

① 逆运算问题不一定有解,如存在奇异问题;
② 逆运算问题可能存在多个解。

从信号处理的角度而言,一幅连续图像 $f(x,y)$ 可以表示为

$$f(x,y) = \int_{-\infty}^{\infty}\int_{-\infty}^{\infty} f(\alpha,\beta)\delta(x-\alpha,y-\beta)\mathrm{d}\alpha\mathrm{d}\beta \tag{6.3}$$

式中,δ 函数表示空间上点脉冲的冲激函数。

将式(6.3)代入式(6.1)得

$$g(x,y) = H[f(x,y)] = H\left[\int_{-\infty}^{\infty}\int_{-\infty}^{\infty} f(\alpha,\beta)\delta(x-\alpha,y-\beta)\mathrm{d}\alpha\mathrm{d}\beta\right] \tag{6.4}$$

在退化算子 H 表示线性和空间不变系统的情况下,输入图像 $f(x,y)$ 经退化后的输出可表示为

$$\begin{aligned} g(x,y) &= H[f(x,y)] = H\left[\int_{-\infty}^{\infty}\int_{-\infty}^{\infty} f(\alpha,\beta)\delta(x-\alpha,y-\beta)\mathrm{d}\alpha\mathrm{d}\beta\right] \\ &= \int_{-\infty}^{\infty}\int_{-\infty}^{\infty} f(\alpha,\beta)H[\delta(x-\alpha,y-\beta)]\mathrm{d}\alpha\mathrm{d}\beta \\ &= \int_{-\infty}^{\infty}\int_{-\infty}^{\infty} f(\alpha,\beta)h(x-\alpha,y-\beta)\mathrm{d}\alpha\mathrm{d}\beta \end{aligned} \tag{6.5}$$

式中,$h(x,y)$ 称为退化系统的冲激响应函数。在图像形成的光学过程中,冲激为一光点,因而又将 $h(x,y)$ 称为退化系统的点扩展函数(Point-Spread Function,PSF)。

此时，退化系统的输出就是输入图像 $f(x,y)$ 与点扩展函数 $h(x,y)$ 的卷积，考虑到噪声的影响，即

$$g(x,y) = \int_{-\infty}^{\infty}\int_{-\infty}^{\infty} f(\alpha,\beta)h(x-\alpha, y-\beta)\mathrm{d}\alpha\,\mathrm{d}\beta + n(x,y) \tag{6.6}$$
$$= f(x,y) * h(x,y) + n(x,y)$$

对式(6.6)取傅里叶变换，在频率域可以表示为

$$G(u,v) = F(u,v)H(u,v) + N(u,v) \tag{6.7}$$

式中，$G(u,v)$、$F(u,v)$、$N(u,v)$ 分别是 $g(x,y)$、$f(x,y)$、$n(x,y)$ 的傅里叶变换；$H(u,v)$ 是 $h(x,y)$ 的傅里叶变换，称为系统函数。

在线性和空间不变系统的情况下，退化算子 H 具有如下性质。

（1）线性

设 $f_1(x,y)$ 和 $f_2(x,y)$ 为两幅输入图像，k_1 和 k_2 为常数，则

$$H[k_1 f_1(x,y) + k_2 f_2(x,y)] = k_1 H[f_1(x,y)] + k_2 H[f_2(x,y)] \tag{6.8}$$

（2）空间不变性

对于任何的 $f(x,y)$ 以及常数 a 和 b

$$H[f(x-a, y-b)] = g(x-a, y-b) \tag{6.9}$$

式(6.8)表明，H 是空间不变系统或称为位置不变系统。式中的 a 和 b 分别是空间位置的位移量，说明了图像中任一点通过该系统的响应只取决于在该点的输入值，而与该点的位置无关。如果系统符合式(6.8)和式(6.9)描述的特性，那么该系统就是线性空间位置不变系统。

6.1.2 离散图像退化的数学模型

对于离散的数字图像而言，需要将式(6.6)变换为离散形式。设输入的数字图像 $f(x,y)$ 大小为 $A \times B$，点扩展函数 $h(x,y)$ 被均匀采样为 $C \times D$ 大小。为避免交叠误差，采用加零延拓的方法，将它们扩展成 $M = A + C - 1$ 和 $N = B + D - 1$ 个元素的周期函数，表示为

$$f_e(x,y) = \begin{cases} f(x,y) & 0 \leq x \leq A-1 \text{且} 0 \leq y \leq B-1 \\ 0 & \text{其他} \end{cases} \tag{6.10a}$$

$$h_e(x,y) = \begin{cases} h(x,y) & 0 \leq x \leq C-1 \text{且} 0 \leq y \leq D-1 \\ 0 & \text{其他} \end{cases} \tag{6.10b}$$

则输出的降质数字图像为

$$g_e(x,y) = \sum_{m=0}^{M-1}\sum_{n=0}^{N-1} f_e(m,n)h_e(x-m, y-n) \tag{6.11}$$

式中，$x = 1, 2, \cdots, M-1; y = 0, 1, 2, \cdots, N-1$。

式(6.11)的二维离散退化模型可以用矩阵形式表示为

$$\boldsymbol{g} = \boldsymbol{H}\boldsymbol{f} \tag{6.12}$$

式中，$\boldsymbol{H}$ 是 $MN \times MN$ 维矩阵，由 $M \times M$ 个大小为 $N \times N$ 的子矩阵组成，将 $g(x,y)$ 和 $f(x,y)$ 中的元素排成列向量，$\boldsymbol{g}$ 和 $\boldsymbol{f}$ 成为 $MN \times 1$ 维列向量。可进一步表示为

$$\boldsymbol{H} = \begin{bmatrix} \boldsymbol{H}_0 & \boldsymbol{H}_{M-1} & \boldsymbol{H}_{M-2} & \cdots & \boldsymbol{H}_1 \\ \boldsymbol{H}_1 & \boldsymbol{H}_0 & \boldsymbol{H}_{M-1} & \cdots & \boldsymbol{H}_2 \\ \boldsymbol{H}_2 & \boldsymbol{H}_1 & \boldsymbol{H}_0 & \cdots & \boldsymbol{H}_3 \\ \vdots & \vdots & \vdots & & \vdots \\ \boldsymbol{H}_{M-1} & \boldsymbol{H}_{M-2} & \boldsymbol{H}_{M-3} & \cdots & \boldsymbol{H}_0 \end{bmatrix} \tag{6.13}$$

式中，子矩阵 $H_j(j=0,1,2,\cdots,M-1)$ 为分块循环矩阵，大小为 $N\times N$。分块矩阵是由延拓函数 $h_e(x,y)$ 的第 j 行构成的，构成方法表示为

$$H_j = \begin{bmatrix} h_e(j,0) & h_e(j,N-1) & h_e(j,N-2) & \cdots & h_e(j,1) \\ h_e(j,1) & h_e(j,0) & h_e(j,N-1) & \cdots & h_e(j,2) \\ \vdots & \vdots & \vdots & & \vdots \\ h_e(j,N-1) & h_e(j,N-2) & h_e(j,N-3) & \cdots & h_e(j,0) \end{bmatrix} \tag{6.14}$$

如果同时考虑噪声，则离散图像的退化模型为

$$g_e(x,y) = \sum_{m=0}^{M-1}\sum_{n=0}^{N-1} f_e(m,n)h_e(x-m,y-n) + n_e(x,y) \tag{6.15}$$

其矩阵形式为

$$\boldsymbol{g} = \boldsymbol{Hf} + \boldsymbol{n} \tag{6.16}$$

式(6.16)表明，给定了退化图像 $g(x,y)$、退化系统的点扩展函数 $h(x,y)$ 和噪声分布 $n(x,y)$，就可以得到原图像 $f(x,y)$ 的估计 $\hat{f}(x,y)$。但实际上求解的计算工作量却十分大，假设图像行 M 和列 N 相等，则 $\boldsymbol{H}$ 的大小为 N^4，意味着要解出 $f(x,y)$，需要解 N^2 个联立方程组。具体应用中一般通过以下两种方法来简化运算：

① 通过对角化简化分块循环矩阵，再利用 FFT 算法可大大降低计算量；
② 分析退化的具体原因，找出 $\boldsymbol{H}$ 的具体简化形式，如匀速运动造成模糊的点扩散函数 PSF 就可以用简单的形式表示，这样使复原问题变得简单。

各种复原方法既可能是通过无约束条件得到原图像 $f(x,y)$ 的估计 $\hat{f}(x,y)$，也可能是通过约束条件复原得到图像 $\hat{f}(x,y)$。

6.2 逆滤波复原

无约束复原根据对退化系统 H 和噪声 $n(x,y)$ 的了解，在已知退化图像 $g(x,y)$ 的情况下，基于一定的最小误差准则得到原图像 $f(x,y)$ 的估计 $\hat{f}(x,y)$。逆滤波是最早使用的一种无约束复原方法。

由式(6.16)可得

$$n(x,y) = g(x,y) - Hf(x,y) \tag{6.17}$$

当 $n(x,y)$ 的统计特性不确定时，原图像 $f(x,y)$ 的估计 $\hat{f}(x,y)$ 应该满足使 $H\hat{f}(x,y)$ 在最小二乘意义上近似于 $g(x,y)$。即希望找到一个 $\hat{f}(x,y)$，使得噪声项的范数 $\|\boldsymbol{n}\|^2$ 最小。

$$\|\boldsymbol{n}\|^2 = \boldsymbol{n}^\mathrm{T}\boldsymbol{n} \tag{6.18}$$

即目标函数 $J(\hat{f})$ 为最小。

$$J(\hat{f}) = \|\boldsymbol{g} - \boldsymbol{H}\hat{f}\|^2 \tag{6.19}$$

由极值条件

$$\frac{\partial J(\hat{f})}{\partial \hat{f}} = 0 \tag{6.20}$$

得

$$-2\boldsymbol{H}^\mathrm{T}(\boldsymbol{g} - \boldsymbol{H}\hat{f}) = 0 \tag{6.21}$$

在 $M = N$ 的情况下，H 为方阵，且 H 有逆阵 H^{-1}，则

$$\hat{f} = (H^T H)^{-1} H^T g = H^{-1} g \tag{6.22}$$

若 H 已知，即可由 $g(x, y)$ 求出的最佳估计值 $\hat{f}(x, y)$。即当系统 H 逆作用于退化图像 $g(x, y)$ 时，可以得到最小平方意义上的非约束估计。

对式(6.22)进行傅里叶变换，则

$$\hat{F}(u, v) = \frac{G(u, v)}{H(u, v)} \tag{6.23}$$

逆滤波法形式简单，但具体求解的计算量很大，需要根据循环分块矩阵条件进行简化。适用于极高信噪比条件下的图像复原问题，且降质系统函数 H 不存在病态性质。当 H 等于 0 或接近于 0 时，还原图像将变得无意义。这时需要人为地对系统函数进行修正，以降低由于系统函数病态而造成的恢复不稳定性。

6.3 约 束 复 原

约束复原不仅要求对降质系统的点扩展函数 PSF 有所了解，还要求对原图像的外加噪声的特性有先验知识。根据不同领域的要求，有时需要对 $f(x, y)$ 和 $n(x, y)$ 做一些特殊的规定，使处理得到的图像满足某些条件。

6.3.1 约束复原的基本原理

在约束最小二乘法复原问题中，令 Q 为 f 的线性算子，要设法寻找一个最优估计 $\hat{f}$，使形式为 $\|Q\hat{f}\|^2$、服从约束条件 $\|g - H\hat{f}\|^2 = \|n\|^2$ 的函数最小化。最小化问题可利用拉格朗日乘子法进行处理。寻找一个 $\hat{f}$，使目标函数 $J(\hat{f})$（准则函数）为最小

$$J(\hat{f}) = \|Q\hat{f}\|^2 + \alpha(\|g - H\hat{f}\|^2 - \|n\|^2) \tag{6.24}$$

其中，α 为常数，称为拉格朗日乘子。

令 $\frac{\partial J(\hat{f})}{\partial \hat{f}} = 0$，得到 f 的最佳估计值 $\hat{f}$ 为

$$\hat{f} = (H^T H + \gamma Q^T Q)^{-1} H^T g \tag{6.25}$$

式中，$\gamma = \alpha^{-1}$。这时，问题的核心变为如何选择一个合适的变换矩阵 Q。Q 的形式不同，可得到不同类型的最小二乘法滤波复原方法。如选用图像 f 和噪声 n 的自相关矩阵 R_f 和 R_n 表示 Q，就可得到维纳滤波复原方法。

6.3.2 维纳滤波复原

要精确掌握图像 f 和噪声 n 的先验知识是困难的，一种较为合理的假设是将它们近似地视为平稳随机过程。假设 R_f 和 R_n 为 f 和 n 的自相关矩阵，其定义为

$$R_f = E\{ff^T\} \tag{6.26a}$$

$$R_n = E\{nn^T\} \tag{6.26b}$$

式中，$E\{\cdot\}$ 表示数学期望运算。

定义 $\boldsymbol{Q}^{\mathrm{T}}\boldsymbol{Q} = \boldsymbol{R}_f^{-1}\boldsymbol{R}_n$，代入式(6.25)得

$$\hat{f} = (\boldsymbol{H}^{\mathrm{T}}\boldsymbol{H} + \gamma \boldsymbol{R}_f^{-1}\boldsymbol{R}_n)^{-1}\boldsymbol{H}^{\mathrm{T}}\boldsymbol{g} \tag{6.27}$$

假设 $M = N$，S_f 和 S_n 分别为图像信号和噪声的功率谱，则

$$\begin{aligned}\hat{F}(u,v) &= \left[\frac{H^*(u,v)}{|H(u,v)|^2 + \gamma[S_n(u,v)/S_f(u,v)]}\right]G(u,v) \\ &= \left[\frac{1}{H(u,v)} \cdot \frac{|H(u,v)|^2}{|H(u,v)|^2 + \gamma[S_n(u,v)/S_f(u,v)]}\right]G(u,v)\end{aligned} \tag{6.28}$$

式中，$u,v = 0,1,2,\cdots,N-1$，$H(u,v)$ 是退化函数，$H^*(u,v)$ 是 $H(u,v)$ 的复共轭，$|H(u,v)|^2 = H^*(u,v)H(u,v)$，$S_n(u,v)$ 是噪声的功率谱，$S_f(u,v) = |F(u,v)|^2$ 是未退化图像的功率谱。

下面对式(6.28)进行讨论。

① 如果 $\gamma = 1$，$H_w(u,v)$ 是维纳滤波器的系统函数，表示为

$$H_w(u,v) = \frac{H^*(u,v)}{|H(u,v)|^2 + S_n(u,v)/S_f(u,v)} \tag{6.29}$$

与逆滤波相比，维纳滤波器对噪声的放大有自动抑制作用。如果无法知道噪声的统计性质，但可大致确定 $S_n(u,v)$ 和 $S_f(u,v)$ 的比值范围，式(6.29)可以近似表示为

$$\hat{F}(u,v) \approx \left[\frac{H^*(u,v)}{|H(u,v)|^2 + K}\right]G(u,v) \tag{6.30}$$

式中，K 表示噪声对信号的频谱密度之比。

② 如果 $\gamma = 0$，系统变成单纯的去卷积滤波器，系统的传递函数即为 $\boldsymbol{H}^{-1}$。另外一个等效的情况是，尽管 $\gamma \neq 0$ 但无噪声影响，$S_n(u,v) = 0$，复原系统为理想逆滤波器，可以视为维纳滤波器的一种特殊情况。

③ 若 γ 为可调整的其他参数，则系统函数为参数化的维纳滤波器。一般地，可以通过选择 γ 的数值来获得所需要的平滑效果。$H(u \cdot v)$ 由点扩展函数确定，而当噪声是白噪声时，$S_n(u,v)$ 为常数，可通过计算一幅噪声图像的功率谱 $S_g(u,v)$ 求解。由于 $S_g(u,v) = |H(u \bullet v)|^2 S_f(u,v) + S_n(u,v)$，所以 $S_f(u,v)$ 可以求得。研究表明，在同样的条件下，单纯去卷积的复原效果最差，维纳滤波器会产生超过人眼所希望的低通效应，$\gamma < 1$ 的参数化维纳滤波器的图像复原效果较好。

如果满足平稳随机过程的模型和变质系统是线性的两个条件，那么维纳滤波器当然会取得较为满意的复原效果。但是当信噪比很低时，其复原结果则常常不能令人满意，原因如下：

① 维纳滤波器是基于线性系统的，但实际上，图像的记录和评价图像的人类视觉系统往往都是非线性的；

② 维纳滤波器是根据最小均方误差准则设计的，但这个准则不一定总与人类视觉判决准则相吻合；

③ 维纳滤波器是基于平稳随机过程的模型，但实际图像并不一定都符合这个模型，另外维纳滤波器只利用了图像的协方差信息，可能还有大量的有用信息没有充分利用。

运动模糊是一种常见的图像退化现象。比如，在飞机、宇宙飞行器等运动物体上所拍摄的图像，由于镜头在曝光瞬间偏移会产生匀速直线运动的模糊。

MATLAB提供了具有维纳滤波器的函数。函数的一般形式是：

J=deconvwnr(I,PSF,NSR)或 J=deconvwnr(I,PSF,NCORR,ICORR)

其中，I 是原图像；J 是去模糊的图像；NSR 是噪声信号功率比，默认值为 0，表示无噪声的情况；NCORR 和 ICORR 表示噪声和原始图像的自相关函数。

例 6.1 说明了采用维纳滤波复原的具体方法。

【例 6.1】 原无噪声模糊图像如图 6.3(a)所示，使用 MATLAB 的函数 deconvwnr 对其进行复原重建。

首先假设真实的 PSF 是由运动形成的，采用 PSF=fepecial('motion',LEN,THETA)产生一个反映匀速直线运动的二维滤波器。以水平线作为 0 角度基准，按照逆时针方向，摄像机按 THETA 角方向运动 LEN 个像素。设参数值为 LEN=31，THETA=11。复原结果如图 6.2(b)所示。图(c)、(d)分别显示了使用较"长"和较"陡峭"的 PSF 后所产生的复原效果，由此可见 PSF 的重要性。

(a) 原无噪声模糊图像　　(b) 使用真实的 PSF 复原　　(c) 使用较"长"的 PSF 复原　　(d) 使用"陡峭"的 PSF 复原

图 6.2　不同 PSF 产生的复原效果

实际应用过程中，真实的 PSF 通常是未知的，需要根据一定的先验知识对它进行估计，再将估计值作为参数进行图像复原。

6.3.3　约束最小二乘滤波复原

使用逆滤波器这类方法进行图像复原时，由于退化算子 $\boldsymbol{H}$ 的病态性质，导致在零点附近数值起伏过大，使复原后的图像产生了人为的噪声和振铃效应。如果使用维纳滤波器，还会存在另外一些困难，即未退化图像和噪声的功率谱必须是已知的。为此，可以通过选择合理的高通滤波器 $\boldsymbol{Q}$，并对 $\|\boldsymbol{Q}\boldsymbol{f}\|^2$ 进行优化，使某个函数的二阶导数最小（如 $\boldsymbol{Q}$ 使用拉普拉斯算子形式表示），就可以推导出约束最小二乘复原方法，从而将这种不平滑性降低至最小。

图像增强的拉普拉斯算子 $\nabla^2 f = \left(\dfrac{\partial}{\partial x^2} + \dfrac{\partial}{\partial y^2}\right) f$ 具有突出边缘的作用，然而 $\iint \nabla^2 f \mathrm{d}x \mathrm{d}y$ 可恢复图像的平滑性。因此，在做图像复原时可将其作为约束。在离散情况下，拉普拉斯算子 ∇^2 可用 3×3 模板近似表示为

$$p(x,y) = \begin{bmatrix} 0 & 1 & 0 \\ 1 & -4 & 1 \\ 0 & 1 & 0 \end{bmatrix} \tag{6.31}$$

利用 $f(x,y)$ 与式(6.31)模板算子进行高通卷积运算。具体实现时，可利用加零延拓 $f(x,y)$ 和 $p(x,y)$ 成为 $f_e(x,y)$ 和 $p_e(x,y)$ 来避免交叠误差。在式(6.24)中，$\boldsymbol{Q}$ 对应于高通卷积滤波运算，在 $\|\boldsymbol{g}-\boldsymbol{H}\boldsymbol{f}\| = \|\boldsymbol{n}\|^2$ 约束条件下，最小化 $\|\boldsymbol{Q}\boldsymbol{f}\|^2$。可以证明，这时复原图像 $\hat{f}$ 的频域表达式为

$$\hat{F}(u,v) = \left[\dfrac{H^*(u,v)}{|H(u,v)|^2 + \gamma P(u,v)}\right] G(u,v) \tag{6.32}$$

式中，$u,v = 0,1,\cdots,N-1$，H^* 为 H 的共轭矩阵且 $|H(u,v)|^2 = H^*(u,v)H(u,v)$。$\gamma$ 的取值控制

对所估计图像所加光滑性约束的程度。$P(u,v)$ 为用 Q 实现的高通滤波器的系统函数,是 $p(x,y)$ 的傅里叶变换,它决定了不同频率所受光滑性影响的程度。对于拉普拉斯算子有

$$P(u,v) = -4\pi^2(u^2+v^2) \qquad (6.33)$$

MATLAB 提供了在调用维纳滤波的 deconvwnr 函数、平滑度约束最小二乘滤波的 deconvreg 函数前,降低振铃影响的 edgetaper 函数。该函数的输出图像 J 降低了上述算法中由离散傅里叶变换引起的振铃影响。函数的一般形式为:

  J=edgetaper(I,PSF)

edgetaper 使用规定的点扩展函数对图像 I 进行模糊操作。

deconvreg 函数提供了使用平滑约束最小二乘滤波算法对图像去卷积的功能。函数调用格式为:

  [J　LAGRA] =deconvreg(I,PSF,NP,LRANGE,REGOP)

其中,I 假设为真实场景图像在 PSF 的作用下并附加噪声的图像,NP 为噪声强度,J 为去模糊的复原图像。LRANGE(拉普拉斯算子的搜索范围)、REGOP(约束算子)为改善复原效果的可选参数。LRANGE 指定搜索最佳拉普拉斯算子的范围,默认值为 $[10^{-9}, 10^9]$。返回值 LAGRA 为在搜索范围的拉格朗日乘子。如果 LRANGE 为标量,则该算法假定 LAGRA 已经给定且等于 LRANGE,因而 NP 值可以不予考虑。REGOP 的默认值为平滑约束拉普拉斯算子。例 6.2 说明了采用平滑约束的最小二乘复原的具体实现方法。

【例 6.2】 如图 6.3 所示给出的是有噪声模糊图像,使用最小二乘滤波方法进行复原重建,要求尽量提高重建图像的质量。不同的复原图像效果比较如图 6.4、图 6.5 和图 6.6 所示。其中,LEN=31,THETA=11。通过这些图像,可以分析各个参数对图像复原质量的影响。实际应用中,可以根据这些经验来选择最佳的参数进行图像复原。

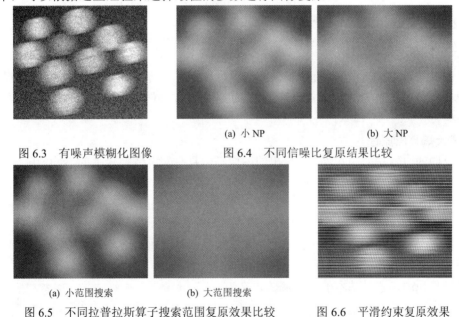

图 6.3 有噪声模糊化图像　　图 6.4 不同信噪比复原结果比较
　　　　　　　　　　　　　　(a) 小 NP　　　　(b) 大 NP

(a) 小范围搜索　　(b) 大范围搜索
图 6.5 不同拉普拉斯算子搜索范围复原效果比较　　图 6.6 平滑约束复原效果

6.4 非线性复原

经典的复原滤波方法的显著特点是约束方程和准则函数中的表达式都可以改为矩阵乘法。

这些矩阵都是分块循环矩阵，从而可以实现对角化。下面介绍非线性复原方法，所采用的准则函数都不能进行对角化，因而线性代数的方法在这里是不适用的。

设 S 是非线性函数，当考虑图像的非线性退化时，图像的退化模型可以表示为

$$g(x,y) = S[b(x,y)] + n(x,y) \quad (6.34a)$$

$$b(x,y) = \int_{-\infty}^{\infty}\int_{-\infty}^{\infty} h(x,\alpha;y,\beta)f(\alpha,\beta)\mathrm{d}\alpha\mathrm{d}\beta \quad (6.34b)$$

6.4.1 最大后验复原

与维纳滤波类似，最大后验复原也是一种统计方法。将原图像 $f(x,y)$ 和退化图像 $g(x,y)$ 都看成是随机场，在已知 $g(x,y)$ 的情况下，求出后验概率 $P(f(x,y)|g(x,y))$。根据贝叶斯判别理论可知，$p(f|g)P(g) = P(g|f)P(f)$。最大后验复原法要求 $\hat{f}(x,y)$ 使式(6.35)最大，即

$$\max_{f} P(f|g) = \max_{f} \frac{P(g|f)P(f)}{P(g)} = \max_{f} P(g|f)P(f) \quad (6.35)$$

最大后验图像复原方法将图像视为非平稳随机场，把图像模型表示成一个平稳随机过程，对于一个不平稳的均值做零均值高斯起伏。可以用迭代法求出式(6.35)的最佳值，将经过多次迭代、收敛到最后的解作为复原的图像。一种可迭代序列为

$$\hat{f}_{k+1} = \hat{f}_k - h * S_b \{\sigma_n^{-2}[g - S(h * \hat{f}_k)] - \sigma_f^{-2}(\hat{f}_k - \overline{f})\} \quad (6.36)$$

式中，k 为迭代次数，*代表卷积。S_b 是由 S 的导数构成的函数，σ_f^{-2} 和 σ_n^{-2} 分别为 f 和 n 的方差，$\overline{f}$ 是随空间而变的均值，可视为常数。

式(6.36)表明，一个图像的复原可以通过一个序列的卷积来估计，即使 S 是线性的情况下也是适用的，通过人机交互，在完全收敛前可以选择一个合适的解。

6.4.2 最大熵复原

1. 正性约束条件

光学图像的数值总为正值，而逆滤波器等线性图像复原可能产生无意义的负输出，这些输出将导致在图像的零背景区域产生一些假的波纹。因此，将复原后的图像 $\hat{f}(x,y)$ 约束为正值是合理的假设。

2. 最大熵复原原理

由于反向滤波器法的病态性，复原出的图像经常具有灰度变换较大的不均匀区域。最小二乘约束复原方法是最小化的一种反映图像不均匀性的准则函数。最大熵复原方法则是通过最大化某种反映图像平滑性的准则函数作为约束条件，以解决图像复原中反向滤波法存在的病态问题。

由于概率 $P(k)(k = 0, 1, \cdots, M-1)$ 介于 $0 \sim 1$ 之间，因此图像熵的最大范围为 $0 \sim \ln M$，H 不可能出现负值，所以最大熵准则能自动地引向全正值的输出结果。

在图像复原中，一种基本的图像熵的定义为

$$H_f = -\sum_{m=0}^{M-1}\sum_{n=0}^{N-1} f(m,n)\ln f(m,n) \quad (6.37)$$

最大熵（Maximum Entropy，ME）复原的原理是将 $f(x,y)$ 写成随机变量的统计模型，然后在一定的约束条件下，找出用随机变量形式表示的熵表达式，运用求极大值的方法，求得最优估计解 $\hat{f}(x,y)$。最大熵复原的含义是对 $\hat{f}(x,y)$ 的最大平滑估计。

3. Friend 和 Burg 复原方法

最大熵复原常用 Friend 和 Burg 两种方法，这两种方法的基本原理相同，但对模型的假设方法不同，得到的最佳估计值 $\hat{f}$ 也不相同。两种最大熵复原都是正性约束条件下的图像复原方法，其复原图像 $\hat{f}(x,y)$ 是正值，这与光学图像信号要求为正信号相符合。最大化问题都是用拉格朗日系数来完成的，最大熵复原是对原图像 $f(x,y)$ 起平滑作用，实际上得到的最优估计 $\hat{f}$ 是最大平滑估计。

（1）Friend 最大熵复原

Friend 法的图像统计模型是将原图像 $f(x,y)$ 视为由分散在整个图像平面上的离散的数字颗粒组成的。Friend 最大熵复原的基本原理就是要求式(6.35)为最大来估计原图像 $\hat{f}(x,y)$。数字图像最大熵的复原问题是求一个图像熵和噪声熵加权之和的极大值问题。

Friend 最大熵复原可用迭代方法求解。应用牛顿-拉夫森(Newton-Raphson)迭代法求 N^2-1 个拉格朗日系数，一般只需 8～40 次迭代就可求得。

（2）Burg 最大熵复原

最大熵复原是 Burg 于 1967 年在对地震信号的功率谱估计中提出的。假设图像统计模型将 $f(x,y)$ 视为一个变量 $a(x,y)$ 的平方，它保证了 $f(x,y)$ 是正值，即

$$\hat{f}(x,y) = [a(x,y)]^2 \tag{6.38}$$

Burg 定义的熵与式(6.37)定义的熵有所不同，其定义为

$$H_f = \sum_{m=0}^{M-1}\sum_{n=0}^{N-1} \ln f(m,n) \tag{6.39}$$

Burg 最大熵复原的基本原理是通过求式(6.37)最大来估计 $\hat{f}(x,y)$。Burg 最大熵复原可以得到闭合形式解，不需要迭代算法，因而计算时间较短。但此解对噪声比较敏感，如果原图像中有噪声存在，复原图像可能会被许多小斑点所模糊。

6.4.3 投影复原

投影复原是用代数方程组来描述线性和非线性退化系统的。退化系统可描述为

$$g(x,y) = D[f(x,y)] + n(x,y) \tag{6.40}$$

式中，D 是退化算子，表示对图像进行某种运算。

投影复原的目的是由不完全图像数据求解式(6.38)，找出 $f(x,y)$ 的最佳估计。采用迭代法求解与式(6.40)对应的方程组。假设退化算子是线性的，并忽略噪声，则式(6.40)可写成如下方程组

$$\begin{cases} a_{11}f_1 + a_{12}f_2 + \cdots + a_{1N}f_N = g_1 \\ a_{21}f_1 + a_{22}f_2 + \cdots + a_{2N}f_N = g_2 \\ \cdots \\ a_{M1}f_1 + a_{M2}f_2 + \cdots + a_{MN}f_N = g_M \end{cases} \tag{6.41}$$

式中，f_i 和 $g_i(i=1,2,\cdots,N; j=1,2,\cdots,M)$ 分别是原图像 $f(x,y)$ 和退化图像 $g(x,y)$ 的采样，a_{ij} 为常数。投影复原法可以从几何学角度进行解释。$f=[f_1,f_2,\cdots f_N]$ 可视为在 N 维空间中的一个向量，而式(6.39)中的每一个方程代表一个超平面。下面采用投影迭代法找到 f_i 的最佳估值。

迭代法首先假设一个初始估值 $f^{(0)}(x,y)$，然后进行迭代运算，第 k 次迭代值 $f^{(k)}(x,y)$ 由其前次迭代值 $f^{(k-1)}(x,y)$ 和超平面的参数决定。可以根据退化图像取初始估值。下一个推测值

$f^{(1)}$取$f^{(0)}$在第一个超平面$a_{11}f_1 + a_{12}f_2 + \cdots + a_{1N}f_N = g_1$上的投影，即

$$f^{(1)} = f^{(0)} - \frac{(f^{(0)} \cdot a_1 - g_1)}{a_1 \cdot a_1} a_1 \tag{6.42}$$

式中，$a_1 = [a_{11}, a_{12}, \cdots, a_{1N}]$，圆点代表向量的点积。

再取$f^{(1)}$在第二超平面$a_{21}f_1 + a_{22}f_2 + \cdots + a_{2N}f_N = g_2$上的投影，并称之为$f^{(2)}$，依次向下，直到得到$f^{(M)}$满足式(6.41)中最后一个方程式。这样就实现了迭代的第一个循环。

然后从式(6.41)的第一个方程式中开始第二次迭代。即取$f^{(M)}$在第一个超平面$a_{11}f_1 + a_{12}f_2 + \cdots + a_{1N}f_N = g_1$上的投影，并称之为$f^{(M-1)}$，再取$f^{(M+1)}$在$a_{21}f_1 + a_{22}f_2 + \cdots + a_{2N}f_N = g_2$上的投影……直到式(6.41)中的最后一个方程式。这样，就实现了迭代的第二个循环。按照上述方法不断地迭代，便可得到一系列向量$f^{(0)}, f^{(M)}, f^{(2M)}, \cdots$。可以证明，对于任意给定的$N$、$M$和$a_{ij}$，向量$f^{(kM)}$将收敛于$f$，即

$$\lim_{k \to \infty} f^{(kM)} = f \tag{6.43}$$

投影迭代方法要求有一个好的初始估计值$f^{(0)}$开始迭代。在进行图像复原时，还可以很方便地引进一些先验信息附加的约束条件，例如$f_i \geq 0$或f_i限制在某一范围之内，可改善图像复原效果。采用迭代算法的图像非线性复原算法还有蒙特卡罗复原法等。

6.4.4 同态滤波复原

自然景物的图像是由照明函数和反射函数两个分量的乘积组成的，因此，可以利用同态滤波法（Homomorphism Filtering）进行乘性噪声污染图像的复原。同样是先对降质图像取对数，得到两个相加的分量，再进行滤波处理，最后通过指数变换得到复原图像$\hat{f}(x,y)$。其过程如图6.7所示。

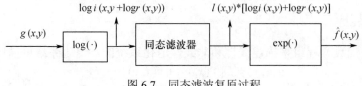

图 6.7　同态滤波复原过程

同态滤波器的传递函数与维纳滤波器的形式基本相似。如噪声项为零，其滤波器的系统函数为$1/H(u,v)$，这就是逆滤波器。

6.5　盲图像复原法

一般的复原技术是以图像退化的某种先验知识为基础的。但是，有时点扩展函数和噪声的统计特性是难以确定的。盲图像复原是在没有图像退化的必要先验知识的情况下，对观察的图像以某种方式提取出退化信息，再采用盲去卷积算法对图像进行复原。

对具有加性噪声的图像做盲图像复原的方法一般有两种：直接测量法和间接估计法。

6.5.1　直接测量法

直接测量法复原图像时，通常需要测量图像的模糊脉冲响应和噪声功率谱或协方差函数。

在所观察的景物中，往往点光源能直接给出冲激响应。另外，图像边缘是否陡峭也能用来推测模糊冲激响应。在背景亮度相对恒定的区域内测量图像的协方差，可以估计出观测图像的噪声协方差函数。

6.5.2 间接估计法

间接估计法复原类似于多图像平均法处理。例如，在视频序列图像中观测到的第 i 帧图像的合理估计量为

$$\hat{f}(x,y) = \frac{1}{N}\sum_{i=1}^{N} g_i(x,y) \tag{6.44}$$

这种方法是利用时间上平均的概念去掉图像中的模糊。例如，大气湍流对远距离物体摄影就会产生这种图像退化。只要物体在帧间没有很大移动并且每帧短时间曝光，如果不考虑加性噪声，那么第 i 帧的退化图像 $g_i(x,y)$ 可表示为

$$g_i(x,y) = f_i(x,y) * h_i(x,y) \tag{6.45}$$

式中，$f_i(x,y)$ 是原图像，$g_i(x,y)$ 是退化图像，$h_i(x,y)$ 是点扩展图像，*表示卷积，$i=1,2,\cdots,N$。退化图像的傅里叶变换为

$$G_i(u,v) = F_i(u,v) H_i(u,v) \tag{6.46}$$

利用同态处理方法把原图像的频谱和退化传递函数分开，则可得到

$$\ln[G_i(u,v)] = \ln[F_i(u,v)] + \ln[H_i(u,v)] \tag{6.47}$$

如果帧间退化冲激响应是不相关的，则可得到

$$\sum_{i=1}^{N} \ln[G_i(u,v)] = N\ln[F_i(u,v)] + \sum_{i=1}^{N} \ln[H_i(u,v)] \tag{6.48}$$

当 N 很大时，系统函数的对数和式接近于一定恒定值，即

$$K_H(u,v) = \lim_{N \to \infty} \sum_{i=1}^{N} \ln[H_i(u,v)] \tag{6.49}$$

因此，图像的估计量为

$$\hat{F}(u,v) = \exp\left\{-\frac{K_H(u,v)}{M}\right\} \prod_{i=1}^{M} [G_i(u,v)]^{\frac{1}{M}} \tag{6.50}$$

式中，M 为观测图像的帧数。对式(6.48)取傅里叶逆变换就可得到空域估计 $\hat{f}(x,y)$。

需要强调的是，以上处理没有考虑加性噪声的影响，否则便无法进行原图像与点扩散函数的分离处理，后面的推导也就不成立了。为了解决这一问题，工程应用中可以对观测到的每帧图像先进行滤波处理，消除或降低噪声的影响，再进行上述处理。

MATLAB 提供了 deconvblind 函数进行盲图像复原。该函数的一般形式为：

[J,PSF]=deconvblind(I,INITPSF,NUMIT,DAMPAR,WEIGHT,READOUT)

该函数采用最大似然算法（Maximum Likelihood Algorithm）对模糊图像 I 进行卷积处理，返回去模糊的图像 J 和相应的点扩散函数 PSF。PSF 是与 INITPSF 大小一样的正值矩阵，归一化和等于 1。PSF 复原效果受初始化 INITPSF 大小的影响，而较少受到其元素值的影响，因而用元素全为 1 的矩阵是一种安全的初始值。附加的参数 NUMIT 是迭代次数，默认值为 10。DAMPAR 是指定由图像 I 产生的图像的阈值偏移（即泊松噪声的标准差，在该值以下将会发生阻尼现象）的一个矩阵，默认值为 0，表示无阻尼。WEIGHT 是一个与原图像 I 大小相同的权矩阵，反映每个像素在摄取过程中的质量，如果赋以 0 加权值，则用来屏蔽差的像素，而好

的像素则被赋以加权值1。默认值是加权值均为1的权矩阵。复原的图像在灰度变化较大的边界或部分存在一定的"环",合理地使用WEIGHT参数可消除这些环以提高图像的复原质量。READOUT是摄取设备的读出噪声方差矩阵。默认值为0矩阵,表示无噪声的情况。

在实际应用中,对PSF约束的附加函数句柄(FUN)也可以加入上述函数中。函数的形式扩展为:

[J,PSF]=deconvblind(…,FUN,P1,P2,…,PN)

其中,P1,P2,…,PN为FUN所接受的参数。

【例6.3】对图6.8(a)所示的图像进行复原。其中,LEN=9,THETA=12。调用deconvblind函数进行图像复原时,INITPSF是一个非常重要的指标。先用较小的PSF(该PSF数组的每一维都比真实的PSF数组少4个像素)对图像进行复原,然后再用一个较大的PSF(该PSF数组的每一维都比真实的PSF数组多4个像素)对图像进行复原,最后与采用真实的PSF进行比较。可见,PSF对图像复原质量有非常重要的影响。由此实际应用中,可以通过对PSF的分析来选择一个合适的PSF进行图像复原。

(a) 原图像　　　　(b) 较小的PSF　　　　(c) 较大的PSF　　　　(d) 真实的PSF

图6.8　采用不同大小的PSF进行图像复原的效果比较

6.6　几何失真校正

图像在获取过程中,由于成像系统的非线性、飞行器的姿态变化等原因,成像后的图像与原景物图像相比,会产生缩放、平移、旋转甚至扭曲。这类图像退化现象称为几何失真或畸变。几何失真不但影响视觉效果,而且影响图像的特征提取进而影响目标识别。

6.6.1　典型的几何失真

以遥感图像为例介绍典型的几何失真。由于遥感图像的获取存在着许多不稳定因素,遥感图像最容易产生几何失真,其失真一般可分为两类。

1. 系统失真

光学系统、电子扫描系统失真而引起的斜视畸变、枕形畸变、桶形畸变等,都可能使图像产生几何特性失真。典型的系统失真如图6.9所示。

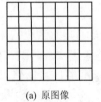 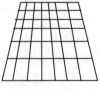 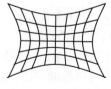 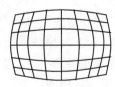

(a) 原图像　　　　(b) 梯形失真　　　　(c) 枕形失真　　　　(d) 桶形失真

图6.9　典型的系统几何失真

2. 非系统失真

由飞行器姿态、高度和速度变化的不稳定性与不可预测性造成对地成像的几何失真,被称为非系统失真。这类失真通常采用在地面设置控制点的办法来进行校正,也可结合航天器的跟踪资料来处理。典型的非系统失真如图 6.10 所示。

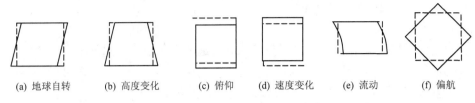

(a) 地球自转　　(b) 高度变化　　(c) 俯仰　　(d) 速度变化　　(e) 流动　　(f) 偏航

图 6.10　典型的非系统几何失真

一般来说,要对失真的图像进行精确的几何校正,需要先确定一幅基准图像,然后据此去校正另一幅图像的几何形状。因此,几何失真校正一般分两步进行,第一步是图像空间坐标的变换;第二步是重新确定在校正空间各像素点的取值。

6.6.2　空间几何坐标变换

如图 6.11 所示,空间几何坐标变换指按照一幅标准图像 $f(x,y)$ 或一组基准点去校正另一幅几何失真图像 $g(x',y')$。根据两幅图像的一些已知对应点(也称控制点),建立起函数关系式,将失真图像的 x'-y' 坐标系变换到标准图像 x-y 坐标系,从而实现失真图像按标准图像的几何位置校正,使 $f(x,y)$ 中的每一像点都可在 $g(x',y')$ 中找到对应像点。

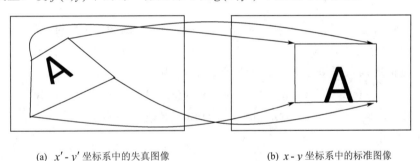

(a) x'-y' 坐标系中的失真图像　　　　　(b) x-y 坐标系中的标准图像

图 6.11　几何位置校正

设原图像用 x-y 坐标系,畸变图像用 (x',y') 坐标系。两个坐标系之间的关系为

$$\begin{cases} x' = h_1(x,y) \\ y' = h_2(x,y) \end{cases} \quad (6.51)$$

几何校正方法可以分为两类:一类是在 h_1、h_2 已知的情况下的校正方法,另一类是在 h_1、h_2 未知的情况下的校正方法。前者一般通过人工设置标志来进行,如卫星照片通过人工设置小型平面反射镜作为标志。后者通过控制点之间的空间对应关系建立线性(如三角形线性法)或高次(如二元二次多项式法)方程组求解式(6.51)中坐标之间的对应关系。下面以三角形线性法为例讨论空间几何坐标变换问题。

某些图像,如卫星所摄天体照片,对大面积来讲,图像的几何失真虽然是非线性的,但在一个小区域内可近似认为是线性的。这时就可将畸变系统和校正系统坐标用线性方程来联系。

将标准图像和被校正图像之间的对应点划分成一系列小三角形区域,三角形顶点为3个控制点,在三角形区内满足以下线性关系

$$\begin{cases} x' = ax + by + c \\ y' = dx + ey + f \end{cases} \quad (6.52)$$

解方程组(6.52),可求出 a、b、c、d、e、f 这6个系数。用式(6.51)可实现该三角形区内其他像点的坐标变换。对于不同的三角形控制区域,这6个系数的值是不同的。

三角形线性法简单,能满足一定的精度要求,这是因为它是以局部范围内的线性失真去处理大范围内的非线性失真,所以选择的控制点越多,分布越均匀,三角形区域的面积越小,则变换的精度越高。但是控制点过多又会导致计算量的增加。

6.6.3 校正空间像素点灰度值的确定

图像经几何位置校正后,在校正空间中各像素点的灰度值等于被校正图像对应点的灰度值。一般校正后的图像的某些像素点可能分布不均匀,不会恰好落于坐标点上,因此常采用内插法来求得这些像素点的灰度值。经常使用的方法有最近邻点法、双线性插值法、三次卷积法,其中三次卷积法精度最高,但计算量也较大。

1. 最近邻点法

最近邻点法如图6.12所示,取与像素点相邻的4个点中距离最近的邻点灰度值作为该点的灰度值,属于零阶插值法。最近邻点法计算简单,但精度不高,同时校正后的图像亮度有明显的不连续性。

2. 双线性插值法

如图6.13所示,设标准图像像素坐标 (x_0, y_0) 对应于失真图像像素坐标 (x'_0, y'_0),而 (x'_0, y'_0) 点周围4个点的坐标分别为 (x'_1, y'_1)、(x'_1+1, y'_1)、(x'_1, y'_1+1) 和 (x'_1+1, y'_1+1),用 (x'_0, y'_0) 点周围4个邻点的灰度值加权内插作为灰度校正值 $f(x_0, y_0)$,则

$$f(x_0, y_0) = g(x'_0, y'_0)(1-\alpha)(1-\beta)g(x'_1, y'_1) + \alpha(1-\beta)g(x'_1+1, y'_1) + \\ (1-\alpha)\beta g(x'_1, y'_1+1) + \alpha\beta g(x'_1+1, y'_1+1) \quad (6.53)$$

式中,$\alpha = |x'_0 - x'_1|, \beta = |y'_0 - y'_1|$。

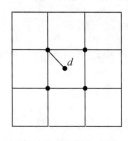

图6.12 最近邻点法

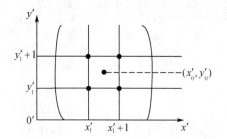

图6.13 双线性插值法几何校正

与最近邻点法相比,双线性插值法几何校正灰度连续,结果一般满足要求,但计算量较大且具有低通特性,图像轮廓模糊。如果要进一步改善图像质量,可以选用三次卷积法。

习 题 6

6.1 引起图像退化的原因有哪些?

6.2 常见的图像退化模型包含哪些种类?

6.3 用维纳滤波的方法进行图像复原,不同的 PSF 对复原效果有什么影响?

6.4 用约束最小二乘滤波复原时,不同的噪声强度、拉普拉斯算子的搜索范围和约束算子对复原效果有何影响?

6.5 应用盲去卷积方法时,如何选择一个合适的 PSF 值?

6.6 除了经典图像复原方法,目前还有哪些新兴的图像复原技术?

6.7 对于一些常用的图像复原方法,如何用 MATLAB 去实现?

第 7 章 数学形态学在图像处理中的应用

数学形态学是一门图像处理与分析的学科。它应用于文字识别、图像编码压缩、视觉检测等领域，数学形态学方法已经成为图像工程技术人员必须掌握的内容之一。本章首先介绍形态学中的基本理论，包括：开、闭运算，膨胀和腐蚀运算，细化等；然后讲述这些理论在数字图像处理中的应用。

7.1 数学形态学简介

数学形态学（Mathematical Morphology）是一种应用于图像处理和模式识别领域的新的方法。1964 年，法国巴黎矿业学院博士生赛拉（J. Serra）和其导师马瑟荣（G.Matheron），在从事铁矿核的定量岩石学分析及预测其开采价值的研究中提出"击中/击不中变换"，并且在理论层面上第一次引入了形态学的表达式，建立了颗粒分析方法，奠定了这门学科的理论基础，如击中/击不中变换、开闭运算、布尔模型和纹理分析器的原型等。数学形态学的基本思想是用具有一定形态的结构元素去量度和提取图像中的对应形状，以达到对图像分析和识别的目的。

数学形态学的数学基础和所用语言是集合论，因此它具有完备的数学基础，这为形态学用于图像分析和处理、形态滤波器的特性分析提供了有力的工具。数学形态学的应用可以简化图像数据，保持它们基本的形状特性，并且除去不相干的结构。数学形态学的算法具有天然的并行实现的结构，实现了形态学分析和图像处理算法的并行运算，大大提高了图像处理和分析的速度。

数学形态学是由一组形态学的代数运算子组成的，基本运算有 4 种：膨胀（Dilation）、腐蚀（Erosion）、开启（Open）和闭合（Close），它们在二值图像和灰度图像中的应用各有特点。基于这些基本运算还可以推导和组合成各种数学形态学实用算法，用这些算法可以进行图像形状和结构的分析及处理，包括图像分割、特征抽取、边界检测、图像滤波、图像增强和图像复原等。数学形态学方法利用一个称为结构元素的"探针"收集图像的信息，当探针在图像中不断移动时，便可以考察图像各个部分之间的相互关系，从而了解图像的结构特征。数学形态学基于探测的思想，与人类的视觉特点有类似之处。作为探针的结构元素，可直接携带知识，如形态、大小、区域，甚至可以加入灰度和色度信息来探测、研究图像的结构特点。

数学形态学的基本思想和方法适用于与图像处理有关的各个方面，如基于击中/击不中变换的目标识别、图像分割，基于腐蚀和开运算的骨架抽取及图像压缩编码，基于灰度级形态学的图像重构，基于形态学滤波器的颗粒分析等。迄今为止，还没有一种方法能像数学形态学那样既有坚实的理论基础，简洁、朴素、统一的基本思想，又有如此广泛的实用价值。数学形态学在理论上是严谨的，在基本观念上却是简单而优美的。

7.2 图像处理和数学形态学

数学形态学是一门建立在严格数学理论基础上的学科，其基本思想和方法对图像处理的理论和技术产生了重大影响。事实上,数学形态学已经构成一种新的图像处理方法和理论,成为计算机数字图像处理的一个重要研究领域,并且已经应用在多门学科的数字图像处理和分析的过程中。

这门学科在许多领域都获得了成功的应用,主要包括:计算机文字识别、计算机显微图像分析(如定量的金相分析、颗粒分析)、医学图像处理(如细胞检测、心脏的运动过程研究、脊椎骨图像自动数量描述)、图像编码压缩、工业检测(如食品检验和印刷电路自动检测)、材料科学、机器人视觉和汽车运动情况监测等。

另外,数学形态学在指纹检测、经济地理、合成音乐和断层 X 光摄像等领域也具有良好的应用前景。目前,形态学方法已成为图像应用领域工程技术人员的必备工具。有关数学形态学的技术和应用正在不断地研究和发展。

随着计算机技术的飞速发展,图像处理当前成为了一个人们广泛关注的科学领域。现实生活中,人们常常需要利用计算机去研究数字化图像,如识别签名和印鉴、分析医学 X 光片、检测工业产品的表面质量、破译和分析遥感照片等。图像处理包含的领域宽广,例如:检测图像的质量,实现图像清晰化的图像增强;提取图像的几何特征,实现图像分割和编码压缩;通过对图像的分析、理解,实现对投影图像的三维重建;通过对图像序列的分析,实现运动场景分析等。

数学形态学是一种特殊的图像处理技术,它的描述语言是集合论,它设计一整套的基于集合运算的概念和方法,提供了统一而强大的工具来处理图像中遇到的问题。通过研究图像中对象的几何特征等来描述图像中各个研究对象的特征和对象之间的相互关系。因此,利用数学形态学的几个基本概念和运算,将结构元素灵活地组合、分解,应用形态变换序列达到图像处理和分析的目的。数学形态学进行图像处理的基本思想是:用结构元素对原图像进行位移、交、并等运算,然后输出处理后的图像。数学形态学算法的思想简单直观,并且几何描述的特点非常适合与视觉信息相关的信息处理和分析。利用数学形态学进行图像分析一般有以下一些基本步骤。

① 提出所要描述的物体的几何结构模式,即提取物体的几何结构特征。

② 根据提出的模式选择相应的结构元素,结构元素应该简单而且对该模式具有最强的表现力。

③ 用选定的结构元素对图像进行形态变换,便可得到与原图像相比具有更显著突出研究对象特征信息的图像。若赋予相应变量,则可对得到的结构模式进行描述。

④ 用经过形态变换的图像提取所需要的图像信息。

数学形态学方法比其他空域或频域图像处理和分析的方法具有一些明显的优势。利用形态学算子可以有效地滤除噪声,同时保留图像中的原有信息,突出图像的几何特征,便于进一步分析图像。在数学形态学的各种运算中,结构元素的选择对于能否有效地提取图像有关信息至关重要。因此,选择结构元素时一般要注意两个原则:结构元素有凸性;结构元素在几何结构上比原图像简单,并且有界。最初,Matheron 和 Serra 提出的数学形态学主要是以研究二值图像为主,后来,Serra 等将二值形态学算子推广到了灰度图像处理,称为灰度形态学。利用灰度形态学来检测图像的边缘之前,有必要首先了解数学形态学的一些基本定义及其运算性质。

从数学意义上讲,用形态学来处理一些图像,用以描述人们感兴趣的图像的某些区域的形状,诸如物体的边界、骨架等,用形态学技术来进行形态滤波、形态修饰等,很多图像处理过程都是基于形态学的一些基本运算。集合论是数学形态学的基础，其语言也被借用到数学形态学中用来描述形态运算。

7.3 基本概念和运算

1. 元素和集合

（1）集合

集合是具有某种性质的确定的有区别的事物的全体，一般用大写字母表示。如果某种事物不存在，则称为空集，用∅表示。

数学形态学是建立在集合论基础上的代数系统，在数字图像处理的数学形态学运算中，集合代表图像中物体的形状。对于二值图像而言，习惯上认为取值为 1 的点对应于景物中心，用阴影表示；而取值为 0 的点构成背景，用白色表示。这类图像的集合是直接表示的。

（2）元素

构成集合的每一个事物称为元素，常用小写字母表示。考虑所有值为 1 的点的集合为 A，则 A 与图像是一一对应的。对于一幅图像 A，如果点 a 在 A 的区域以内，那么就说 a 是 A 的元素，记为 $a \in A$，否则，记作 $a \notin A$。

2. 交集、并集和补集

（1）交集

两个图像集合 A 和 B 的公共元素组成的集合称为两个集合 A 和 B 的交集，记为 $A \cap B$，即 $A \cap B = \{a \mid a \in A \text{且} a \in B\}$。

（2）并集

两个集合 A 和 B 的所有元素组成的集合称为两个集合的并集，记为 $A \cup B$，即 $A \cup B = \{a \mid a \in A \text{或} a \in B\}$。

（3）补集

对一幅图像 A，在图像 A 区域以外的所有点构成的集合称为 A 的补集，记为 A^c，即 $A^c = \{a \mid a \notin A\}$。

交集、并集和补集运算是数学形态学中集合的最基本的运算。

3. 腐蚀

腐蚀是最基本的一种数学形态学运算。腐蚀"收缩"或"细化"二值图像中的对象，对 Z 中的集合 A 和 B，A 被 B 腐蚀，记为 $A \ominus B$，其定义为

$$A \ominus B = \{Z \mid (B)_Z \subseteq A\} \tag{7.1}$$

对一个给定的目标图像 A 和一个结构元素 B，想象一下将 B 在图像上移动。在每一个当前位置 A，$B+A$ 只有 3 种可能的状态：

① $B+A$，A；

② $B+A$，A^c；

③ $B+A \cap A$ 与 $B+A \cap A^c$ 均不为空。

如图 7.1 所示为腐蚀运算的简单示例。其中，图(a)中的阴影部分为集合 A，图(b)中的阴影部分为结构元素 B，而图(c)中黑色部分给出了 A 腐蚀 B 的结果。腐蚀具有使目标缩小、目标内孔增大，以及外部孤立噪声点消除的效果。由图 7.1 可见，腐蚀将图像的区域收缩小了。

图 7.2 所示为图像经过腐蚀处理后的效果图。

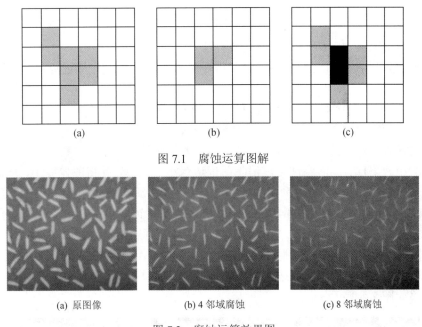

图 7.1 腐蚀运算图解

(a) 原图像　　　　　　(b) 4 邻域腐蚀　　　　　　(c) 8 邻域腐蚀

图 7.2 腐蚀运算效果图

4．膨胀

腐蚀可以看作将图像 A 中每一与结构元素 B 全等的子集 $A+B$ 收缩为点 A。反之，也可以将 A 中的每一个点 A 扩大为 $B+A$，这就是膨胀运算，记为 $A \oplus B$。膨胀是二值图像中"加长"或变粗的操作。变粗的程度由一个称为结构元素的集合控制。若用集合语言表示，它的定义为

$$A \oplus B = \{Z \mid [(\hat{B})_Z \cap A] \neq \varnothing\} \tag{7.2}$$

膨胀过程是 B 首先做关于原点的映射，然后平移 Z。集合 B 在膨胀操作中通常被称为结构元素。膨胀是将图像中与目标物体接触的所有背景点合并到物体中的过程，结果是使目标增大、孔洞缩小，可填补目标中的空洞，使其形成连通域。图 7.3 所示为图像经过膨胀处理的效果图。

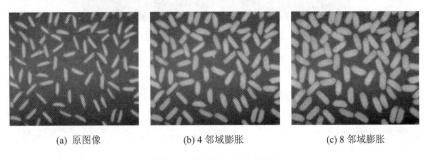

(a) 原图像　　　　　　(b) 4 邻域膨胀　　　　　　(c) 8 邻域膨胀

图 7.3 膨胀处理效果图

5．开运算（Opening）和闭运算（Closing）

在应用数学形态学方法进行图像处理时，膨胀扩大图像，腐蚀收缩图像。另外，两个重要的形态学运算是开运算和闭运算。开运算一般能平滑图像的轮廓，削弱狭窄的部分，闭运算也是平滑图像的轮廓，与开运算相反，它一般融合窄的缺口和细长的弯口，去掉小洞，填补轮廓 P 上的缝隙。

设 A 是原图像，B 是结构元素图像，则集合 A 被结构元素 B 作开运算，记为 $A \circ B$，其定义为

$$A \circ B = (A \ominus B) \oplus B \tag{7.3}$$

A 被 B 开运算就是 A 被 B 腐蚀后的结果再被 B 膨胀。

设 A 是原图像，B 是结构元素图像，则集合 A 被结构元素 B 作闭运算，记为 $A \bullet B$，其定义为

$$A \bullet B = (A \oplus B) \ominus B \tag{7.4}$$

A 被 B 闭运算就是 A 被 B 膨胀后的结果再被 B 腐蚀。

如果结构元素为一个圆盘，那么，膨胀可填充图像中的小孔，比结构元素小的孔洞，以及图像边缘处的小凹陷部分，而腐蚀可以消除图像边缘小的成分，并将图像缩小，从而使其补集扩大。但是，膨胀和腐蚀并不互为逆运算，因此它们可以级联结合使用。在腐蚀和膨胀两个基本运算的基础上，可以构造出形态学运算族，它由膨胀和腐蚀两个运算的复合与集合操作（并、交、补等）组合成的所有运算构成。例如，可先对图像进行腐蚀然后膨胀其结果或先对图像进行膨胀然后腐蚀其结果，这里使用同一个结构元素。前一种运算称为开运算，后一种运算称为闭运算。开运算和闭运算是数学形态学运算族中两个最为重要的组合运算。开运算和闭运算的图像处理效果如图 7.4 所示。

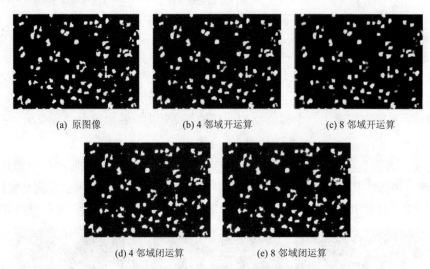

图 7.4 开运算和闭运算的效果图

6. 击中（Hit）与击不中（Miss）变换（HMT）

数学形态学中击中击不中变换是形状检测的基本工具。设有两幅图像 A 和 B，如果 $A \cap B \neq \varnothing$，那么称为 B 击中 A，记为 $B \uparrow A$，其中，$\varnothing$ 是空集合的符号；否则，如果 $A \cap B = \varnothing$，那么称 B 击不中 A，如图 7.5 所示。

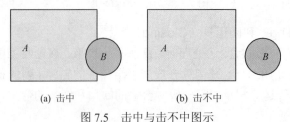

图 7.5 击中与击不中图示

7.4　图像处理基本形态学算法

1. 二值形态学

二值形态学中的运算对象是集合。设 A 为图像集合，B 为结构元素，数学形态学运算是用 B 对 A 进行操作。需要指出，实际上结构元素本身也是一个图像集合。对每个结构元素可以指定一个原点，它是结构元素参与形态学运算的参考点。应当注意的是，原点可以包含在结构元素中，也可以不包含在结构元素中，但运算的结果常不相同。以下用阴影代表值为 1 的区域，白色代表值为 0 的区域，运算是针对值为 1 的区域进行的。二值形态学中两个最基本的运算——腐蚀与膨胀，如图 7.6 所示。

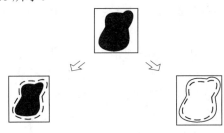

图 7.6　腐蚀与膨胀

2. 击中 / 击不中变换

前面简单地给出了击中与击不中的概念，这里讨论击中与击不中在数字图像处理中的意义。一般来说，一个图像的结构可以由图像内部各种成分之间的关系来确定。为了研究图像的结构，可以逐个地利用其各种成分。例如，各种结构元素对其进行检验，判定哪些成分包括在图像内、哪些在图像外，从而最终确定图像的结构。击中/击不中变换就是在这个意义上提出的。设 A 是被研究的图像、B 是结构元素，而且 B 由两个不相交的部分 B_1 和 B_2 组成，即 $B = B_1 \cup B_2$，且 $B_1 \cap B_2 = \varnothing$。于是，$A$ 被 B "击中"，$A \uparrow B$ 的结果定义为

$$A \otimes B = \{z \mid B_1 + z \subseteq A \text{ 且 } B_2 + z \subseteq Z^c\} \tag{7.5}$$

3. 灰值膨胀

用结构元素 b 对输入图像 $f(x, y)$ 进行灰值膨胀，记为 $f \oplus b$，其定义为

$$(f \oplus b)(s, t) = \max\{f(s-x, t-y) + b(x, y) \mid s-x, t-y \in D_f, x+y \in D_b\} \tag{7.6}$$

式中，D_f 和 D_b 分别是 f 和 b 的定义域。这里限制 $(s-x)$ 和 $(t-y)$ 在 f 的定义域之内，类似于在二值膨胀定义中要求两个运算集合至少有一个（非零）元素相交。式(7.6)与二维离散函数的卷积的形式很类似，区别是式(7.6)用 max(最大)替换了卷积的求和，用加法替换了卷积的相乘。注意，与二值膨胀操作不同的是，式(7.6)中是让 f 而不是让 b 反转平移。这是因为膨胀具有互换性，而腐蚀不具有互换性。为了让膨胀和腐蚀的表达形式互相对应，采用式(7.6)的表示，但是如果让 b 反转平移进行膨胀，其结果也完全一样。膨胀的计算是在由结构元素确定的邻域中选取 f, b 的最大值，因此对灰度图像的膨胀操作有两类效果：

① 如果结构元素的值都为正的，则输出图像会比输入图像亮；

② 根据输入图像中暗细节的灰度值以及它们的形状相对于结构元素的关系，它们在膨胀中或被削减或被除掉。

4. 灰度开运算和闭运算

灰度图像的开运算和闭运算和二值图像的开、闭运算有相同的表达形式。结构元素函数

$b(x,y)$，对输入图像 $f(x,y)$ 的开运算记为 $f(x,y) \circ b(x,y)$，定义为

$$f(x,y) \circ b(x,y) = (f \ominus b) \oplus b \tag{7.7}$$

由定义式(7.7)可以看出，灰度开运算和二值开运算一样，先用结构元素函数对输入图像腐蚀，腐蚀结果再被结构元素函数膨胀。

同理，先用结构元素函数对输入图像腐蚀，再用结构元素对腐蚀结果进行膨胀。这种运算定义为灰度形态学闭运算，记为 $f(x,y) \bullet b(x,y)$，定义为

$$f(x,y) \bullet b(x,y) = (f \oplus b) \ominus b \tag{7.8}$$

由灰度膨胀和腐蚀的对偶性，灰度开、闭也具有相应的对偶性。实际中常用开运算操作消除与结构元素相比尺寸较小的亮细节，而保持图像整体灰度值和大的亮区域基本不受影响。具体地，第一步的腐蚀去除了小的亮细节并同时减弱了图像亮度，第二步的膨胀增加了图像亮度，但又不重新引入前面去除的细节。

因此，在实际图像处理运用中，开运算通常用来除去图像中小于结构元素尺寸的亮点，同时保留所有的灰度和较大的亮区域特征不变。因为腐蚀操作除去了较小的亮细节，使得图像变暗，但是再使用的膨胀操作同等大小地增加图像的亮度而不再引入已经去除了的部分。闭运算通常用来去除图像中小于结构元素尺寸的暗点，同时保留原来较大的亮度特征。闭运算先对图像做形态膨胀去除小的暗点，使图像别的区域增亮。随后做的形态腐蚀又同等大小地降低图像的亮度并且不重新引入已经除掉的部分。

5．像素的连接数

（1）像素的连接

二值图像中具有相同值的两个像素 A 和 B 如果互为 4 邻域，则称 A 和 B 为 4-连接。如果互为 8 邻域，则称 A 和 B 为 8-连接。如图 7.7 所示，p 和 p_0、p_0 和 p_7、p_3 和 p_4 为 4-连接的像素，p 和 p_1、p 和 p_5、p_0 和 p_2 为 8-连接的像素。而 p_1 和 p_7、p_1 和 p_5、p_3 和 p_7 不连接。

图 7.7 像素的连接

（2）连接成分

在二值图像中，把互相连接的像素集合汇集为一组，于是具有若干个 0 像素和具有若干个 1 像素的组就产生了。这些组称为连接成分。

如图 7.8 所示是一幅二值图像的像素，图中的 a 和 b 都是连接成分。

（3）像素的可删除性和连接数

在二值图像中，如果改变一个像素的值后，整个图像的连通成分不变，则这个像素是可删除的。像素的可删除性可以用像素的连接数来检测。

用 p 表示任意像素，它的 8 邻域如图 7.9 所示。像素 P 的值用 $B(p)$ 来表示，因为图像是二值图像，所以 $B(p) \in \{0,1\}$。

当 $B(p)=1$ 时，像素 P 的连接数 $N_c(p)$ 就是与 P 连接的连接成分数。计算像素 P 的 4-邻接和 8-邻接的连接数，分别表示为

$$N_c^{(4)}(p) = \sum_{k \in S}[B(p_k) - B(p_k)B(p_{k+1})B(p_{k+2})] \tag{7.9}$$

$$N_c^{(8)}(p) = \sum_{k \in S}[\overline{B}(p_k) - \overline{B}(p_k)\overline{B}(p_{k+1})\overline{B}(p_{k+2})] \tag{7.10}$$

式中，$S = \{0,2,4,6\}$，$\overline{B}(p) = 1 - B(p)$，当 $k=6$ 时，$p_8 = p_0$。

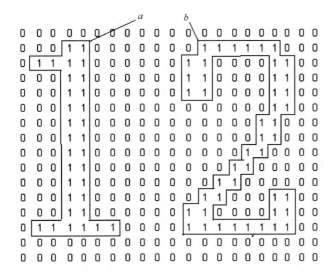

图 7.8 连接成分　　　　　　图 7.9 8 邻域像素

图 7.10 所示为几种情况的像素连接性。以图 7.8 为例，计算像素 p 的连接数。图中白色表示像素值为 1，灰色表示像素值为 0。

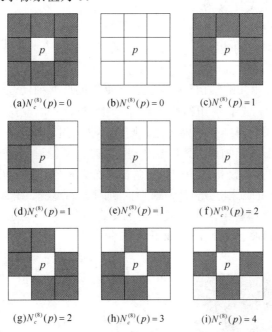

图 7.10 像素的连接数

$$N_c^{(4)}(p) = \sum_{k \in S}[B(p_k) - B(p_k)B(p_{k+1})B(p_{k+2})]$$
$$= [B(p_0) - B(p_0)B(p_1)B(p_2)] + [B(p_2) - B(p_2)B(p_3)B(p_4)] +$$
$$[B(p_4) - B(p_4)B(p_5)B(p_6)] + [B(p_6) - B(p_6)B(p_7)B(p_8)]$$
$$= (1 - 1 \times 1 \times 1) + (1 - 1 \times 0 \times 0) + (0 - 0 \times 0 \times 1) + (1 - 1 \times 0 \times 1) = 2$$

$$N_c^{(8)}(p) = \sum_{k \in S}[\overline{B}(p_k) - \overline{B}(p_k)\overline{B}(p_{k+1})\overline{B}(p_{k+2})]$$
$$= [\overline{B}(p_0) - \overline{B}(p_0)\overline{B}(p_1)\overline{B}(p_2)] + [\overline{B}(p_2) - \overline{B}(p_2)\overline{B}(p_3)\overline{B}(p_4)] +$$
$$[\overline{B}(p_4) - \overline{B}(p_4)\overline{B}(p_5)\overline{B}(p_6)] + [\overline{B}(p_6) - \overline{B}(p_6)\overline{B}(p_7)\overline{B}(p_8)]$$
$$= (0 - 0 \times 0 \times 0) + (0 - 0 \times 1 \times 1) + (1 - 1 \times 1 \times 0) + (0 - 0 \times 1 \times 1) = 1$$

对于同一个像素 p 来说，采用 4-邻接，像素 p 的连接成分为 $\{p_0, p_1, p_2\}$ 和 $\{p_6\}$ 两个，因为 p_0 和 p_6 不是 4-邻接的。因此连接数 $N_c^{(4)}(p) = 2$。而采用 8-邻接，像素 p 只有一个连接成分 $\{p_0, p_1, p_2, p_6\}$，所以连接数 $N_c^{(8)}(p) = 1$。

由此可见，对于同一幅图像中的同一个像素，采用不同的邻接方式，像素的连接数是不同的。

6. 骨架抽取

把一个平面区域简化成图是一种重要的结构形状表示法，利用细化技术得到区域的细化结构是常用的方法。因此，寻找二值图像的细化结构是图像处理的一个基本问题。在图像识别或数据压缩时，经常要用到这样的细化结构。例如，在识别字符之前，往往要先对字符做细化处理，求出字符的细化结构。骨架便是这样的一种细化结构，它是目标的重要拓扑描述，具有非常广泛的应用。

下面首先对数字图像细化概念做简要介绍。许多数学形态学算法都依赖于击中/击不中变换。其中，数字图像细化便是一种最常见的使用击中/击不中变换的形态学算法。对于结构对 $B = (B_1, B_2)$，利用 B 细化 X 定义为

$$X \otimes B = X - (X \ominus B) \tag{7.11}$$

随着迭代的进行，得到的集合也不断细化。假设输入集合是有限的，即 N 为有限，最终将得到一个细化的图像。结构对的选择仅仅受结构元素不相交的限制。事实上，每一个 $B_i (i = 1, 2, \cdots, N)$ 都可以是相同的结构对，即在不断重复的迭代细化过程使用同一个结构对。在实际图像处理应用中，通常选择一组结构元素对，迭代过程不断在这些结构对中循环，当一个完整的循环结束时，如果所得结果不再变化，则终止迭代过程。

利用前面所介绍的形态学知识，下面给出一种对二值图像进行形态学细化的实用算法。如前所述，一个图像的"骨架"是指图像中央的骨骼部分，是描述图像几何及拓扑性质的重要特征之一。求一幅图像骨架的过程就是对图像进行"细化"的过程。在文字识别、地质构造识别、工业零件形状识别或图像理解中，先对被处理的图像进行细化有助于突出形状特点和减少冗余信息量。在细化一幅图像 X 时应满足如下两个条件：

① 在细化的过程中，X 应该有规律地缩小；

② 在 X 逐步缩小的过程中，应当使 X 的连通性质保持不变。

下面介绍一种具体的细化算法。设已知目标点标记为 1，背景点标记为 0。边界点是指本身标记为 1 而其 8 连通邻域中至少有一个标记为 0 的点。算法对一幅图像的所有边界点，即一个 $m \times n$ 区域都进行如下检验和操作：用值为 1 的像素表示目标，也就是图中的数字；用值为 0 的像素表示背景。细化的目的就是使图中的数字变细，细化的结果如图 7.11 所示。

(a) 原图像　　(b) 细化图像

图 7.11　细化效果图

细化算法步骤如下：

① 扫描图像中所有像素，将结果保存在二维数组 f 和 g 中，这时 f 和 g 是大小相同的逻辑数组。

② 按顺序读取 f 中的每一个像素 $f(i,j)$，如果满足下列条件，就把 $g(i,j)$ 置换成 1：

i. $f(i,j)=1$。要处理的是图像中的目标数字，首先要满足这个条件；

ii. $f(i,j)$ 必须是目标边界。像素值为 1 的像素成为边界的条件是周围 4-邻域中的像素至少有一个为 0，也就是这个像素的上、下、左、右 4 个像素值之和必须小于或等于 3。即

$$f(i-1,j)+f(i+1,j)+f(i,j-1)+f(i,j+1) \leqslant 3 \quad (7.12)$$

iii. $f(i,j)$ 不是端点或孤立点。细化的过程中不能去除端点和孤立点。对像素 $f(i,j)$ 来说，周围 8-邻域像素中只有一个像素为 1 时，就是端点。如果周围 8-邻域像素全都为 0 时，$f(i,j)$ 是孤立点。$f(i,j)$ 既不是端点也不是孤立点，就必须满足

$$f(i-1,j-1)+f(i-1,j)+f(i-1,j+1)+f(i,j-1)+f(i,j+1)+f(i+1,j-1)+$$
$$f(i+1,j)+f(i+1,j+1) \geqslant 2 \quad (7.13)$$

iv. 保持连接性。在细化过程中，不能改变整幅图像的连接性。对于 8 邻接的连接数为 1 的像素，如图 7.10(c)、(d)、(e)中的像素，把中间的像素值为 1 的像素去掉以后，其余的像素仍然是一个连接成分。这时，这个像素就具有可删除性。当 8 邻接的连接数大于或等于 2 时，如图 7.10(f)、(g)、(h)、(i)所示，把中间的像素值为 1 的像素去掉以后，其余的像素就不是一个连接成分，这就改变了原图像的连接性。这样的像素是不能被删除的，所以必须满足的条件为

$$N_c^{(8)}(f(i,j)) > 1 \quad (7.14)$$

v. 单向消除线宽为 2 的线段。当线宽为 2 时，如图 7.12 所示，p_1、p_2、p_3、p_4 这 4 个点都满足以上 4 个条件，但是如果把 p_1、p_2、p_3、p_4 都置换为 0，就会改变图像的连接性，这时，就需要在 p_1 和 p_2、p_3 和 p_4 中只消除一个。

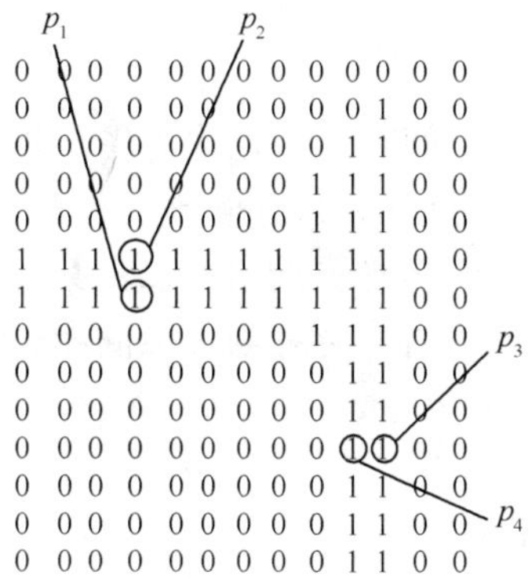

在第①步中，用了 f 和 g 两个数组，其中 f 数组中的值并没有改变，只把 g 数组中的值改变了。这时，只要在前面已经置换的情况下，满足

$$N_c^{(8)}(g(i,j)) > 1 \quad (7.15)$$

③ 重复第②步的操作，直到不存在满足前面 5 个条件的可以置换为 0 的像素。这时，能够得到线宽为 2 的图形，如图 7.12 所示。

图 7.12 线宽为 2 的线段

习　题　7

7.1　简述数学形态学在图像处理中的应用。

7.2　何谓膨胀和腐蚀？膨胀和腐蚀组合使用有哪些用途？利用 MATLAB 编程对图 7.2(a)实现腐蚀和膨胀运算并且比较结果。

7.3　区域内部形状特征提取包含哪两类方法？

7.4　根据连接数如何判断像素的连接性？

7.5　对图 7.11(a)进行细化操作，并比较结果。

第8章 图像编码与压缩

本章讲述图像编码压缩的必要性和可能性，介绍图像冗余的概念，讲述图像的有损和无损编码，以哈夫曼编码为例介绍编码方法。随着计算机多媒体技术的发展，图像视频编码越发显得重要，因此，本章讲述图像的视频编码，介绍视频编码的国际标准和应用，常用标准 JPEG、MPEG、H.261、H.263、H.264 及其主要技术。

8.1 引 言

图像处理过程中一般经常会产生很多包含图像数据的大型文件。它们经常需要在不同的用户及系统之间互相交换，这就要求有一种有效的方法来存储及传输这些大型文件。

因为数字图像数据量很大，所以为了实现快速传输，总是希望进行合理的图像数据压缩。压缩的理论基础是信息论，它是一种通过删除冗余（Redundancy）的或者不需要的信息来实现压缩数据量的技术。虽然表示图像需要大量的数据，但是图像数据是高度相关的，或者说存在冗余信息，去掉这些冗余信息后可以有效压缩图像，同时又不会损害图像的有效信息。数字图像的冗余主要表现为以下几种形式：空间冗余、时间冗余、视觉冗余、信息熵冗余、结构冗余和知识冗余。

1. 空间冗余

图像内部相邻像素之间存在较强的相关性所造成的冗余称作空间冗余，也称为像素相关冗余。场景中总有一些物体，对应图像中就是一些目标，同一目标的像素之间一般具有相关性。根据相关性，由某一个像素的性质可以获得其邻域像素的性质，各像素的值可以由其邻近像素的值"预测"出来，每个独立的像素所携带的信息相对较少。图像中存在与像素间相关性直接联系的数据冗余，即为像素相关冗余，也称为空间冗余或几何冗余。

2. 时间冗余

时间冗余是指视频图像序列中的不同帧之间的相关性所造成的冗余。

3. 视觉冗余

人眼不能感知或不敏感的那部分图像信息造成视觉冗余。人的眼睛对图像细节和颜色的辨认受到人的视觉特性的限制，人类最多能分辨 2^{16} 种颜色，而彩色图像用 24 位表示，即 2^{24} 种颜色，这种数据冗余称为视觉冗余。

4. 信息熵冗余

信息熵冗余也称为编码冗余，如果图像中平均每个像素使用的比特数大于该图像的信息熵，则图像中存在冗余，这种冗余称为信息熵冗余。为表达图像数据需要使用一系列符号，如字母、数字等，使用这些符号根据一定的规则来表达图像就是对图像进行编码。在这里对每个信息或事件所附的符号序列称为码字，而每个码字里的符号个数称为码字的长度。当使用不同的编码方法时，得到的码字及其长度都会不同。

设定义在[0,1]区间的离散随机变量 f_k 代表图像的灰度值，每个灰度值 f_k 以概率 $p_s(f_k)$ 出现，表示为

$$p_s(f_k) = \frac{n_k}{n} \qquad (k=0,1,\cdots,L-1) \tag{8.1}$$

式中，L 为灰度级数，n_k 是第 k 个灰度级出现的次数，n 为图像中像素的总个数。设用来表示 f_k 的每个数值的比特数是 $l(f_k)$，那么为表示每个像素所需的平均比特数为

$$L_{\text{avg}} = \sum_{k=0}^{L-1} l(f_k) p_s(f_k) \tag{8.2}$$

根据式(8.2)，如果用较少的比特数表示出现概率较大的灰度级，而用较多的比特数表示出现概率较小的灰度级，得到的平均比特数 L_{avg} 就比较小。如果不能使 L_{avg} 达到最小，那么就说明存在编码冗余。一般来说，如果编码时没有充分利用编码对象的概率特性就会产生编码冗余。

编码所用符号构成的集合称为码本。最简单的二元码本称为自然码，这时对每个信息或事件所附的码是从 2^m 个 $m$bit 的二元码中选出来的一个。如果用自然码表示一幅图像的灰度值，则由式(8.2)得到的 L_{avg} 总数为 m。在实际图像中，某些灰度级出现的概率必定要大于其他灰度级，如果用自然码，它对出现概率大和出现概率小的灰度级都赋予相同数量的比特数，不能使 L_{avg} 达到最小，从而产生编码冗余。

5．结构冗余

结构冗余是指图像中存在很强的纹理结构或自相似性所造成的冗余。

6．知识冗余

知识冗余是指有些图像中还包含与某些先验知识有关的信息。

数字压缩技术利用了数据固有的冗余性和不相干性，将一个大的图像数据文件转换成较小的文件。经过压缩的文件可以在以后需要的时候以某种方式将原文件恢复出来，压缩文件和原文件的大小之比即为压缩比。压缩比直接反映了图像文件的压缩程度。

在数字图像压缩中，有 3 种基本的数据冗余：像素相关冗余（也称空间冗余）、编码冗余和心理视觉冗余，如果能够减少或消除其中一种或多种冗余，那么就能够达到图像数据压缩的目的。

有些图像文件数据无损压缩的算法删除的仅仅是冗余的信息，因此可以在解压缩时精确地恢复图像。有损压缩算法删除了不相干的信息，因此只能对原有的图像进行近似地重构，而不能精确地复原。有损压缩的算法可以达到较高的压缩比。对于多数图像来说，为了得到更高的压缩比，保真度的轻度损失是可以接受的。但是，有些图像是不允许进行有损压缩的。

对图像文件进行压缩和解压缩都需要时间。当图像文件在系统与系统之间或用户与用户之间进行交换时，这个时间是不容忽略的。所以要根据具体情况选择进行有损压缩和无损压缩，以及在速度、压缩比和保真度之间进行折中选择。

8.2 图像保真度准则

图像编码的结果减少了数据量，提高了存储和传输的速度。实际应用时，需要将编码结果解码，恢复成图像的形式才能使用。根据解码图像对原图像的保真程度，图像压缩的方法可以分为两大类：信息保存型和信息损失型。信息保存型在图像的压缩和解压缩的过程中没有信息损失，得到的解码图像与原图像完全相同。信息损失型可以取得很高的压缩比。但是不能通过解码恢复原图像。需要一种测度描述解码图像对于原图像的偏离程度，这些测度一般称为保真度准则。

1. 客观保真度准则

（1）均方根误差

常用的准则是输入图像和输出图像的均方根误差。令 $f(x,y)$ 表示输入图像，$\hat{f}(x,y)$ 表示对输入图像压缩编码和解码后的近似图像，则 $f(x,y)$ 和 $\hat{f}(x,y)$ 之间的误差可以表示为

$$e(x,y) = \hat{f}(x,y) - f(x,y) \tag{8.3}$$

设图像的大小为 $M \times N$，则 $f(x,y)$ 和 $\hat{f}(x,y)$ 之间的均方根误差为

$$e_{\text{rms}} = \left[\frac{1}{MN} \sum_{x=0}^{M-1} \sum_{y=0}^{N-1} [\hat{f}(x,y) - f(x,y)]^2 \right]^{1/2} \tag{8.4}$$

（2）压缩-解压缩图像的均方信噪比

设 $\hat{f}(x,y) = f(x,y) + n(x,y)$，其中 $f(x,y)$ 为原图像，$n(x,y)$ 为噪声信号。则输出图像的均方根信噪比为

$$\text{SNR}_{\text{rms}} = \sum_{x=0}^{M-1} \sum_{y=0}^{N-1} \hat{f}(x,y)^2 \Big/ \left[\sum_{x=0}^{M-1} \sum_{y=0}^{N-1} [\hat{f}(x,y) - f(x,y)]^2 \right]^{1/2} \tag{8.5}$$

2. 主观保真度准则

客观保真度准则提供了一种简单和方便的评估信息损失的方法。因为大多数解码以后的图像是供人们观看的，所以用主观的方法来衡量图像的质量在某种意义上更为有效。

例如，评价经过解码的图像序列可以采用表 8.1 提供的主观质量评价标准。

表 8.1 解码图像序列质量评价

等级	评价	说明
1	优秀	图像清晰质量好
2	良好	图像较清晰，有轻微马赛克但是不影响使用
3	可用	图像有干扰但不影响观看
4	差	大面积马赛克几乎无法观看
5	不能使用	图像质量很差，不能使用

8.3 无损压缩技术

无损压缩算法可以分为两大类：基于字典的技术和基于统计的方法。基于字典的技术生成的文件包含的是定长码，每个码字代表原文件中数据的一个特定的序列。基于统计的方法通过用较短代码代表频繁出现的字符，用较长的代码代表不常出现的字符，从而实现图像数据文件的压缩。

8.3.1 基于字典的技术

1. 行程编码

最简单的基于字典的压缩技术是行程编码（Run Length Encoding，RLE），它是一种熵编码。对于某些图像的一些区域，它们是由相同的灰度或颜色的相邻像素组成的。在一个逐行存储的图像中，具有相同灰度值的一些像素组成序列，称为一个行程。逐行存储图像时，可以只存一个代表那个灰度值的码，后面是行程的长度，而不需要将同样的灰度值存储很多次，这就

是行程编码。行程编码对有单一颜色背景下物体的图像可以达到很高的压缩比,但对其他类型的图像压缩比就很低。在最坏的情况下,例如,图像中的每一个像素都与它周围的像素不同,这时应用 RLE 实际上可以将文件的大小加倍。行程编码分为定长和不定长编码两种。定长编码是指编码的行程长度所用的二进制位数固定,而变长行程编码是指对不同范围的行程长度,使用不同位数的二进制位数进行编码。使用变长行程编码时,需要增加标志位来表明所使用的二进制数。

行程编码比较适合于二值图像的编码,一般用于量化后出现大量零系数连续的场合,用行程来表示连零码。如果图像是由很多块颜色或灰度相同的大面积区域组成的,那么采用行程编码可以达到很高的压缩比。如果图像中的像素的数据非常分散,则行程编码不但不能压缩数据,反而会增加图像文件的大小。为了达到较好的压缩效果,通常在进行图像编码时不单独采用行程编码,而是和其他编码方法综合使用。例如在 JPEG 中,就综合使用了行程编码、离散余弦变换、量化编码及哈夫曼编码。首先对图像做分块处理,再对这些分块图像进行离散余弦变换,对变换后的频域数据进行量化并作 Z 字形扫描,然后对扫描结果做行程编码,对行程编码后的结果再做哈夫曼编码。

行程编码对传输误差很敏感,一旦一位符号出错就会改变行程编码的长度,从而使整个图像出现偏移,因此一般用行同步、列同步的方法把差错控制在一行一列之内。下面两个例子说明了行程编码的特点。

【例8.1】 某一图像的第 i 行为(180,180,180,……),共 10000 个数据,模仿 RLE 编码可以简单写成(180,10000)。

【例8.2】 某一图像的第 i 行为(a_{i1}, a_{i2}, …, a_{ij}), $j=10000$,其中, $a_{i1} \neq a_{i2} \neq \cdots \neq a_{ij}$。如果仍然采用 RLE 编码,则写成($a_{i1}$, 1, a_{i2}, 1, …, a_{ij}, 1),共 20000 个数据,文件被加倍是显而易见的。

2. LZW 编码

LZ 编码是由 Lempel 和 Ziv 最早提出的无损压缩技术,并由 Welch 加以充实而形成了广泛应用的有专利保护的 LZW(Lempel-Ziv-Welch)算法。与 RLE 类似,也是对字符串编码从而实现数据压缩。然而,与 RLE 不同的是,它在对文件进行编码的同时,生成特定字符序列的表以及它们对应的索引代码。例如,一个由 8 位字符组成的文件可以被变成 12 位的代码。在这 4096 可能的代码中,256 个代表所有可能的单个字符(8 位),剩下的 3840 个代码分配给在压缩过程中数据里出现的字符串。每当表中没有的字符串第一次出现的时候,它就被原样保存起来,同时将分配给它的索引代码也一起保存。之后,当这个字符串再次出现的时候,则只将它的索引代码保存起来,而不需要再存这个字符串。这样就去掉了文件的冗余信息。字符串表是在压缩过程中动态生成的,而且字符串表也不必保存在压缩文件中。因为解压缩算法可以由压缩文件中的信息重构它,即解压缩时字符串表可以由压缩文件中的信息重新生成。

LZW 编码的基本思想是在编码过程中,将所遇到的字符串建立一个字符串表,表中的每个字符串都对应一个索引,编码时用该字符串在字串表中的索引来代替原始的数据串。例如,一幅 8 位的灰度图像,可以采用 12 位来表示每个字符串的索引,前 256 个索引用于对应可能出现的 256 种灰度,由此可建立一个初始的字符串表,而剩余的 3840 个索引就可分配给在压缩过程中出现的新字符串,这样就生成了一个完整的字符串表,压缩数据就可以只保存它在字符串表中的索引,从而达到压缩数据的目的。

8.3.2 统计编码技术

1. 哈夫曼编码

哈夫曼编码（Huffman Coding）是图像压缩中最重要的编码方式之一，它是 1952 年由哈夫曼提出的无损统计编码方法，是一种非等长最佳编码方法，利用变长的码来使冗余量达到最小。编码器的输出码字是字长不等的编码，按编码输入信息符号出现的统计概率不同，给输出码字分配以不同的字长。在编码输入中，对于那些出现概率大的信息符号，编以较短字长的码，而对于那些出现概率小的信息符号则用较长的字长编码。其编码结构实际上是一个二叉树，常出现的字符用较短的码代表，不常出现的字符用较长的码代表。因为从经典理论可知，在一条无记忆源的消息中，越是不常出现的字符，对于消息的信息贡献量越大。静态哈夫曼编码使用一棵在压缩之前就建好的编码树，它是根据可能的字符出现的概率表来生成的。哈夫曼编码是一种无失真编码。可以证明，按照概率出现大小的顺序，对输出码字分配不同码字长度的变字长编码方法，其输出码字的平均码长最短，与信源熵值最接近。

下面借助一个实例说明哈夫曼编码方法。

【例 8.3】 假设一个文件中出现了 8 种符号 $S_0, S_1, S_2, S_3, S_4, S_5, S_6, S_7$，那么每种符号编码至少需要 3 bit，假设编码为

$$S_0 = 000, S_1 = 001, S_2 = 010, S_3 = 011, S_4 = 100, S_5 = 101, S_6 = 110, S_7 = 111$$

那么，符号序列 $S_0 S_1 S_7 S_0 S_1 S_6 S_2 S_2 S_3 S_4 S_5 S_0 S_0 S_1$ 编码后变成 000 001 111 000 001 110 010 010 011 100 101 000 000 001，共 42 bit。

观察符号序列，发现 S_0, S_1, S_2 这 3 个符号出现的频率比较大，其他符号出现的频率比较小，如果采用一种编码方案使得 S_0, S_1, S_2 的码字短，其他符号的码字长，这样就能够减少符号序列占用的位数。

设 $S_0 = 01, S_1 = 11, S_2 = 101, S_3 = 000, S_4 = 0010, S_5 = 0001, S_6 = 0011, S_7 = 100$，那么符号序列变成 01 11 100 01 11 0011 101 101 0000 0010 0001 01 01 11，共 39bit。

在上面的编码中，尽管其中有些码字，如 S_3, S_4, S_5, S_6 的码字由原来的 3 位变成 4 位，但是使用频繁的几个码字 S_0, S_1 变短了，使得整个序列的编码缩短，从而实现了数据的压缩。

编码必须保证不能出现一个码字和另一个码字的前几位相同的情况。例如，如果 S_0 的码字为 01，S_2 的码字为 011，那么当序列中出现 011 时，便无法判断是 S_0 的码字后面多了个 1，还是完整的一个 S_2 的码字。按照哈夫曼编码算法就可以保证编码的正确性，如图 8.1 所示为哈夫曼编码树示意图。

Huffman 编码算法步骤如下：

（1）统计出每个符号出现的频率，$S_0 \sim S_7$ 出现的频率分别为 4/14, 3/14, 2/14, 1/14, 1/14, 1/14, 1/14, 1/14；

（2）从左到右将上述频率按从小到大的顺序排列；

（3）每次选出最小的两个值，作为二叉树的两个叶子的节点，将它们的和作为其根节点，之后，这两个叶子节点不再参与比较，新的根节点参与比较；

（4）重复步骤（3），直到最后得到和为 1 的根节点；

（5）将形成的二叉树的左节点标 0，右节点标 1，把从最上面的根节点到最下面的叶子节点途中遇到的 0、1 序列串起来，就得到了 $S_0 \sim S_7$ 的编码。

产生 Huffman 编码需要对原始数据扫描两遍。第一遍扫描要精确地统计出原始数据中每

个值出现的频率，第二遍是建立 Huffman 树并进行编码。由于需要建立二叉树并遍历二叉树生成编码，因此 Huffman 编码数据压缩和还原速度都较慢。但是哈夫曼编码简单有效，因而得到了广泛的应用。

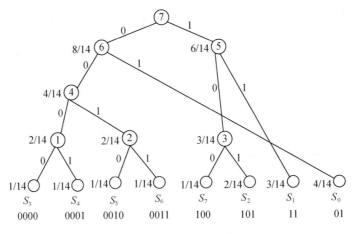

图 8.1　哈夫曼编码树示意图

2．香农编码（Shannon Coding）

香农编码的过程与哈夫曼编码有些相似。其编码步骤简述如下：

（1）图像灰度级 S_i 按概率递减顺序排序；

（2）将 S_i 分成两组，每组的概率和相同或相似，对第一组分配代码"0"，第二组分配代码"1"；

（3）执行步骤（2）后，若每组还是由两个或两个以上的灰度级组成，就重复上述步骤，直到每组只有一个灰度级。

至此，可获得表 8.2 所示的香农编码，由表 8.2 可计算出香农编码的平均码字长度。

表 8.2　香农编码与哈夫曼编码

香农编码			哈夫曼编码		
灰度级	码字	码长	灰度级	码字	码长
S_0	00	2	S_0	01	2
S_1	01	2	S_1	10	2
S_2	100	3	S_2	000	3
S_3	101	3	S_3	110	3
S_4	1100	4	S_4	0010	4
S_5	1101	4	S_5	0011	4
S_6	1110	4	S_6	1110	4
S_7	1111	4	S_7	1111	4

香农编码的效率次于哈夫曼编码，两者最终都可以得到编码树，但是建立的方法是不一样的。哈夫曼编码是由上到下的方式，而香农编码则正好相反。

8.4 预测编码

预测编码的基本思想是通过仅对每个像素中提取的新信息编码,来消除像素之间的冗余。这里一个像素的新信息定义为该像素的当前或现实值与其预测值的差值。

1. 无损预测编码

一个无损预测编码系统主要由一个编码器和一个解码器组成,它们各有一个相同的预测器,如图 8.2 所示。

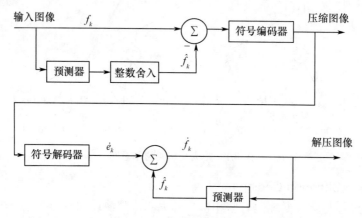

图 8.2 无损预测编码系统

当输入图像的像素序列 $f_k(k=1,2,\cdots)$ 逐个进入编码器时,预测器根据若干个过去的输入产生对当前输入像素的预测值,也称为估计值。将这个预测值进行整数舍入,得到预测器的输出值 $\hat{f}_k$,则由此产生的预测误差表示为

$$e_k = f_k - \hat{f}_k \tag{8.6}$$

预测误差可以用符号编码器,借助变长码进行编码用以产生压缩图像数据流的下一个元素。利用解码器,根据接收的变长码字重建预测误差 e_k,则解压缩图像的像素序列表示为

$$f_k = e_k + \hat{f}_k \tag{8.7}$$

利用预测器,可以将对原图像序列的编码转换成对预测误差的编码。由于在预测比较时,预测误差的动态范围会远小于原图像序列的动态范围,所以对预测误差的编码所需的比特数会大大减少,这是预测编码可以获得数据压缩结果的原因。

在多数情况下,可以通过将 m 个先前的像素进行线性组合得到预测值。

$$\hat{f}_n = R\left[\sum_{i=1}^{m} a_i f_{n-i}\right] \tag{8.8}$$

式中,m 称为线性预测器的阶,R 是舍入函数,a_i 是预测系数。下标 n 为图像序列的空间坐标,在一维线性预测编码中,设扫描沿行进行,式(8.8)可以表示为

$$\hat{f}_n(x,y) = R\left[\sum_{i=1}^{m} a_i f(x-i, y)\right] \tag{8.9}$$

根据式(8.9),一维线性预测 $\hat{f}_n(x,y)$ 仅是当前行扫描到的先前像素的函数。在二维线性预测编码中,预测是对图像从左向右、从上向下进行扫描时所扫描到的先前像素的函数。在三维线性预测编码中,预测基于上述像素和前一帧的像素。预测误差的概率密度函数一般用零均值

不相关拉普拉斯概率密度函数表示为

$$p_e(e) = \frac{1}{\sqrt{2}\sigma_e} \exp\left(\frac{-\sqrt{2}|e|}{\sigma_e}\right) \tag{8.10}$$

式中，σ_e 是 e 的标准差。

2．有损预测编码

有损预测编码系统与无损预测编码系统相比，主要增加了量化器。量化器的作用是将预测误差映射到有限个输出 $\dot{e}_k$ 中，$\dot{e}_k$ 决定了有损预测编码中的压缩量和失真量。有损预测编码系统组成如图 8.3 所示。

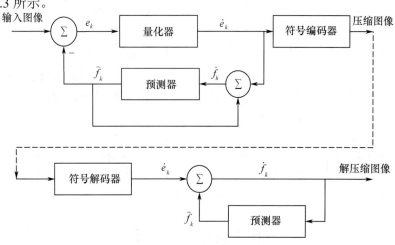

图 8.3　有损预测编码系统

解码器的输出 $\dot{f}_k$ 表示为

$$\dot{f}_k = \dot{e}_k + \hat{f}_k \tag{8.11}$$

式中，$\hat{f}_k$ 为过去预测值，$\dot{e}_k$ 为量化误差函数，$\dot{f}_k$ 为解码器的输出。如图 8.3 所示的闭环结构可以防止在解码器的输出端产生误差。

最简单的有损预测编码方法是德尔塔调制方法，其预测器和量化器分别定义为

$$\hat{f}_k = a\dot{f}_{n-1} \tag{8.12}$$

$$\dot{e}_k = \begin{cases} +c & \text{对} e_k > 0 \\ -c & \text{其他} \end{cases} \tag{8.13}$$

式中，a 是预测系数，c 是一个正的常数。因为量化器的输出可用单个位符表示，符号编码器只用长度固定为 1bit 的码字，码率是 1 比特/像素。

8.5　图像变换编码基本原理

图像的变换编码是利用某种变换将空间域里描述的图像 $f(x,y)$，变换为变换域中描述的 $F(u,v)$。对变换域中的 $F(u,v)$ 编码压缩，比对空间域 $f(x,y)$ 压缩更为有效。这是因为在频域中相关性明显下降，能量主要集中于少数低频分量系数上。通常采用正交变换，如傅里叶变换、沃尔什变换、离散余弦变换等。以傅里叶变换为例，变换具有能量集中于少数低频系数、各系数不相关、高频分量衰减很快且能量较小等性质。这些性质都可以用于图像数据压缩。

变换编码就是对数字图像经过正交变换的系数矩阵进行量化编码。如图 8.4 所示为变换编解码系统的组成框图。整个系统由 5 部分组成，即图像输入与变换、系数量化编码、信道传输、解码和逆变换。在变换阶段，将原图像划分成若干子块，对每个子块进行某种正交变换。通过变换，降低或消除相邻像素之间或相邻扫描行之间的相关性，提供用于编码压缩的变换系数矩阵。编码过程实现图像信息的压缩。因为在变换域中，图像信号的绝大部分能量集中在低频分量部分，编码中如果略去那些能量很小的高频分量，或者给这些高频分量分配较小的合适的比特数，那么就可以明显减少图像传输或存储的数据量。

在图像正交变换中，往往要将一帧图像划分成若干正方形的图像子块来进行。选择的图像子块越小，计算量就越小。但是不利因素是均方误差较大，在同样的允许失真度下，压缩比小。因此，从改善图像质量考虑，适当加大图像子块是明智之举。但是这并不意味着子块可以任意大，因为图像像素 $f(x,y)$ 与其周围像素之间的相关性存在于一定距离之内。也就是说，当子块已经足够大时，再进一步加大子块，则加进来的像素与中心像素之间的相关性甚小，甚至不相关，而计算的复杂性将显著加大。目前，图像正交变换中的图像子块一般取 8×8 或 16×16，数字图像的正交变换与编解码框图如图 8.4 所示。

图 8.4 正交变换及编解码框图

8.6 视频图像编码

随着计算机网络及通信技术的迅速发展，图像通信受到该领域科技工作者的广泛关注。国际标准化组织（ISO）、国际电工委员会（IEC）和国际电信联盟（ITU）等积极致力于图像处理的标准化工作。特别是图像编码，由于它涉及多媒体、数字电视、可视电话、会议电视等图像传输方面的广泛应用，为此制定的国际标准极大地推动了图像编码技术的发展与应用。这些图像编码的国际标准有：JPEG、MPEG、H.26x 等标准。

8.6.1 JPEG 标准

1986 年，ISO 和 ITU 成立了"联合图像专家组"（Joint Photographic Expert Group），主要任务是研究静止图像压缩算法的国际标准。1987 年用 $Y：U：V$=4：2：2，每像素 16 比特，对宽度为 4：3 的电视图像进行了测试，选择出 3 个方案进行评选，其中 8×8 的 DCT 方案得分最高，它制定的以自适应离散余弦变换编码（ADCT）为基础的"连续色调静态图像数字压缩和编码"JPEG 标准于 1991 年 3 月正式提出。

JPEG 标准根据不同的应用场合对图像的压缩要求提出了几种不同的编解码方法，主要分为基本系统、扩展系统和信息保持型系统。所有符合 JPEG 标准的编码器都必须支持基本系统，而其他系统则作为不同应用目的的选择项。

基本系统提供顺序建立方式的高效有失真编码，输入图像的精度为 8 比特/像素。图 8.5 所示为 JPEG 标准基本系统的编码器结构图，图中，量化用 Q 表示，IQ 表示反量化。编码器对彩色图像采用分量编码。

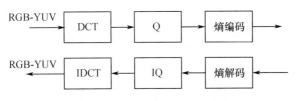

图 8.5 JPEG 基本系统编码器结构图

在 JPEG 编码中，首先将整个图像分为不重叠的 8×8 像素子块，共有 Y、U、V 三幅数字图像，Y 表示图像的亮度，即明暗程度，UV 代表图像色彩度。接着对各个子块进行 DCT 变换，然后对所有的系数进行线性量化。量化的过程是对系数值的量化间距划分后的简单的取整运算，量化步长取决于一个视觉阈值矩阵，它随系数的位置而改变，并且对 Y 和 UV 分量也不相同。利用这些阈值，在编码率小于 1 比特/像素的条件下依然可以获得非常好的图像质量。当把量化步长乘以一个公共因数后，一般可以调整比特数，由此可以实现自适应编码。

然后，对 DCT 量化系数进行熵编码，进一步压缩码率。这里可以采用算术编码或 Huffman 编码（可变字长编码 VLC）。对于当前子块的 DC 系数与上一块的 DC 系数之差值进行 VLC 编码压缩数据，由于 DC 分量是子块的平均值，相邻子块间的相关性很强，同时，视觉上要求各子块的平均灰度无明显的跳跃，因此对 DC 的差值作无失真的熵编码是合适的。对于 AC 系数不为零，采用 Z 字形方式（Zig-Zig）进行一维扫描，然后将非零系数前面的 0 的游程长度（个数）与该系数值一起作为统计事件进行 VLC 编码。在基本系统中共推荐了两组 Huffman 码表，一组用于亮度信号 Y，另一组用于色差信号 U、V，每一组表又包括两张表，一个用于 DC 分量，一个用于 AC 分量。

8.6.2 MPEG 标准

1987 年，ISO 和 ITU 成立了"活动图像专家组"（Moving Picture Expert Group），任务是制定用于数字存储媒介中活动图像及伴音的标码标准。1991 年 11 月提出了 1.5Mbit/s 的编码方案。1992 年通过了 ISO11172 号建议，即 MPEG 标准。MPEG 标准主要由视频、音频和系统 3 个部分组成，是一个完整的多媒体压缩编码方案。MPEG 标准阐明了编解码过程，严格规定了编码后产生的数据流的句法结构，但是并没有规定编解码的算法。

1. MPEG-1 标准

MPEG-1 标准为 1.5Mbit/s 数字存储媒介上的活动图像及其伴音的编码。它主要包括：系统、视频、音频、一致性、参考软件等 5 个部分，这 5 个部分简单描述如下。

第一部分：MPEG-1 系统，主要描述如何将符合该标准的视频和音频的一路或多路数据流与定时信息相结合，形成单一的复合流。

第二部分：MPEG-1 视频，描述视频编码方法，以便存储压缩的数字视频。

第三部分：MPEG-1 音频，描述高质量的音频的编码表示和高质量音频信号的解码方法。

第四部分：一致性，描述测试一个编码码流是否符合 MPEG-1 码流的方法。

第五部分：参考软件。

MPEG-1 的目的是满足各种存储媒体对压缩视频的统一格式的需要，可用于 625 线和 525 线电视系统，对传输速率 1.5Mbit/s 的存储媒体提供连续的、活动图像的编码表示，如 VCD、光盘及计算机磁盘存储等。下面仅介绍视频和系统部分。

（1）编码图像格式

MPEG-1 处理对象是逐行扫描的图像，对于隔行扫描的图像源，必须在编码前先转换为非隔行格式。输入的视频信号必须是数字化的一个亮度信号和两个色差信号（Y，Cb，Cr），经过预处理和格式转换选择一个合适的窗口、分辨率和输入格式，要求色差信号和亮度信号在垂直和水平方向按 2∶1 进行抽样。MPEG-1 编码技术的选择是基于高质量的连续活动图像、高压缩比以及对编码比特流的随机操作需求之间的平衡。为此定义了 4 种编码帧：I 帧、P 帧、B 帧和 D 帧。

I 帧：采用帧内编码方法，无须参考其他帧，是独立压缩的，给出编码序列的解码的起始操作点，满足随机操作的要求，但是仅能获得中等的压缩比。

P 帧：采用预测编码的方法，利用过去的 I 帧和 P 帧进行运动补偿预测，可以得到更有效的编码。

B 帧：采用双向预测方法，能够提供最大限度的压缩。它需要用过去和将来的参考帧 I 帧或 P 帧进行运动补偿，但是 B 帧本身不能用作预测参考帧。

D 帧：仅含有 DCT 的直流分量。在 D 帧组成的序列中不含其他类型的图。

（2）编解码

MPEG-1 没有规定编码过程，仅规定了比特流的语法和语义，以及解码器中的信号处理。在有 B 帧时，要有两个帧存储器分别存储过去和将来的两个参考帧，以便进行双向运动补偿。编码器设计必须在图像质量、编码速率以及编码效率之间进行综合考虑，选择合适的编码工作模式和控制参数。在一些具体模块的实现上，标准开放，例如运动矢量的估计算法、图像的刷新机制、编码控制等可以根据情况由设计者自行选用。

编码时输入的视频信号的每一幅图像都包括一个亮度分量和两个色差分量，编码器必须首先为每帧选择其类型。如果用到 B 帧，则编码时必须对图像的顺序先进行调整，因为 B 帧在预测时要利用它过去的 I 帧和 P 帧作为参考帧。编码时的基本单元是宏块，它包括 6 个 8×8 的子块，其中 4 个是亮度块，剩下的一个是色差信号 Cr，另一个是色差信号 Cb。宏块是运动补偿预测的基本单元、最小的量化步长选择单元以及编码控制单元。对于每个宏块，要决定它的编码模式，然后进行相应的处理。子块则是 DCT、量化以及 Z 字形扫描和 VLC 编码输出的基本单元。

解码是编码的逆操作，由于无须运动估计，因此比编码简单。只要根据接收到的码流的语义进行相应的处理即可。当一幅图像所有的宏块都处理完毕，则整个图像被重建。如果编码序列包括 B 帧，则解码后还应按显示顺序重新排序后才能进行显示。

（3）编码视频流的结构

MPEG-1 编码视频比特流的构成共分 6 层，最高层为序列层，下面依次为图像组层、图像层、宏块条层、宏块层和最低的块层。由若干相连的宏块可以组成宏块条层，并且设置同步标志，便于在解码端实现重同步；由若干图像帧可以组成图像组层，形成便于随机存取的单元；由若干图像组可组成视频序列，便于形成特定的视频节目。

图像组是视频随机存取单元，长度随意，可以包含一个或多个 I 帧。编码器可根据需要选择图像组的长度以及 I、P、B 帧出现的频率和位置。在要求能随机播放、快进、快倒等应用场合，可以使用较短的图像组。MPEG-1 可以在两个参考帧 I 帧和 P 帧之间安排任意幅 B 帧。插入的 B 帧越多，编码效率越高，但编码器所需要的存储器也越多，处理的实时性也越差。对于大多数景物而言，在参考帧之间插入两个 B 帧比较适宜。一般每秒使用两次 I 帧，即在每 15 帧中安排一次 I 帧。

2．MPEG-2 标准

MPEG-2 标准是 MPEG 于 1995 年推出的第二个国际标准，标准号是 ISO/IEC 13818，题目是通用的活动图像及其伴音的编码。它主要包括：系统、视频、音频、一致性、参考软件、数字存储媒体的命令与控制（DSM-CC）、高级音频编码、10bit 视频编码、实时接口等 9 个部分。

对于视频部分，它和 ITU-T 的 H.262 标准等同，作为一个通用的编码标准，它的应用范围更广，既包括标准数字电视、高清晰度电视，也包括 MPEG-1 的工作范围。MPEG-1 成为 MPEG-2 的一个子集，即 MPEG-2 的解码器可以对 MPEG-1 码流进行编码。MPEG-2 的视频编码方案与 MPEG-1 相类似，在编码比特流的分层次组织上也有类似的地方。根据应用的不同，MPEG-2 的码率范围为 1.5~100Mbit/s，一般情况下，只有码率超过 4Mbit/s 的 MPEG-2 视频质量才能明显优于 MPEG-1。MPEG-2 在区别不同应用的编码参数上使用了所谓 Profile 和 Level。国内的技术翻译上将其称为档次和级别，或称为型和级。如表 8.3 所示列出了 MPEG-2 的型和级。

表 8.3 MPEG-2 的型和级

型/级	高等级 1(Mbit/s) 1920×1080×60	高等级 2(Mbit/s) 1440×1080×60	主等级(Mbit/s) 720×480×30	低等级(Mbit/s) 352×288×30
简单型	—	—	15	—
主型	80	60	15	4
SNR 可分级	—	—	15	4
空间可分级	—	60	—	—
高级型	100	80	20	—

（1）基于场或基于帧的 DCT

在 MPEG-2 中，为了更好地适应隔行扫描视频信号的特点，在 DCT 和运动估计算法中对帧和场进行了不同的处理。MPEG-2 在把宏块数据分割为块时，可以选择按帧分割或按场分割，相应地就可以在帧或场的模式下进行 DCT 编码，以便在不同的情况下适当地对子块的空间冗余度加以利用，从而得到最佳的压缩效果。当序列是逐行时，或者图像是场方式时，采用的分割方式与 MPEG-1 相同；但对于隔行扫描的帧图像，既可以采用上述按帧的分割方式，也可以采用按场的隔行分割方式。选择的依据是帧的行间相关系数和场的行间相关系数的大小。一般而言，对于静止或缓变图像和区域宜采用按帧的 DCT 编码；反之，对于大的运动区域，则宜采用按场的 DCT 编码。

MPEG-2 规定了 4 种图像的运动预测方式和补偿方式，即基于帧的预测模式、基于场的预测模式、16×8 的运动补偿以及双场（DualPrime）预测模式。在具体使用时，必须考虑编码是针对帧格式图像还是场格式图像。

（2）编码的可分级性

为了扩大应用范围和增强对各种信道的适应性，MPEG-2 引入了 3 种编码的可分级性，即空间可分级性、时间可分级性及信噪比（SNR）可分级性。可分级编码的特点是整个码流被分为基本码流和增强码流两部分，基本码流可以提供一般质量的重建图像，但如果解码器"叠加"上增强部分的码流，就可以将图像质量提高很多。可分级编码的优点是同时提供不同的编码服务水平，例如，可以在一个公共的信道实现 HDTV（High Definition Television，高清晰度电视）和 SDTV 的同播，以供不同水平的接收机使用，但代价是要增加一定的额外码字。

此外，MPEG-2 还允许空间分级、时间分级以及 SNR 分级等以各种方式结合，形成多层次的分级扩展。

3．MPEG-4 标准

MPEG-4 是 1999 年 12 月通过的一个适应各种多媒体应用的"视听对象的编码"标准，国际标号是 ISO/IEC14496。它主要包括：系统、视觉信息、音频、一致性、参考软件、多媒体传送集成框架、优化软件、IP 中的一致性、参考硬件描述等 9 个部分。

与 MPEG-1、MPEG-2 不同，MPEG-4 不仅仅着眼于定义不同码流下具体的压缩编码标准，而是更多地强调多媒体通信的灵活性和交互性。一方面 MPEG-4 要求有高效的压缩编码方法，另一方面 MPEG-4 要求有独立于网络的基于视频、音频对象的交互性。

（1）场景描述

在目前的音频和视频应用中，图像是矩形像素的序列，音频是声波强弱的数字表示。在 MPEG-4 中，任何一个场景被理解为由若干视音频对象组成。MPEG-4 能够提供多种工具，把一组对象组合为一个场景。此时所必需的组合信息就构成了场景描述（Scene Description）信息，并且可以将它们编码，与各种视音频（AV）对象一起传输。场景描述信息具体定义了所有视音频对象在场景中的组织和同步参数。

（2）可视信息的编码

MPEG-4 同时支持自然和合成可视信息，如图形、计算机动画等的编码。对于自然视频的编码，MPEG-4 仍然采用了预测、变换同时使用的混合编码的框架。在和 H.263 兼容的基础上还提供一些高层次的编码方法，例如，基于内容的编码，允许对任意形状视频对象进行编码。

MPEG-4 标准为可视视频编码提供了一个包含多种工具和多种算法的工具集，供用户选择，对各种应用提供不同的解决方法，以下是其中的几例：

① 自然与综合图像的混合编码；
② 各种隐式 2D 网格的高效率压缩；
③ 各种图像和视频的信息内容基（Content-Based）编码；
④ 各种纹理、图像和视频的信息内容基的可分级编码；
⑤ 空间域的、时间域的和质量的可分级性编码；
⑥ 在误码多发环境中的误码健壮性（Robustness）和复原能力。

MPEG-4 可视信息的编码部分包括许多内容，其工具集可以不断地扩充进新的编码工具，甚至用户自己的编码方法也可以放入工具集，因此标准可随时跟随技术的发展而保持长时间有效。

（3）MPEG-4 数据结构

在 MPEG-4 中，采用发送多媒体综合框架（Delivery Multimedia Intergration Framework，DMIF）结构，它大大方便了多媒体的各种应用，且独立于具体的通信网络。对于用户而言，DMIF 是一个灵活的应用接口。MPEG-4 的应用可以从 DMIF 申请到自己所需要的"服务质量"，如对带宽、时延的要求等。

MPEG-4 的数据流主要分为两个部分，与传输有关的下层及与媒体有关的上层。以发送数据过程为例，各种媒体的基本数码流通过基本码流接口进入接入单元层，在该层进行分组打包处理，然后通过码流复用接口进入灵活复用层（Flex Multip Lexing）。灵活复用层提供一种复用工具，将上层来的多路码流进行汇合。复用后的数据再经过灵活复用接口送到传输复用层，最后送到一个具体的外部通信网络，如 ATM（Asynchronous Transfer Mode，异步传输模式）网或 PSTN（Public Switched Telephone Network，公共交换电话网）网。

8.6.3 H.261 标准

1. 编码方案的提出

可视电话和电视会议由于其实用性受到广泛关注。为了适应可视电话和电视会议的需要，1984年国际电报电话咨询委员会（CCITT）的第15研究组，对于可视电话的编码问题提出了一个H.120标准，针对625行/帧，50场/秒，在PCM一次群上传输图像信号。在此基础上，1988年提出了一个传输速率为5级的标准，$P \times 384 \text{kbit/s}, P=1,2,3,4,5$。384kbit/s在综合业务数字网ISDN（Integrated Service Digital NeTwork）中称为H_0通道。1990年通过H.261建议"$P \times 64 \text{kbit/s}$视听业务的视频编解码器"，其中$P=1,2,\cdots,30$，覆盖了整个窄带ISDN的基群信道速率。当H.261用于可视电话时，$P=2$，速率只有128kbit/s；当H.261标准用于电视会议时，建议$P \geq 6$，速率384kbit/s，最高可达2048kbit/s。

H.261 $P \times 64 \text{kbit/s}$的编码方案，其中$P=1,2,\cdots,30$，对应的比特率为64~1920kbit/s。首次采用了8×8块的DCT变换去除空间相关性，采用帧间运动补偿预测方法去除时间相关性的混合编码模式。这个编码标准初步解决了静止图像、可视电话、电视会议、多媒体视频的压缩编码的需要。从采用的技术来看，采用了最基本的编码技术，通过组合应用，达到了预期的编码效果。这些编码方法都属于混合编码的范畴。H.261标准规定了视频输入信号的数据格式、编码输出码流的层次结构以及开放的编码控制与实现策略等技术。

2. H.261 的图像格式

图像的纵横像素数是图像的基本格式。为了使现行的各种电视制式方便地转换为电视会议和可视电话的图像形式，即同时适用PAL制（25帧/秒，625行/帧）和NISC制（30帧/秒，525行/帧）模拟电视标准，确保符合H.261标准的编解码设备能在不同电视制式的国家使用和互通，H.261标准采用一种通用的公共中间格式，即CIF（Common Intermediate Format）格式或通用的1/4 CIF中间格式。即对于更低比特率的应用，H.261标准采用了只有CIF图像1/4的更小图像QCIF（Quarter Common Intermediate Format）格式，见表8.4。

表8.4 CIF 和 QCIF 格式主要参数

主要参数	CIF	QCIF
亮度（Y）信号取样频率	6.75MHz	3.375MHz
色差（Cr，Cb）信号取样频率	3.375MHz	1.6875MHz
亮度（Y）信号每行有效采样点	352 点/行	176 点/行
亮度（Y）信号每帧有效采样行	288 行/帧	144 行/帧
色差（Cr，Cb）信号每行有效采样点	176 点/行	88 点/行
色差（Cr，Cb）信号每帧有效采样行	144 行/帧	72 行/帧
每帧 GOB 数	12 组/帧	3 组/帧
每帧 MB 数	396 组/帧	99 组/帧

（1）数据组织和系统框图

H.261标准将CIF和QCIF格式的数据结构划分为4个层次：图像层（P）、块组层（GOB）、宏块层（MB）和块层（B）。对于CIF图像，其层次结构和相互关系如图8.6所示。QCIF与之类似。在码流中从上至下，块层数据由64个变换系数和块结束符组成。宏块层数据由宏块头（包括宏块地址、类型等）和6组块数据组成，其中4个亮度块和2个色度块。块组层数据由块组头（16bit的块组起始码、块组编号等）和33组宏块数据组成。图像层数据由图像头和

3组或12组块组数据组成。图像头包括20bit的图像起始码和一些信息,如图像格式、帧数等,它们在码流中的相互位置关系如图8.6所示。

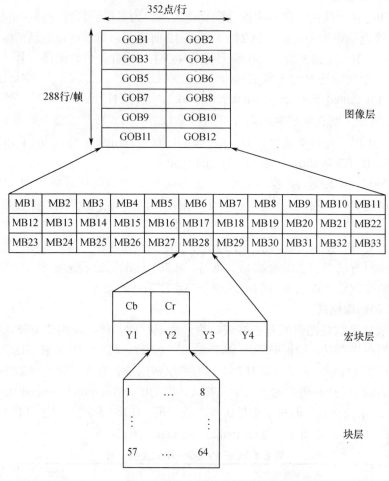

图8.6　H.261图像分层结构

（2）图像格式

由于彩色电视是采用相加混色原理实现的,所以,彩色电视信号符合三基色原理,即所有颜色都可以由红、绿、蓝三基色混合得到。相加混色的规律符合 $Y = 0.30R + 0.59G + 0.11B$ 的公式。通常,彩色信号编码不针对R、G、B三原色,而是针对Y亮度,U、V色差信号进行处理。

$$U = B - Y \qquad V = R - Y \tag{8.14}$$

在H.261标准中规定:对于Y分量,横向352像素,纵向288像素;对于色度分量U和V,分别为横向176像素,纵向144像素。与普通电视一样,图像尺寸纵横比4:3。据此,可由图像尺寸纵横推出,像素纵横比 $= \dfrac{3}{288} : \dfrac{4}{352} = 11 : 12$ 接近方形。

如图8.7所示,Y、U、V像素的面积相同,但像素数并不相同,所以,色度分量的清晰度低于Y分量,由于人类的视觉特性,这一差别并不影响视觉清晰度。此外,考虑到当前的电视制式分别是625行/每帧、25帧/秒和525行/帧、30帧/秒,都是隔行扫描,一帧等于两场,故两种制式的场扫描行数为625/2和525/2,288是从这两种扫描行数转换来的,即取两种扫描行的平均值,表示为

$$\left(\frac{625}{2}+\frac{525}{2}\right)/2=287.5\approx 288 \tag{8.15}$$

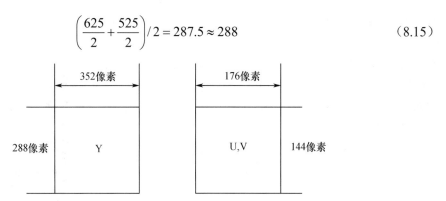

图 8.7 CIF 的 Y 分量格式及 U、V 分量格式

这样，便于实现 CIF 格式与两种制式的相互转换，同时，也符合两制式均衡负担的国际原则。由于编码是以 8×8 像素块作为基本单元，所以纵横像素数都应是 8 的整数倍。即

$$\frac{352}{8}=44 \quad \frac{288}{8}=36 \quad \frac{178}{8}=22 \quad \frac{144}{8}=18$$

所以，亮度分量 Y 的 8×8 块数为 1584 块，色度分量 U、V 为 396 块，亮度分量是色度分量的 4 倍，4 个亮度分块和 2 个色度分量块共同组成同一分区，形成 MB，以便于编码。

在可视电话中，由于 $P=1$ 或 2，最高比特率就是 128kbit/s，CIF 的像素太多，所以取一半，即 QCIF，该格式为：Y 分量横向 176 像素，纵向为 144 像素；色度分量为横向 88 像素，纵向 72 像素。QCIF 是可视电话的最低要求，可视电话均应达到这一要求。而 CIF 规格则是可选的。

在 H.261 标准中，Y、U、V 的建立按照国际无线电咨询委员会（CCIR-601）文件的要求，其计算式为

$$\begin{bmatrix} Y \\ U-128 \\ V-128 \end{bmatrix} = \begin{bmatrix} \dfrac{77}{256} & \dfrac{150}{256} & \dfrac{29}{256} \\ \dfrac{-44}{256} & \dfrac{-87}{256} & \dfrac{131}{256} \\ \dfrac{131}{256} & \dfrac{-110}{256} & \dfrac{-21}{256} \end{bmatrix} \begin{bmatrix} R \\ G \\ B \end{bmatrix} \tag{8.16}$$

式中，分母是因为 R、G、B 信号 8 位量化，有 256 个电平，色度信号减 128 是把零电平上移 128，即总电平的一半，主要是色度信号经常有正、有负，在这里先上移，以后在 DCT 变换前和亮度信号 Y 一起下移，色度信号恢复原来电平，对降低码率有利。通常可视电话一般 10 帧/秒，会议电视 25 帧/秒。

3．图像信号的编解码

图像信号的输入、输出指的是 CIF 或 QCIF 格式的数字信号，如果是 NTSC、PAL 或 SECAM 信号应先分解成 R、G、B 信号，经模数转换再变换为 Y、U、V 亮度及色度信号，然后再转换为 CIF 或 QCIF 格式和帧频 30Hz 的信号，经帧存缓冲后进入输入端。输出仍然是 CIF 或 QCIF 格式、帧频 30Hz 信号，经相反的变换，还原成视频复合信号。输出的比特流可以进入 ISDN 网或其他信道。

图 8.8 所示是 H.261 信源编码方框图，信源编码器的作用主要是数据压缩，采用 DCT 变换后把系数量化，之后输入图像复用编码器。图像复用编码器的功能是把每帧图像数据编排 4

个层次的数据结构,同时对交流 DCT 系数进行可变长度编码(VLC),对直流 DCT 系数进行固定长度编码(FLC),编码位流送入传输缓冲器。传输缓冲器的存储量是按比特率 $P\times64\text{kbit/s}$ 加上固定余量后确定的。由于图像内容变更使传输比特率变更,可以在缓冲器中得到反映。由此传给编码控制方框,由编码控制器控制信源编码中量化器的步长,同时将步长辅助数据送到图像复用编码中的相应层次,以供解码用。这样就可以自动控制比特率的高低,以便适应图像变更的内容,充分发挥既定的比特率 $P\times64\text{kbit/s}$ 的传输能力。

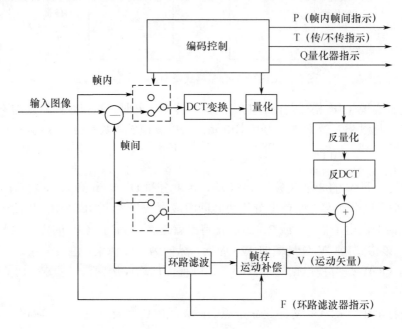

图 8.8 H.261 信源编码方框图

在 H.261 标准的编解码过程中,还要用到传输编码器。其主要功能是插入 BCH 正性纠错码,以便传输终端的解码器能检测和纠正错误码字。H.261 中规定要用 BCH 纠错码,在解码中可任选。另外,传输码中还要插入同步码,以便解码器正确解码。

编码控制器,除控制量化步长外,还控制编码模式,即控制编码应是帧间编码还是帧内编码。这一操作在信源编码中进行。外部控制有如下两个功能:

① CIF 和 QCIF 格式的选择;

② 允许每两帧图像之间有 0~3 帧图像不传。这主要是因为可视电话图像的帧间相关性很强,不传的图像可以由已经传输的图像计算得到,这种方式属于帧间编码。

4. 信源编码

图像输入是以宏块 MB 为单位输入的,MB 中包含亮度信号 Y 的 4 个 8×8 像素块,色度信号 U、V 的各一个 8×8 块,共 6 个 8×8 块。

(1) 帧内帧间编码

可视电话帧频是 30 帧/秒,由于图像序列帧间的强相关性,所以允许每两帧传送图像之间可以有 0~3 帧图像不传。每次场景更换后,第一帧一定要传,所以对第一帧作帧内编码,所传的图像叫帧内帧 I(Intraframe)。第五帧为预测帧,用 P 表示,它由第一帧和第五帧本身经预测编码得到。P 帧也可以作为下一个 P 帧预测编码的基础。P 帧称为双向内插帧,它由相邻的 I、P 或 P 帧计算得到。因此,I 帧和 P 帧是产生全部 B 帧的基础。通常每 12 帧或 15 帧传

一帧 I 帧，每三帧或四帧传一帧 P 帧。更换场景后第一帧为 I 帧。计算式为

第 2 帧
$$B = \frac{3}{4}I + \frac{1}{4}P \tag{8.17}$$

第 3 帧（B）
$$B = \frac{1}{2}(I + P) \tag{8.18}$$

以此类推，可以计算出其他 B 帧。这种形成 P 帧和 B 帧的方法称为帧间编码。

采用帧内帧间编码需要根据规定的条件选择。为了自动决定输入的宏块 MB 采用帧内、还是帧间编码，确定了一个判决条件。首先将前帧图像存储在帧存储器中，当后一帧图像来临时，比较前后图像的相关性，如果相关性较弱，则采用帧内编码方法，如果相关性较强则采用帧间编码，这种原则用于宏块 MB。设前帧大块的亮度信号像素值为 $P(x,y)$，后帧图像大块的亮度像素值为 $C(x,y)$，前帧宏块信号方差为 V，则

$$V = \frac{\sum_{y=1}^{16}\sum_{x=1}^{16}P(x,y)^2}{256} - \left[\frac{\sum_{y=1}^{16}\sum_{x=1}^{16}P(x,y)}{256}\right]^2 \tag{8.19}$$

在宏块内亮度信号有 4 个 8×8 方块（或 16×16 方块），共有 256 个像素，V 实际上是反映前帧图像反差的强弱。前后帧因为时间差引起像素差，这里用时间预测变动 VAR 表示为

$$\text{VAR} = \frac{\sum_{y=1}^{16}\sum_{x=1}^{16}[C(x,y) - P(x,y)]^2}{256} \tag{8.20}$$

式(8.20)为前后帧对应像素之差的均方差。VAR 说明前后帧像素值变化所导致平均能量的变化。这里，像素取值在 0～256 之间。VAR 值越小，则相关性越大，若考虑到图像反差，则反差大的图像 VAR 也相应增大。根据 V 和 VAR 的值可以定出如下 3 条帧内、帧间编码的判据：

① VAR ≤ 64 时，为帧间编码模式；
② VAR > 64，V ≥ VAR 时为帧间编码模式；
③ VAR > 64，VAR ≥ V 时为帧内编码模式。

若采用帧内编码，则对该宏块 MB 进行 DCT 变换和量化等后续操作；如果采用帧间编码，则该宏块属于 P 帧，要进行运动估计等编码，若采取不传，则该宏块属于 B 帧。上述判据是编码程序的一部分。

● 帧内模式

当编码器选择帧内模式时，输入宏块 MB 数据，MB 经输入 DCT 变换方框 T（数据经过下移处理）经 8×8 数据变换，DCT 输出变换系数，并送入量化器 Q，一个量化器对应一个量化步长，该量化步长由缓冲存储器根据存储余量状态告知控制模块，再由控制模块传到量化器 Q 及反量化器 Q^{-1}，经量化后的数据，一路从信源编码器输出，进入图像复用编码器，另一路进入反馈环路中的反量化器，经反量化器输入反变换器，经反变换后恢复图像数据。再经过加法器进入帧存储器，直到全帧存完为止。

● 帧间模式

当采用帧间模式时，P 帧存储器中已经存有当前帧图像数据。当后帧的宏块到来时将做如

下工作：

① 由 P 帧的模式判据式决定所采取的模式，如果判据式决定应采取帧间模式，则进入第②步，否则按帧内模式进行；

② 根据运动估计公式，在后帧 MB 所对应的前帧 MB 的 ±15 个像素范围内搜索最匹配的亮度块，即 4 个 8×8 亮度数据块，找到最佳前帧匹配数据块后，即可得到运动矢量的两个分量 H 和 V，H、V 可送到图像复用编码器去供编码输出；

③ 由运动矢量确定的前帧 4 个 8×8 亮度数据块和 2 个 8×8 色度数据块从 P 的帧存储器中逐块输出数据 $P(x+H, y+V)$，每块数据通过环路滤波器乘上滤波系数后记作 $P(x+H, y+V)$，之后再分两路，一路向上到减法器，与后帧数据块 $Y(x,y)$ 相减得到差值，宏块数据差值表示为

$$\Delta \mathrm{MB}_{xy} = Y(x,y) - P_F(x+H, y+V) \tag{8.21}$$

式(8.21)为宏块预测误差。该宏块数据进入 DCT 变换和量化器，输出后分两路，一路到图像复用编码器，另一路进入反馈回路，经过反量化、反 DCT 变换，进入加法器。由环路滤波器输出的另一路数据 $P_F(x+H, y+V)$ 与预测误差 $Y(x,y) - P_F(x+H, y+V)$ 在加法器中相加，得到后帧数据 $Y(x,y)$ 存在帧存储器中，直到帧存储器存完，再开始下一帧的操作。P 有可变延迟功能，这主要是运动估计运算时间不等，加之环形滤波器也有延迟，在前帧和后帧相减时以及与预测帧相加时，均需对准时间，因此需要可变延迟功能。综上所述，信源编码器有如下几种信号：帧内、帧间系数，帧内、帧间模式选择信号；帧内、帧间宏块量化步长；图像数据传输与否信号；帧间模式宏块运动矢量；环路滤波器是否使用指示信号。

（2）DCT 变换

在 H.261 标准中采用性能较好的 DCT 变换。以 8×8 像块为基本单元，每像素 8 位量化 0～256 电平，再下移 128，亮度和色度信号作同样处理。但色度信号已经上移 128，故在此又恢复原样。原因是色度信号经常有正有负，而亮度信号均为正。平移后数据处在零电平附近，这样可以降低传输比特率。平移后的数据可进行 DCT 变换，即

$$F(u,v) = \frac{1}{4} C(u)C(v) \sum_{u=0}^{7} \sum_{v=0}^{7} f(x,y) \cdot \cos\frac{\pi(2X+1)u}{16} \cdot \cos\frac{\pi(2Y+1)v}{16} \tag{8.22}$$

$$(u,v = 0,1,2,\cdots,7)$$

$$f(x,y) = \frac{1}{4} C(u)C(v) \sum_{u=0}^{7} \sum_{v=0}^{7} F(u,v) \cdot \cos\frac{\pi(2X+1)u}{16} \cdot \cos\frac{\pi(2Y+1)v}{16} \tag{8.23}$$

$$(x,y = 0,1,2,\cdots,7)$$

$$C(u)C(v) = \begin{cases} \dfrac{1}{\sqrt{2}} & (u,v = 0) \\ 1 & \end{cases}$$

图像像素在空域中排列顺序为：左上角为像素在 x, y 坐标的原点，x 从左到右为 0～7，y 从上到下为 0～7。

在频域 u, v 坐标系中，左上角为直流系数，右下角为 u 和 v 两个方向的最高空间频率系数。左上方系数的平方代表低频能量，右下方系数的平方代表图像的高频能量。

由于 DCT 变换核构成的基向量与图像内容有关，且变换核是可以分离的，故可通过两个一维 DCT 变换得到二维 DCT 变换。即先对图像的每一行进行一维 DCT 变换，再对每一列进行一维 DCT 变换。而二维离散 IDCT 也可以通过两次一维 IDCT 得到。DCT 具有快速算法，

它使得 DCT 运算的复杂度大大降低，从而减少了编解码器的编解码时间延迟。对图像块进行 DCT 变换后，得到变换域的数据块，然后再对这些数据块进行编码。

【例 8.4】 对 8×8 图像数据块进行 DCT 编码。原图像如图 8.9 所示，在其中取出一个 8×8 的子块，对其进行二维 DCT 后，得到的变换域系数矩阵。

图 8.9 原图像

灰度图像素矩阵：

229	211	229	226	230	202	205	209
240	232	216	210	205	213	204	209
218	231	230	224	189	139	208	203
229	221	220	231	186	81	98	217
234	233	233	239	181	86	77	201
247	245	237	249	183	84	80	169
202	224	255	175	84	92	80	129
159	187	123	56	46	75	84	88

DCT 变换域系数矩阵：

1453.11	253.950	51.04	−140.58	70.25	−25.42	1.05	−1.71
246.26	−119.44	−40.78	48.80	21.07	19.60	−16.13	18.74
−77.86	−58.15	28.09	85.50	−108.14	16.51	10.78	0.66
93.27	43.38	−52.39	−22.01	51.32	−6.22	22.32	−5.98
−72.50	−14.31	13.89	7.21	28.75	−25.47	0.20	3.20
10.10	17.33	−14.53	−43.06	2.428	15.07	10.92	10.17
−0.49	−11.42	−5.47	10.64	10.70	6.18	−34.84	13.51
5.83	−5.60	−2.61	−16.39	−28.95	15.96	3.40	5.37

从系数矩阵数据可以看出，DCT 变换系数分布非常不均匀，能量主要集中在左上角，这是图像块的直流和低频交流分量，代表了图像的概貌。而变换域矩阵的右下角大部分系数较小，经过数据处理可以接近 0，这是图像的高频分量，代表了图像的细节。与原图像矩阵 $f_{N \times N}$ 相比，DCT 系数之间的相关性已经大大降低。

（3）DCT 变换编码的主要优点

① DCT 变换的变换核不随输入变化，但是对于大多数图像而言，其去相关性接近于最佳的 K-L 变换，DCT 变换后能够有效地降低原始数据间的相关性。

② DCT 变换所得系数右下角的值大部分在 0 附近，并且用特定的扫描方法获得 0 游程，这使得离散余弦变换编码压缩倍数较高，质量较好。

③ DCT 变换利用快速算法，而且仅在实数域内计算，没有复数运算，计算简单，有利于处理的实时性。

DCT 变换的上述优点，确定了它在目前视频图像编码中的重要地位，已经成为 H.261、H.264、JPEG、MPEG 等国际标准的主要方法。DCT 变换编码的主要缺点是 DCT 变换编码是分块进行的，当压缩倍数较高时，会出现明显的方块效应，造成图像质量的下降。

（4）量化

H.261 标准对 DCT 系数采用两种量化方式。对帧内编码模式所产生的直流系数，用步长为 8 的均匀量化器进行量化。对其他所有的系数，则采用设置了死区的均匀量化器来量化，量化

器的步长 T 取自区间[2, 62]。所有在死区内的系数均被量化为 0，其他的系数则按照设定的步长进行均匀量化。H.261 标准规定，在一个宏块内，除了采用帧内编码所得的直流系数外，所有其他系数采用同一个量化步长。宏块间可以改变量化步长。

H.261 标准的量化表示为

$$Q(u,v) = 取整数\left(\frac{F(u,v)}{2q}S\right) \tag{8.24}$$

式中，DCT 系数 $F(u,v)$ 取绝对值，S 表示正负号，$S=0$ 表示正，$S=1$ 表示负。q 为量化步长，取 1~31，乘 2 后为 2~62。因为有很多 $F(u,v)$ 值较小，因此 $Q(u,v)$ 计算后有不少为零，从而使比特率降低。对每个宏块 MB 有 6 个 8×8 子块，量化步长都一样，q 由缓冲器存储余量决定，余量大 q 取值低，输出 $Q(u,v)$ 值提高，同时比特率增加。若余量小，则 q 取值高，使输出 $Q(u,v)$ 值降低，产生许多零值，使传输比特率降低。量化中的取整过程，采取四舍五入的方法实现。

（5）运动补偿

H.261 标准中，采用了运动补偿技术。H.261 标准的运动预测以宏块为单位，由亮度分量来决定运动矢量。匹配准则有最小绝对值误差、最小均方误差、归一化互相关函数等。H.261 标准并没有限定选用何种标准，也没有限定使用何种方法进行搜索。第 k 帧宏块 MB_k 相对于第 $k-1$ 帧宏块 MB_{k-1} 的运动矢量定义为

$$d = S_k - S_{k-1} \tag{8.25}$$

式中，S_k、S_{k-1} 分别是 MB_k 和 MB_{k-1} 的位置矢量。位置矢量采用原点位于图像左上角，x 轴、y 轴分别以向上和向右为正方向的直角坐标系。解码端收到运动矢量后，将其减半作为同一宏块的色度分量的运动矢量。

在帧间编码中，需要传输前后帧宏块 MB 的差值，运动矢量 MV 表达为

$$MV(h,v) = \min_{h,v} \sum_{y=1}^{16} \sum_{x=1}^{16} |Y(x,y) - P(x+h, y+v)| \tag{8.26}$$

式中，min 表示搜索最小值。h,v 表示水平和垂直方向搜索像素数，对于前帧亮度信号最大搜索范围为 -15 像素~$+15$ 像素，后帧亮度信号的 MB 有 16×16 个像素，相应的色度块只有 8×8 个像素，所得到的运动矢量坐标除以 2。上式中的 $MV(h,v)$ 除了表示所找到的最小差值外，其中 h,v 表示前帧中匹配宏块 MB 的位置。这些操作称为运动估计，运动估计的目的是找到运动矢量。通过运动估计在前帧中找到匹配宏块 MB 后，需要传输前后帧匹配宏块间像素差值矩阵。即

$$\Delta MB_{x,y} = Y(x,y) - P(x+h, y+v) \tag{8.27}$$

式中，$\Delta MB_{x,y}$ 为 x 指水平方向的 16 个像素的差值、y 指垂直方向的 16 个像素的差值。如果原来像素灰度值为 -128~127，相减后成为 -255~255，除了亮度差值外，还有色度 U、V 的 64 个差值。那么按上述方法求得的宏块差值就是预测误差。每一宏块的预测误差再经过 DCT 变换、量化、编码后加以传送。由此可见，帧间编码对 P 帧编码的基本过程就是运动矢量的寻找、预测误差的计算、变换及编码。这一过程称之为运动补偿。运动补偿技术的运用，不仅可以降低码率，而且可大大改善图像质量。

（6）环路滤波器

环路滤波器是一种低通滤波器，其功能是消除高频噪声。通常，环路滤波器接在运动补偿环节内。

5. H.261 解码原理

解码可分为帧内和帧间模式。

（1）帧内解码模式

在帧内模式时，编码器传来的宏块 MB 量化 DCT 系数送入反量化器，同时，送入该宏块的量化步长 q，应用量化公式可得到 DCT 系数 $F'(u,v)$，经过反 DCT 变换后得到像素值 $f'(x,y)$。当帧内解码时，加法器分两路输出图像数据，一路供输出，另一路送入帧解码器，供帧间解码用。

（2）帧间解码模式

在帧间模式下，编码器提供的 DCT 预测误差和量化步长送入反量化器，然后，再经过 DCT 反变换得到预测误差 $Y(x,y) - P(x+h, y+v)$，这时，与 MB 相对应的运动矢量坐标 H 和 V 送入帧存储器，将前帧匹配信号从帧存储器取出送入环路滤波器，乘上滤波系数得到 $P_F(x+h, y+v)$。在帧间模式下信号送入加法器，与预测误差相加后得到 $Y(x,y)$。加法器输出分为两路，一路输出图像数据，另一路进入帧存储器，此时存储的是 P 帧备用，它是下一 P 帧的前帧。

按 CIF 格式的设计，一帧 CIF 图像有 12 个 GOB，等于 12×33 个宏块，又等于 936×6 数据块，共有 2376 个数据块（B），其中 1584 个亮度块（Y），396 个 U 块，396 个 V 块，共有 152064 个像素。一帧图像的排列如图 8.10 所示，一幅 QCIF 由 3 个块组组成。

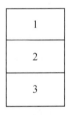

图 8.10　GOB 顺序

图像流由帧首和数据组成，帧首有 20 位的图像起始码、帧计数码、帧类型码等其他格式、时间参数（帧数）等信息；图像头块组层、由块组头和宏块组成。它包含 16 位 GOB 起始码、块组编号码、块组量化步长、备用插入信息码等，还包含 33 块宏块；宏块层包含块首（宏块头）信息，即变长地址码、宏块类型变长码、指明帧内帧间有无运动参数、有无循环滤波器、不需要传的 DCT 系数等信息；最后是数据块 B，它包括块头和数据块。变换系数矩阵，每块 8×8 个数据，左上角为直流系数，其他是交流系数。由于人类视觉对低频信号较为敏感，并且高频系数零值较多，所以，采用 Z 字形扫描方法，顺序为 1，2，3，4，…，如图 8.11 所示。

1	2	6	7	15	16	28	29
3	5	8	14	17	27	30	43
4	9	13	18	26	31	42	44
10	12	19	25	32	41	45	54
11	20	24	33	40	46	53	55
21	23	34	39	47	52	56	61
22	35	38	48	51	57	60	62
36	37	49	50	58	59	63	64

图 8.11　Z 字形扫描顺序

在 H.261 中提供了 TCOEFF 编码表，帧间编码的第一个系数是直流系数。帧内编码中的直流系数先用步长 8 量化，再用 8 位固定长度编码，关于帧内编码 H.261 标准也提供了编码表。数据块编码结束时，用结束符 EOB 表示。

8.6.4 H.263 标准

H.263 标准制定于 1995 年，是国际电信联盟针对 64kbit/s 以下的低比特率视频应用而制定的标准。它的基本算法在 H.261 的基础上进行了改进，因此具有更好的编码性能。在比特率低于 64kbit/s 时，H.263 可以获得 3～4dB 的质量改善。H.263 支持更多的图像格式、更有效的图像预测、效率更高的三维可变长编码代替二维可变长编码，增加了 4 个可选模式。

1．数据组织与系统框架

H.263 系统支持 5 种图像格式，见表 8.5。所有的解码器必须支持 Sub-QCIF 和 QCIF 格式，所有的编码器必须支持 Sub-QCIF 和 QCIF 格式中的一种，其他格式由用户自行决定。

表 8.5　H.263 图像格式参数

主要参数	Sub-QCIF	QCIF	CIF	4CIF	16CIF
亮度 Y 信号有效采样点	128 点/行	176 点/行	352 点/行	CIF×2	CIF×4
U、Y 信号每帧有效采样行	64 点/行	88 点/行	176 点/行	CIF×2	CIF×4
Y 有效行数	96 行/帧	144 行/帧	288 行/帧	CIF×2	CIF×4
U、V 有效采样行数	48 行/帧	72 行/帧	144 行/帧	CIF×2	CIF×4
块组层数	6 组/帧	9 组/帧	18 组/帧	18 组/帧	18 组/帧

H.263 仍然采用图像层 P、块组层 GOB、宏块层 MB 和块层 B 这 4 个层次的数据结构，但是与 H.261 不同的是，在 H.263 中，每个 GOB 包含的 MB 数目是不同的。H.263 规定，一行中的所有像素只能属于一个 GOB，因此对于不同的格式，一个 GOB 所包含的 MB 是不同的，对应的行数也不同。表 8.6 给出了 H.263 的分层结构示意图。H.263 的 QCIF 分层结构示意图如图 8.12 所示。

表 8.6　H.263 块组结构

参数	Sub-QCIF	QCIF	CIF	4CIF	16CIF
MB 数/GOB	8	11	22	88	176
Y 行数/GOB	16	16	16	CIF*2	CIF*4

2．运动预测

（1）1/2 像素精度运动矢量预测

H.263 采用 1/2 像素预测。在全像素精度预测后，再执行 1/2 像素精度的搜索。运动矢量范围为[-16，15.5]。半（1/2）像素位置的灰度值由线性插值得到，它们的位置示意图如图 8.13 所示。

线性插值的表示为

$$a = \frac{A+C+1}{2}$$
$$b = \frac{A+B+1}{2} \quad (8.28)$$
$$c = \frac{A+B+C+D+2}{4}$$

式中，a,b,c 为半像素，A,B,C 为整像素。

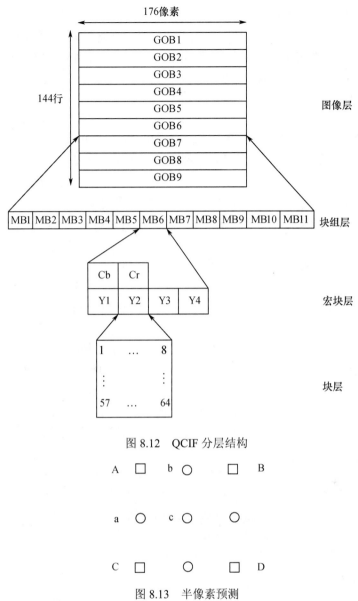

图 8.12 QCIF 分层结构

图 8.13 半像素预测

（2）运动矢量的差分编码

在 H.263 中，对运动矢量采用预测编码。预测编码采用与当前宏块相邻的 3 个宏块的运动矢量的均值作为预测值。当相邻宏块不在当前块组时，如果只有一个相邻宏块在块组外，则令该宏块运动矢量为零计算预测值；如果有两个宏块在块组外，则直接取剩下的宏块的运动矢量作为预测值。

3．可选模式

除缺省模式外，H.263 还给出 4 种可选模式，即无限制运动矢量模式、基于语法的算术编码模式、高级预测模式和 PB 图像模式，供用户选择使用。

（1）无限制运动矢量模式

运动矢量可以指向图像外，范围扩展到[−31.5，31.3]。在摄像机运动或图像沿边缘运动时，采用无限制运动矢量模式可以提高编码效率。图像外的像素值是由图像边界像素值填充得到的。

（2）基于语法的算术编码模式

基于语法的算术编码模式代替了缺省模式中的三维可变长编码。在相同图像质量下，采用这种编码模式可以降低5%左右的比特率。在可变长编码中，任何一个符号均占用整数比特，从而导致了压缩效率的下降，而基于语法的算术编码模式没有这个问题。

（3）高级预测模式

在H.263标准中，高级预测模式是一个很重要的选项。在这种预测模式中需要考虑以下两方面内容：一是对P帧的亮度分量采用交叠块运动补偿方法，即某一8×8子块的运动补偿由本块和周围块的运动矢量共同决定；二是对某些宏块使用4个运动矢量，每个子块都有一个运动矢量，用4个运动矢量取代原来宏块的一个运动矢量。当一个宏块使用4个运动矢量时，色度块的运动矢量是4个亮度块运动矢量的1/8。哪些宏块采用4个运动矢量取决于编码器。对运动矢量仍然采用预测编码，取4个运动矢量的均值作为最终预测值，不过预测矢量MV1、MV2、MV3的位置有所变化。

交叠块运动补偿方法提高了预测性能并减少了块失真。采用高级预测模式时，解码端的亮度预测值是由3个运动矢量计算得到的3个预测值的加权和，这3个运动矢量是：当前宏块的运动矢量、最靠近当前像素的两个宏块（上下取一个，左右取一个）的运动矢量。

（4）PB图像模式

PB图像模式引入了一种新的帧，即PB帧。一个PB帧由一个P帧和一个B帧组成一起编码。其中P帧是在缺省模式中采用的帧间编码的帧，P帧由前面已经编码的P帧或I帧来预测。而B帧在时间上处于前一P帧或I帧和当前P帧之间，由二者进行双向预测，这种方式的关系如图8.14所示。

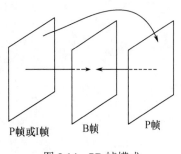

图8.14　PB帧模式

设当前P帧的运动矢量为MV，与前一P帧的距离为T，B帧与前一P帧的距离为L，则B帧的前向运动矢量MV_F和后向运动矢量MV_B表示为

$$\begin{cases} MV_F = (MV \times L)/T + MV_D \\ MV_B = MV_F - MV \end{cases} \quad (8.29)$$

式中，MV_D为矢量修正值。

根据编码方法B帧的质量不影响后续帧的编码，因此采用粗编码，可以提高一倍帧率。PB模式在场景快速运动或复杂运动时效果不佳，它适用于场景做简单和缓慢运动的场合。

8.6.5　H.264标准

H.261是最早出现的实用视频编码建议。以后出现的H.262、H.263，以及MPEG-1、MPEG-2、MPEG-4等视频编码标准都有一个共同的不断追求的目标，即在尽可能低的码率下获得尽可能高的图像质量。而且随着对图像传输需求的增加，如何适应不同信道传输特性的问题也日益显现出来。为了解决这些问题，国际标准化组织（ISO）、国际电工委员会（IEC）和国际电信联盟（ITU）联手制定了视频新标准H.264。

H.264视频压缩算法与MPEG-4相比，压缩比可提高近30%。H.264是DPCM和变换编码的混合编码模式。在技术上，采用统一的VLC符号编码，高精度、多模式的位移估计，基于4×4块的整数变换、分层的编码语法等措施使得H.264的算法具有很高的编码效率，在相同的重建图像质量下,比 H.263 节约 50%左右的码率,更适合窄带传输。H.264 加强了对各种信道的适应能力,采用了"网络友好的"的结构和语法,有利于对误码和丢包的处理;应用目标范围较宽,以满足不同速率及不同传输和存储场合的需求;它的基本系统是开放的,使用无须版权。为了对各种视频压缩标准进行比较,表 8.7 总结了视频压缩标准发展历程。

表 8.7 视频压缩标准发展历程

标准	发布日期	标题	应用场合
H.261	1990.12	Video Codec Audio Visual Services at $P \times$64kbit/s($P \times$64kbit/s 的音频业务的编解码)	ISDN(综合业务数字网)
JPIG	1991.9	Progressive Bi-level Image Compression(用于二值图像的累进压缩编码)	传真等
JPEG	1992.10	Digital Compression and Coding of Continuous-tone Still Image(连续色调静态图像数字压缩和编码)	数字照相、图像/视频编辑等
MPEG-1	1992.11	Coding of Moving Pictures and Associated Audio for Digital Storage Media up to 1.5Mbit/s(面向数字存储的运动图像及其伴音的通用编码)	VCD、光盘存储、家用视频监控等
MPEG-2	1994.11	Ceneric Coding of Moving Pictures and Associated Audio information(运动图像及其伴音的通用编码)	数字电视、DVD、高清晰度电视、卫星电视等
H.263 H.263$^+$	1996.3 1998.1	Video Coding for Low Bit Rate Communication(低比特率通信的视频编码)	桌面可视电话、移动视频等
MPEG-4	1999.5	Coding of Audio-Visual Objects(音频视频对象的通用编码)	IP 网、交互式视频、移动通信、专业视频等
H.263^{++}	2000.11	Video Coding for Low Bit Rate Communication(低比特率通信的视频编码)	桌面可视电话、移动视频等
JPEG2000	2000.12	JPEG2000 Image Coding System(下一代静态图像编码标准)	数字照相、IP 网、移动通信、传真、电子商务
H.264	2003.3	MPEG-4-10/AVC (Advanced Video Codec)(先进视频编码)	数字视频存储以及 IPTV、数字卫星广播、手机

H.264 标准的主导思想与现有的视频编解码标准一致,都是基于块的混合编码方法。但是它同时运用了大量不同的技术,使得其视频编码性能远远优于其他任何标准。H.264 标准采用了与已经制定的视频编码标准相类似的一些编解码方法。

1. 基本技术

(1)利用空间域相关性

将每个视频利用图像空间域的相关性,对图像分块进行变换、量化和熵编码,消除图像的空间冗余,增加了帧内预测,提高压缩率。

(2)利用时域相关性

时域上的相关性存在于那些连续图像的块之间,这就使得在编码的时候只需编码那些差值即可。一般是通过运动估值和运动补偿来利用时域相关性。对于一个像素块来说,在已经编好码的前一帧或前几帧图像中搜索其相关像素块,从而获得其运动矢量,而该运动矢量就在编码端和解码端被用来预测当前的像素块。当采用帧间编码时,对帧间图像采用运动估计和补偿的方法，只对图像序列中的变化部分变换编码，从而去除时间冗余。图像分成16×16子图像块，以子图像块作为编码单元进行运动估计。

2. 与其他编码方法不同之处

① 采用4×4像素块的整数DCT变换，反变换过程中没有匹配错误的问题。

② 运动补偿块的大小采用可变形式，H.264采用了不同大小和形状的宏块分割与亚分割的方法。一个宏块的16×16亮度值可以按照16×16、16×8、8×16或8×8进行分割，运动补偿块的大小采用可变形式，可以从16×16、16×8、8×16、8×8、8×4、4×8、4×4中选择，采用这样的方式比只用16×16方式提高15%的编码效率。

③ 运动矢量的精度可以达到1/4像素或1/8像素，与整数精度的空间预测相比，可以提高20%的编码效率。

④ 采用多参考帧进行预测，比单参考帧的方法节省10%的传输码率，并且有利于码流的错误恢复。

⑤ 为了消除块效应，采用基于4×4的边界去块滤波器，从而提高了图像主观质量。

⑥ 采用VLC或基于上下文的Context-Based Adaptive Binary Arithmetic Coding编码算法，后者可以提高大约10%的编码效率。

⑦ 场编码模式：在H.264中，对于一帧图像，可以按照帧的模式，也可以按照场的模式进行编码。把一帧图像分成两场图像，其中的一场采用帧内编码，而另一场则利用前一场的信息进行运动补偿编码，这样就能够提高压缩效率，尤其是在存在剧烈水平方向运动的场景下压缩效率更高。在一些特殊的情况下，图像的一部分适合采用帧模式编码，而另一部分适合采用场模式编码，因此，H.264支持在宏块级自适应的场帧模式转换。

3. H.264标准主要内容

（1）算法的分层结构

H.264编码算法总体上分为两层：视频编码层（Video Coding Layer，VCL），完成对视频内容的有效描述；网络适配层（Network Abstraction Layer，NAL），完成在不同网络上视频数据的打包传输。根据传输通道或存储介质的特性对VCL输出进行适配。其中，VCL与H.263算法一样，都是采用基于块的编码算法，差别在于VCL的编码算法更加灵活，而且加入了新的编码方法来提高编码效率。VCL编码处理的输出是VCL数据（用码流序列表示编码的视频数据），VCL在传输或存储之前先映射到NAL单元，每个NAL单元包含原字节序列，接着一组数据对应得编码视频数据或NAL头信息。用NAL单元序列来表示编码视频序列，并将NAL单元传输到基于分组交换的网络或码流传输链路或存储到文件中。H.264定义VCL和NAL的目的是为了适配特定的视频编码特性和特殊的传输特性。这种双层结构扩展了H.264的应用范围，它几乎涵盖了目前大部分的视频业务，如有线电视、数字电视、视频会议、视频电话、交互媒体、视频点播、流媒体业务等。H.264的双层结构框架如图8.15所示。

（2）VCL数据组织

H.264既支持逐行扫描的视频序列，也支持隔行扫描的视频序列，取样率定为4：2：0。VCL仍然采用分层结构，视频流由图像帧组成，一个图像帧既可以是一场图像，对应隔行扫描，或一帧图像，对应逐行扫描。图像帧由一个或多个片组成，片由一个或多个宏块组成，一个宏块由4个8×8（或16×16）亮度块、2个8×8色度块（U、V）组成。与H.263等标准不同的是，H.264并没有给出每个片包含多少宏块的规定，因此每个片所包含的宏块数目是不固定的。片是最小的独立编码单元，这有助于防止编码数据的错误扩散。每个宏块可以进一步划分为更小的子宏块。宏块是独立的编码单位,而片在解码端可以被独立解码。

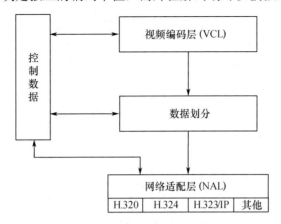

图 8.15　H.264 整体框架

H.264 给出了两种产生片的方式,当不使用灵活宏块顺序(FMO)时,按照光栅扫描顺序,即从左至右、从上至下的顺序,把一系列的宏块组成片;使用 FMO 时,根据宏块到片的映射图,把所有的宏块分到多个片组(Slice Group),每个片组内按照光栅扫描顺序把该片组内的宏块分成一个或多个片。FMO 可以有效地提高视频传输的抗误码性能。

根据编码方式和作用的不同,H.264 定义了以下的片类型。

I 片:I 片内的所有宏块均使用帧内编码。

P 片:除了可以采用帧内编码外,P 片中的宏块还可以采用预测编码,但是只能采用一个前向运动矢量。

B 片:除了可以采用 P 片的所有编码方式外,B 片的宏块还可以采用具有两个运动矢量的双向预测编码。

SP 片:切换的 P 片。目的是在不引起类似插入 I 片所带来的码流开销的情况下,实现码流间的切换。SP 片采用了运动补偿技术,适用于同一内容不同质量的视频码流之间的切换。

SI 片:切换的 I 片。SI 片采用了帧内预测技术代替 SP 片的运动补偿技术,用于同内容的视频码流间的切换。

4．档次

H.264 标准分为基本档次、主要档次和扩展档次,以适用于不同的应用。基本档次支持包含 I 片和 P 片的编码序列,应用在视频电话、视频会议和无线视频通信等。主要档次除支持基本档次的功能外,还支持 B 片、交替视频和基于算数编码的熵编码方法以及加权预测。主要应用是广播媒体,例如数字电视、存储数字视频等。扩展档次主要用于网络视频流媒体的应用。

5．编解码器结构

H.264 的编解码器框图如图 8.16 所示,除了去块滤波器和帧内预测外,大部分的功能模块和 H.263 相同。不同之处在每个功能模块的实现上。

(1)编码器

编码器以宏块为单位来处理输入帧图像或场图像,并且以帧内或帧间方式对每个宏块进行编码。在编码器中,反量化、反变换得到的差值与预测块相加得到重构解码宏块,经过滤波以后减小块失真的影响,从而产生重构预测的参考图像。

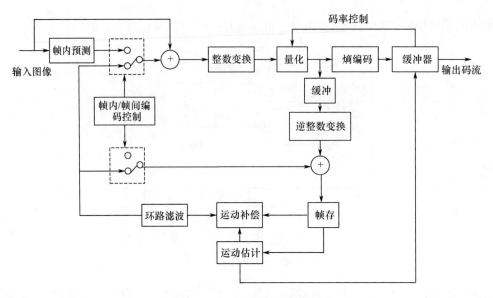

图 8.16　H.264 编解码器框图

（2）解码器

在解码器中，来自 NAL 的视频码流经过重排序、熵解码、反量化和反变换后得到差值块，预测块与差值块相加，经过滤波得到每个解码宏块，形成解码图像。

（3）去块效应滤波器

为了消除因编码方式不同等原因而可能产生的块效应，H.264 定义了一个对 16×16 宏块和 4×4 块的边界进行去方块效应滤波的环路滤波器，在重建图像之前使用。一方面，环路滤波器平滑块边界，在压缩倍数较高时可以获得较好的主观质量；另一方面，环路滤波器还可以有效地减小帧间的预测误差。是否选择启用环路滤波器，可根据相邻宏块边缘样点的差值来确定。若差值较大，则认为产生了方块效应，启动环路滤波器进行滤波；若差值很大，则认为差值是由图像本身内容所产生的，不应滤波。

习　题　8

8.1　变长编码为什么能减少表达信息的比特数？

8.2　哈夫曼编码是有损编码还是无损编码？假设数字图像有 4 种灰度 S_1, S_2, S_3, S_4，其中 $p(S_1) = \dfrac{1}{8}$，$p(S_2) = \dfrac{5}{8}$，$p(S_3) = \dfrac{1}{8}$，$p(S_4) = \dfrac{1}{8}$，试采用哈夫曼编码。

8.3　简述数字图像压缩的必要性和可能性。

8.4　图像编码有哪些国际标准？其基本应用对象是什么？

8.5　简述 H.261 的 CIF 和 QCIF 含义。

8.6　简述 H.261 中 I、B、P 帧的含义。

8.7　简述 H.261 的数据流安排。

8.8　简述 H.264 编码的特点。

8.9　JPEG 编码实现了图像压缩的哪些关键技术？

8.10　MPEG 编码实现了图像压缩的哪些关键技术？

第9章 图 像 融 合

图像融合是信息融合领域以图像为对象的融合，是对两个或两个以上的传感器在同一时间或不同时间获取的关于某个具体场景的图像或图像序列信息进行综合并生成新的有关此场景解释的信息处理过程。

本章阐述图像融合的基本概念、层次及不同层之间的差异；图像融合的基本过程和方法与融合效果的评价指标。

9.1 图像融合的基本概念

9.1.1 图像融合

图像融合（Image Fusion）是信息融合的一个分支，是多传感探测系统的产物。通常认为图像融合是信息融合领域以图像为对象的融合，是对两个或两个以上的传感器在同一时间或不同时间获取的关于某个具体场景的图像或图像序列信息进行综合并生成新的有关此场景解释的信息处理过程。图像融合的优点主要有改善图像质量、提高几何配准精度或信噪比、生成三维立体效果、实现实时或准实时动态观测、克服目标提取与识别中图像数据的不完整性、扩大传感的时空范围等。多源图像融合在计算机视觉、遥感探测、机器人、医学图像处理中已经用得很普遍。例如，融合红外图像和可见光图像能够更好地为飞行员进行导航；融合 CT（Computed Tomography，计算机断层扫描）和 MRI（Magnetic Resonance Imaging，核磁共振成像）图像能够提高对疾病的诊断水平。

图像融合可分为像素级融合、特征级融合和决策级融合。像素级融合是按照某些融合规则，逐像素或逐区域地选择或合并原图像的信息，形成一幅融合图像，是信息融合的最低层次。特征级融合是利用原图像中提取出的某些特征如形状特征、运动特征等进行合并，是中间层次的信息融合。决策级融合是通过合并对原图像的初步判决和决策形成最终的联合判决，是最高层次的信息融合。目前，图像融合研究的重点是像素级融合，原因是这种融合能够保持尽可能多的原始数据，提供其他融合层次所不能提供的细微信息。像素级融合一般分为空间域和变换域。在空间域，按照某些规则直接对像素或区域进行线性或非线性合并，主要采用亮度-色度-饱和度变换法、加权平均法、主成分分析法、独立成分分析法等。在变换域中，常用的是多尺度变换技术，如金字塔变换、离散小波变换（Discrete Wavelet Transform，DWT）、双树复小波变换（Dual-Tree Complex Wavelet Transform，DTCWT）、非下采样轮廓波变换（NonSubsampled Contourlet Transform，NSCT）、脊波变换（Ridgelet Transform，RT）、支持度变换（Support Value Transform，SVT）等。虽然不同多尺度变换方法各有其特点，但所有多尺度变换融合一般都按如下步骤进行：

① 把原图像分解成一系列不同尺度的高频和低频成分；

② 依据特定的融合规则分别合并高频和低频系数，常用的融合规则是高频灰度值取大、低频加权平均；

③ 对合并后的高低频系数进行逆变换，形成融合图像。

9.1.2 图像融合基本过程

1. 像素级图像融合

像素级图像融合首先需要对原图像进行严格的配准,然后再依据既定的融合规则进行逐像素或区域的合并,如灰度值取大、加权平均等。通常人们希望融合结果具有更丰富的信息,更容易提取角点、边缘等特征或者更适合人的视觉特性。总之,融合结果应该比原图像更易于决策和解释。具体处理过程如图9.1所示。像素级融合的优点是可以尽可能多地保持原始信息,提供其他融合层次所不能提供的细微信息;缺点是处理的数据量大、时间长、实时性差,而且由于探测数据本身存在不确定性、不完全性和不稳定性,所以要求融合过程具有较高的降噪和纠错能力,对设备有较高的要求。

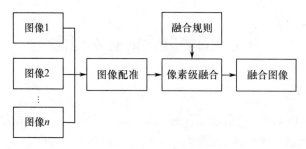

图 9.1 像素级图像融合基本过程

像素级图像融合方法通常可分为基于空间域的图像融合和基于变换域的图像融合两大类。基于空间域的图像融合是指直接在图像像素灰度空间上融合的方法,早期的图像融合大都采用该方法;当前的研究热点是基于变换域的图像融合。在许多情况下,两种方法相结合才能得到好的融合效果。常见的图像融合方法、融合策略与差异特征之间的对应关系如表9.1所示。

表 9.1 像素级图像融合方法与图像差异特征及融合策略之间的对应关系

融合方法分类	融合单元	算法处理对象	融合策略	常用差异特征判断指标
基于空间域的图像融合方法	像素点	单个像素点的灰度值	加权平均	灰度值
		用区域运算值替代单点像素值		标准差、能量、梯度
	分块	像素	取大、加权平均	
基于变换域的图像融合方法	像素点	单个像素点的灰度值	加权平均	灰度值
	窗口	用窗口运算值替代单点像素值	取大、加权平均	标准差、能量、梯度
	区域	用区域运算值替代单点像素值		

2. 特征级图像融合

特征级图像融合属于中间层次的融合。通常是在对预处理后的图像信息进行特征提取的基础上,再提取诸如边缘、形状、纹理、角点和区域等特征信息,然后进行综合分析和处理。这里的预处理通常包括图像增强、图像复原和图像配准等,当然,如果原图像质量足够好的话,也可以省去预处理步骤。但一般要求所提取的特征信息应当是图像信息的充分表示量和充分统计量。然后,再依据融合规则对特征信息进行合并。利用合并后的特征信息可以对图像数据进行分类、汇聚和综合,最终服务于决策和解释。处理过程如图9.2所示。特征级融合的优点是既保留了足够多的图像原始信息,又压缩了数据量,因此有利于实时处理。

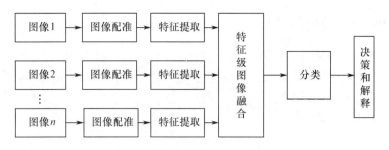

图9.2 特征级图像融合基本过程

3．决策级图像融合

决策级融合是最高层次的融合。首先需要对原图像进行预处理、特征提取、识别或判决，以得出检测目标的初步结论，然后进行关联处理、决策层融合判决，最后获得联合推断结果，处理过程如图9.3所示。决策级融合是直接针对具体决策目标的，其处理除具有实时性好的优点外，还可以在少数传感器失效时仍能给出最终决策，且这种联合决策比任何单传感器决策更精确、更明确，融合系统具有很高的灵活性，对信息传输的带宽要求低。

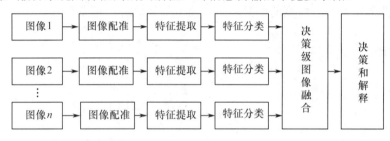

图9.3 决策级图像融合基本过程

9.1.3 图像融合层次的差异比较

对一般的融合过程，随着融合层次的提高，要求数据的抽象性越高，对传感器的同质性要求越低，对数据表示形式的统一性越高，数据转换量越大，同时系统的容错性增强；随着融合层次的降低，融合所保持的细节信息越多，但融合处理的数据量越大，对融合使用的各个数据间的配准精度要求越高，并且融合方法对数据源及其特点的依赖性越大，容错性越低。如表9.2所示是各层次融合性能的比较。

表9.2 图像融合各层次性能比较

特性/融合层次	像素级	特征级	决策级
信息量	大	中	小
信息损失	小	中	大
预处理工作量	小	中	大
容错性	差	中	好
对传感器的依赖性	大	中	小
抗干扰性	差	中	好
分类性能	好	中	差
融合方法的难易	难	中	易
系统开放性	差	中	好

9.1.4 图像融合效果的评价

对图像融合效果的评价目前尚缺乏公认的标准。因为同一融合算法，不仅对不同类型的图像融合效果不同，即使对同一融合结果，由于观察者感兴趣的部分不同，所以也会得出不同的评价效果。下面介绍几种常见的图像融合效果的评价方法。

1. 利用信息量进行评价

（1）熵

熵是衡量信息大小的重要指标，在图像处理领域用以衡量图像信息的丰富程度。融合图像的熵越大，说明融合图像的信息量越多。不失一般性，设图像 p 的各像素的灰度值是相互独立的样本，则其灰度分布可描述为 $p=\{p_1,p_2,\cdots,p_i,\cdots,p_n\}$。其中，$p_i$ 为灰度值等于 i 的像素个数与图像总像素数之比，n 为灰度级总数。于是图像熵定义为

$$H(p) = -\sum_{i=1}^{n} p_i \log_2 p_i \tag{9.1}$$

（2）交叉熵

为了比较两幅图像对应像素的差异，引入交叉熵的概念，定义为

单一交叉熵
$$H(p,r) = \sum_{i=1}^{n} p_i \log_2 \frac{p_i}{r_i} \tag{9.2}$$

总体均方根交叉熵
$$H_\alpha(p,q,r) = \sqrt{\frac{H^2(p,r)+H^2(q,r)}{2}} \tag{9.3}$$

总体算术平均交叉熵
$$H_\beta(p,q,r) = \frac{H(p,r)+H(q,r)}{2} \tag{9.4}$$

总体几何平均交叉熵
$$H_\chi(p,q,r) = \sqrt{H(p,r) \times H(q,r)} \tag{9.5}$$

总体调和平均交叉熵
$$H_\delta(p,q,r) = \frac{2}{\frac{1}{H(p,r)}+\frac{1}{H(q,r)}} \tag{9.6}$$

式中，p_i, q_i 为原图像的灰度分布；r_i 为融合图像的灰度分布；$H(p,r)$、$H(q,r)$ 分别为原图像与融合图像的交叉熵。这里应用了平方平均、算术平均、几何平均、调和平均，使多幅图像与标准图像熵的比较有一个统一表示的量。

（3）相关熵

相关熵，也称为互信息，是信息论中的一个重要概念，是两个变量之间相关性的量度，或一个变量包含另一个变量的信息量的量度。图像的相关熵可以衡量融合图像与原图像的相关程度，值越大说明融合效果越好，其定义为

$$\mathrm{MI}(p,q,r) = \sum_{i=1}^{n}\sum_{j=1}^{n}\sum_{k=1}^{n} p_{pqr}(i,j,k) \log_2 \frac{p_{pqr}(i,j,k)}{p_{pq}(i,j)r(k)} \tag{9.7}$$

式中，$p_{pqr}(i,j,k)$、$p_{pq}(i,j)$ 分别为融合图像与原图像之间、两幅原图像之间的联合灰度分布；$r(k)$ 为融合图像的灰度分布。

（4）偏差熵

交叉熵和相关熵虽然可以衡量融合图像的效果，但是概率分布值为 0 时将无法计算，为此可修正为偏差熵，用以反映两幅图像像素偏差的程度。单一偏差熵的定义为

$$H_c(p,r) = -\sum_{i=1}^{n} p_i \log_2[1-(p_i-r_i)^2] \tag{9.8}$$

在式(9.8)基础上，总体方均根偏差熵、总体算术平均偏差熵和总体几何平均偏差熵可分别定义为

$$H_{c\alpha} = \sqrt{\frac{H_c^2(p,r) + H_c^2(q,r)}{2}} \tag{9.9}$$

$$H_{c\beta} = \frac{H_c(p,r) + H_c(q,r)}{2} \tag{9.10}$$

$$H_{c\chi} = \sqrt{H_c(p,r) \times H_c(q,r)} \tag{9.11}$$

式中，$H_c(p,r)$、$H_c(q,r)$ 为融合图像分别与两幅原图像的偏差熵。偏差熵越小，说明融合图像和标准参考图像之间的熵差越小，效果越好。

（5）联合熵

联合熵用以描述 3 幅图像之间相关性。融合图像与原图像的联合熵越大，说明融合效果越好，其定义为

$$H(p,q,r) = -\sum_{i=1}^{n} \log_2(p_i \times q_i \times r_i) \tag{9.12}$$

（6）局部粗糙度

设大小为 $k \times k$ 的窗口结构元素为 B，则局部粗糙度可表示为

$$R_{\text{loc}}(i,j) = 1 - \frac{1}{1 + \sigma_B^2(i,j)} \tag{9.13}$$

式中，σ_B 为图像的局部方差。局部粗糙度值越大，融合图像所包括的信息量越多。

2．利用统计特性进行评价

（1）灰度均值

灰度均值可以反映图像整体的亮暗程度，其值越大图像的视觉效果越亮。均值的计算可表示为

$$\mu = \frac{1}{M \times N} \sum_{i=1}^{M} \sum_{j=1}^{N} P(i,j) \tag{9.14}$$

式中，M、N 分别为图像 P 的行、列。

（2）标准偏差

标准偏差反映了像素灰度值相对于灰度均值的离散情况，其值越大，说明图像的灰度级分布越分散，那么，融合图像的细节信息越丰富。标准偏差表示为

$$\sigma = \sqrt{\frac{\sum_{i=1}^{M}\sum_{j=1}^{N}(P(i,j)-\mu)^2}{M \times N}} \tag{9.15}$$

如果标准偏差小于 2，则常用对数标准偏差进行放大。对数标准偏差表示为

$$\sigma_1 = -\log_2 \sqrt{\frac{\sum_{i=1}^{M}\sum_{j=1}^{N}(P(i,j)-\mu)^2}{M \times N}} \tag{9.16}$$

（3）偏差度

偏差度用来反映融合图像 P 与原图像 R 在光谱信息上的匹配程度。如果偏差度较小，则说明融合后的图像较好地保留了原图像的光谱信息，可分别表示为

绝对偏差度
$$D_A = \frac{1}{MN} \sum_{i=1}^{M} \sum_{j=1}^{N} |P(i,j) - R(i,j)| \tag{9.17}$$

相对偏差度
$$D_C = \frac{1}{MN} \sum_{i=1}^{M} \sum_{j=1}^{N} \frac{|P(i,j) - R(i,j)|}{R(i,j)} \tag{9.18}$$

（4）均方差

均方差越小说明融合图像与理想图像越接近，融合图像与标准参考图像的均方差为

$$\text{MSE} = \frac{\sum_{i=1}^{M}\sum_{j=1}^{N}(R(i,j)-P(i,j))^2}{\sum_{i=1}^{M}\sum_{j=1}^{N}P^2(i,j)} \tag{9.19}$$

（5）平均等效视数

平均等效视数可以用来衡量噪声的抑制效果、边缘的清晰度和图像的保持性，表示为

$$\text{ENL} = \frac{\mu}{\text{MSE}} \tag{9.20}$$

式中，μ 为均值，MSE 为均方差。

（6）协方差

融合图像 P 和标准参考图像 R 的协方差越大，说明两幅图像越相近，融合效果越好。公式为

$$\text{Cov}(R,P) = \frac{1}{MN}\sum_{i=1}^{M}\sum_{j=1}^{N}(R(i,j)-\mu_R)(P(i,j)-\mu_P) \tag{9.21}$$

式中，μ_R、μ_P 分别为融合图像和标准参考图像的均值。

（7）通用图像质量指数

通用图像质量指数用于评价融合图像与理想参考图像的结构失真程度，其理想值为 1，越接近于 1 说明图像融合质量越好。计算方法为

$$\text{UIQI} = \frac{\sigma_{PR}}{\sigma_P \sigma_R} \times \frac{2\mu_P \mu_R}{\mu_P^2 + \mu_R^2} \times \frac{2\sigma_P \sigma_R}{\sigma_P^2 + \sigma_R^2} \tag{9.22}$$

式中，σ_{PR} 表示 $P(i,j)$ 和 $R(i,j)$ 的协方差；μ_P, μ_R 分别表示 $P(i,j)$ 和 $R(i,j)$ 的标准差。

3．利用信噪比进行评价

如果把融合图像与标准参考图像的差异看作噪声，那么，融合图像去噪的效果表现在信息量是否得到了提高、噪声是否被抑制、边缘信息是否得到保留等。所以，信噪比可以评价图像的融合效果。

（1）信噪比

$$\text{SNR} = 10\lg \frac{\sum_{i=1}^{M}\sum_{j=1}^{N}(P(i,j))^2}{\sum_{i=1}^{M}\sum_{j=1}^{N}(R(i,j)-P(i,j))^2} \tag{9.23}$$

（2）峰值信噪比

$$\mathrm{PSNR} = 10\lg\left(\frac{M \times N \times (\max(P))^2}{\sum_{i=1}^{M}\sum_{j=1}^{N}(R(i,j) - P(i,j))^2}\right) \tag{9.24}$$

当图像的灰度级为 255 时，$\max(P) = 255$。信噪比和峰值信噪比越高，说明融合效果和质量越好。

（3）斑点噪声抑制衡量参数

$$\alpha = \left(\frac{\mu}{\sigma}\right)^2 \tag{9.25}$$

式中，μ 为灰度均值，σ 为标准偏差。

（4）边缘保持衡量参数

$$\mathrm{ESI} = \frac{\sum_{i=1}^{m}\left|\mathrm{DN}_{R_1} - \mathrm{DN}_{R_2}\right|}{\sum_{i=1}^{m}\left|\mathrm{DN}_{P_1} - \mathrm{DN}_{P_2}\right|} \tag{9.26}$$

式中，m 为检验样本的个数；DN_{R_1}、DN_{R_2}、DN_{P_1} 和 DN_{P_2} 分别为融合前和融合后的边缘交界处附近（上下或左右）相邻像素的值。

4．利用梯度值进行评价

（1）平均梯度

平均梯度可以反映图像的清晰程度，其值越大图像的清晰程度越高。所以，融合图像的平均梯度可以表示为

$$\nabla \overline{G} = \frac{1}{MN}\sum_{i=1}^{M}\sum_{j=1}^{N}\sqrt{[\Delta P_x(i,j)]^2 + [\Delta P_y(i,j)]^2} \tag{9.27}$$

式中，$\Delta[P_x(i,j)]$，$\Delta[P_y(i,j)]$ 分别为 $P(i,j)$ 沿 x 和 y 方向的差分。

（2）空间频率

空间频率用以衡量一幅图像在空间域的总体活跃程度，分别表示为

空间行频率
$$\mathrm{RF} = \sqrt{\frac{1}{MN}\sum_{i=1}^{M}\sum_{j=2}^{N}(P(i,j+1) - P(i,j))^2} \tag{9.28}$$

空间列频率
$$\mathrm{CF} = \sqrt{\frac{1}{MN}\sum_{j=1}^{N}\sum_{i=2}^{M}(P(i+1,j) - P(i,j))^2} \tag{9.29}$$

空间频率
$$\mathrm{SF} = \sqrt{\mathrm{RF}^2 + \mathrm{CF}^2} \tag{9.30}$$

5．利用光谱信息进行评价

前述指标都是从图像的空间分辨率方面考虑的，利用图像光谱分辨率也可以评价融合图像的质量。比如对小波分解后的图像在水平、垂直、对角 3 个方向的空间分辨率的综合评价，可以表示为

$$I_s = \frac{\rho(\boldsymbol{P}^h, \boldsymbol{Q}^h) + \rho(\boldsymbol{P}^v, \boldsymbol{Q}^v) + \rho(\boldsymbol{P}^d, \boldsymbol{Q}^d)}{3} \tag{9.31}$$

式中，$\rho(x,y)$ 表示 x、y 的相关系数，上标 h、v、d 分别表示水平、垂直、对角 3 个方向，P^h、P^v、P^d、Q^h、Q^v、Q^d 分别为原图像经小波分解后的系数矩阵。

6．利用对比度进行评价

边缘结构形状是人眼识别目标的主要依据之一，而区域与区域之间的灰度差异所产生的对比度越大，目标的边缘就越强，所以，可以通过对比度来说明图像融合的结果。图像对比度通常定义为

$$c = \frac{\sigma}{\sqrt[4]{K}} \tag{9.32}$$

式中，σ 和 K 分别表示融合图像的标准差和峰度。K 的定义为

$$K = \frac{1}{\sigma^4} \sum (I_D - \mu) P(I_D) \tag{9.33}$$

式中，I_D 为像素的灰度值，μ 是图像的灰度均值，$P(I_D)$ 是出现 I_D 的概率。

7．主观评价

图像融合质量可应用客观指标进行评价，但是多数情况下，图像还是主要用于人眼观察，所以，对融合图像进行定性描述也是必不可少的。尤其是对一些明显的图像信息进行评价时，可以利用人眼主观目测进行评价。如判断融合图像是否有重影、色彩是否一致、整体亮度情况、色彩反差是否合适、是否存在蒙雾或马赛克现象；判断融合图像的清晰度是否降低了、边缘是否清楚；判断融合图像的纹理及色彩信息是不是丰富，光谱与空间信息是否产生丢失等。

众所周知，主观评价存在个体差异，所以需要用多人观察结果的统计值来描述。国际上利用里克特五级量表制定了质量尺度和妨碍尺度，如表 9.3 所示。通常对一般人多采用质量尺度，对专业人员多采用妨碍尺度。需要指明的是，主客观评价并不一定总具有一致性。

表9.3 图像主观评价尺度评分表

分数	质量尺度	妨碍尺度
5	非常好	丝毫看不出图像质量变坏
4	好	图像质量变坏，不妨碍观看
3	一般	图像质量变坏，观看稍有妨碍
2	差	对观看有妨碍
1	非常差	非常严重地妨碍

8．图像融合效果评价方法的选取

图像融合研究虽然发展很快，但迄今为止对图像融合结果尚无标准通用的评价方法。实践当中多采用主观评价与客观评价相结合的方法，其中客观评价主要根据图像融合目的来选择评价指标。下面介绍几种常见的融合目的及其评价方法。

（1）提高信息量

图像融合最主要的目的就是综合不同原图像的差异和互补信息，所以，可采用基于信息熵的系列评价方法。如果存在标准参考图像的话，还可以用偏差熵、交叉熵、通用图像质量指数等指标进行评价。为了增强说服力，常常需要多个指标进行验证，如同时采用熵、粗糙度、标准差等说明信息量的增加，当然这种增加需要与原图像或其他方法的融合结果比较才能说明。

（2）提高边缘强度

由于目标的边缘是图像分割和识别目标的重要依据，所以，提高图像的边缘强度是图像融

合的另一个常见目的，但是这种提高不能牺牲信息量。为此，往往需要在提高信息量的基础上增加基于梯度和对比度等的评价指标。有时也可以用融合图像的分割结果和目标识别率等作为辅助指标进行评价。

（3）提高分辨率

提高分辨率是图像融合的又一个目的。如遥感等图像的分辨率不够高时，可以与用其他传感图像，如光学图像、合成孔径图像等融合来提高分辨率。这种情况下，采用基于统计特性及光谱信息的评价方法是比较适宜的。

需要特别指出的是，图像质量评价作为一个相对独立的研究方向发展很快，本书仅介绍了其中一些常用的指标。这些客观指标往往会有一些变化，如由"信息熵"而演化出的系列其他"熵"。有时候依据不同指标评价同一图像并不能得出一致的结论，这也是图像评价研究具有挑战性的地方。

9.1.5 图像融合的应用

1. 多聚焦图像处理

由于场景中不同目标与传感器的距离并不总是相同，所以，当光学传感器，如数码相机成像时，有的目标清晰，也有的目标并不清晰。这时，通过对不同目标分别聚焦成像，得到目标各自清晰的多幅图像，再提取每幅图像中清晰的目标信息并综合成一幅新的图像，则可以得到全部目标清晰的融合图像。如图 9.4 所示为多聚焦图像融合，图(a)是前景聚焦图像、图(b)是背景聚焦图像，图(c)是二者的融合结果。可以看出：经过融合处理以后，图像的前景和背景都清楚了。这种融合通常被称之为多聚焦图像融合，利用该技术能够有效提高图像信息的利用率、增强对目标探测识别的可靠性。

(a) 前景聚焦图像　　　　　(b) 背景聚焦图像　　　　　(c) 融合图像

图9.4　多聚焦图像融合结果

2. 医疗诊断

CT 图像具有很高的分辨率，如图 9.5(a)所示，骨骼很清晰，可以为病灶定位提供较为准确的参照，但对病灶本身的显示较差。而 MRI 图像在空间分辨率方面不如 CT 图像高，但软组织成像效果清晰，如图 9.5(b)所示，因此 MRI 图像虽然利于确定病灶，但缺乏刚性的骨骼定位参照。这说明不同模态的医学图像各具特点，把二者融合于一幅图像，可以充分利用它们的互补性，更有助于医学诊断、人体功能和结构的研究，如图 9.5(c)所示为简单加权平均的结果。实际上，CT 图像和 MRI 图像的融合已广泛用于颅脑放射治疗、颅脑手术等临床诊疗中。

3. 军事应用

多传感器探测在军事领域已普遍采用，融合是多传感器探测的必要功能之一。据报道在 NASA F/A-18 上安装的非实时彩色传感器融合系统，通过融合电荷耦合器件图像和长波红外

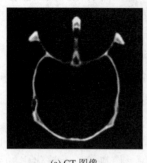 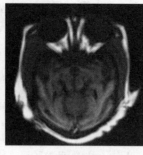 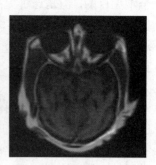

(a) CT 图像　　　　　　　(b) MRI 图像　　　　　　　(c) 融合图像

图 9.5　医学图像融合结果

图像，使得系统的目标检测能力大为提高。类似的还有美国 Lawrence Livermore 国家实验室开发的基于多传感器图像融合的地雷检测系统。

4．安全监测

安全监测是世界各国反恐防暴的重要手段之一。目前使用的检查手段有热红外成像、毫米波成像、X 射线成像和可见光成像等。例如，红外图像中能够清晰地看见隐匿的热目标，如枪支等，与此同时，从可见光图像中可以辨别人的轮廓和外貌，融合二者可以很容易地看出枪支隐匿在哪个人体的哪一个部位。如图 9.6 所示，虚线框中为隐匿的武器。

除此之外，图像融合还广泛应用于产品质量和缺陷的检测、智能机器人和复杂工业过程的检测与控制、电力线路巡检等领域。

(a) 可见光图像　　　　　　(b) 红外图像　　　　　　(c) 融合图像

图 9.6　藏匿于衣服内武器的图像

9.2　可见光与红外图像的融合

可见光成像器是通过接收景物的反射光来成像的，因而，可见光图像的分辨率较好，目标的边缘纹理通常较为清晰，但是，在恶劣的气候条件下，穿透大气的能力较差，而且夜间由于光线微弱，所以成像能力也较差；红外成像器通过接收场景的红外辐射来成像，穿透云雾的能力相当强，所以，可以全天候成像。因此，可见光图像能够提供场景细节和表面信息及颜色特征，但对景物表面下面伪装的高温目标无法显示；红外图像可以将场景内的高温目标显示出来，但景物边缘模糊、表面细节不够清楚。若将同一场景经过配准的可见光图像和红外图像融合，可以利用二者的互补性，得到对景物更全面、清晰的描述。

可见光图像和红外图像融合的方法很多，这里仅讲述简单常用的加权平均法。加权平均法主要是运用代数运算和线性运算来处理图像，它是早期的图像融合方法。其基本原理是不对原图像进行任何的图像变换或分解,而是直接对各原图像中的对应像素进行选择,选取最大值或最小值、平均或加权平均等简单处理后输出融合图像。具备多帧累加功能的 CCD 其实运用的就是代数法图像融合,以提高信噪比。加权平均法的数学表示为

$$G_F = \sum_{k=1}^{K} A_k G_k \tag{9.34}$$

$$\sum_{k=1}^{K} A_k = 1 \tag{9.35}$$

式中,A_k 是加权系数;K 代表输入图像数。

显然,权值的选择对结果影响很大。可以利用主成分分析法(Principal Component Analysis,PCA)分解计算加权系数,也可以基于局部区域对比度选择权值。由于人眼对图像对比度非常敏感,所以,往往从两幅原图像中选择对比度最大的那些像素点作为融合图像的像素点。需要说明的是,基于对比度的权值选择技术对噪声非常敏感,这是因为图像中的噪声有很高的对比度,这样合成的图像将包含较强的噪声。

如图 9.7 和图 9.8 所示为两组可见光与红外图像融合的示例。如图 9.7 所示,可见光图像(a)中的车灯、路灯都清楚醒目,广场细节也可辨认,但屋顶、行人都被夜幕淹没;但红外图像(b)中,房顶、汽车、行人、地灯和射灯等清楚明了,甚至远处的烟囱和山包也能够辨认。通过加权平均,融合图像(c)则将人、汽车、屋顶、广场、烟囱等信息综合在一起。

(a) 可见光图像　　　　　　(b) 红外图像　　　　　　(c) 融合图像

图 9.7　可见光与红外图像融合结果

如图 9.8 所示,可见光图像(a)中地上的砖缝、树冠纹理、门框、门顶灯等都清晰可见,但图像中间部位的人与树冠很难区分;红外图像(b)中,路面、墙面、树冠等低温目标细节均不清楚,而人、左上角的烟囱等高温目标都十分清楚。通过 PCA 算法融合,融合图像(c)就可看到较为清晰的人、烟囱、树冠,甚至砖缝等都可以分辨。

(a) 可见光图像　　　　　　(b) 红外图像　　　　　　(c) 融合图像

图 9.8　可见光与红外图像融合结果

通过上面两个例子可以看出：加权平均和 PCA 简单直观，适合实时处理，可以有效地综合两幅原图像的差异信息，但在综合信息的同时，往往也会降低原图像所拥有的对比度、纹理清晰程度等。如图 9.7(c)所示，交通隔离栏等的清晰程度不如图 9.7(a)、人物的清晰程度不如图 9.7(b)；图 9.8(c)的人物不如图 9.8(b)亮，树冠纹理不如图 9.8(a)清楚等。不仅如此，多幅图像简单叠加还会使融合图像的信噪比降低。尤其是当融合图像的灰度差异较大时，甚至会出现明显的阶梯效应，造成失真。因此，目前在图像融合研究当中很少单一地采用加权平均和 PCA 融合方法。

9.3 红外多波段图像的融合

9.3.1 双色中波红外图像融合

1. 红外中波细分波段图像特征比较分析

按照大气窗口划分的红外中波段（Mid-Wave Infrared，MWIR）一般为 3～5μm，存在一个吸收带，其中，在 4.3μm 左右存在一个吸收带，所以说在中波段 4.3μm 左右的辐射贡献很小，如图 9.9 所示。由于窄带成像效果更好，所以，在高性能探测系统中往往把中波段进一步划分成两个细分波段，如 3.4～4.1μm、4.5～5.3μm，为论述方便，前者称为"中波第一细分波段（MWIR1）"，后者称为"中波第二细分波段（MWIR2）"。

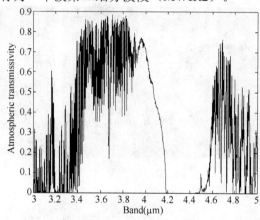

图9.9 中波段大气透过率曲线

两个中波细分波段成像在以下几个方面存在差异。

（1）同一目标在两个细分中波段的辐射出射度不同

根据普朗克定律，辐射出射度与波长有关，相同温度下，不同波长对应的辐射出射度不同。

（2）两个细分中波段的峰值波长对应的温度范围不同

根据维恩位移定律，以 3.0～4.0μm（MWIR1）和 4.0～5.0μm（MWIR2）为例，MWIR1 和 MWIR2 对应的黑体温度范围分别为 966.3K～724.8K 和 724.8K～579.8K，最高最低温度分别相差 241.5K 和 145.0K，前者范围宽，后者范围较窄。

（3）不同目标在两个细分中波段的辐射出射度也不同

不同材料的光谱发射率不同，在相同温度和同一波长下，其辐射出射度是不同的。

从两个中波细分波段的特点可以得出，将中波段划分为更细的波段，不仅可以使成像波段更加精细，而且可以利用各个细分波段的特点获得更好的成像效果。例如，在第一细分波段，利用太阳的照射,可以使一些自身中波辐射不太强的物体通过反射太阳辐射使其表面图像更清晰一些;在第二细分波段,透过率低,可以通过调整成像仪的工作动态范围,将这一波段的信号单独放大,更利于探测自身辐射物体的图像,如此之后,再通过图像融合技术获取比没有细分的中波段成像效果更好的图像。

2. 基于双树复小波变换的双色中波红外图像融合

小波变换是信号处理中广为采用的一种多尺度变换方法,但普遍认为由于"二抽取"带来的混叠缺陷导致小波变换存在两个问题:一是平移敏感性;二是方向缺乏性。为此,Kingsbury等人利用两路离散小波变换的二叉树结构提出了双树复小波变换方法,如图9.10所示。其中a树为实部、b树为虚部。采用这种方法只要保证两树的滤波器之间恰好有一个采样间隔的延迟,就能保证b树中第一层抽取的正好是a树中取丢的采样值。后面各层依次类推。

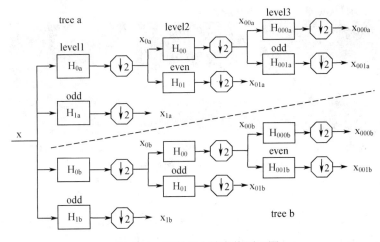

图9.10 双树复小波变换原理图

融合原理和步骤:首先利用双树复小波变换进行多尺度分解,其次,根据已经建立的两个细分波段图像特征差异和融合方法的映射关系,在子图像上选择融合单元。然后,对高频子图像选用"取大"策略,对低频子图像采用"加权平均"。融合步骤如图9.11所示。

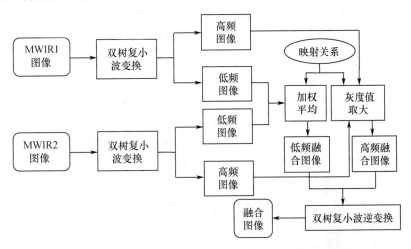

图9.11 双色中波红外图像基于双树小波变换的融合框图

3. 实验结果与分析

如图 9.12 所示是两组双色中波红外图像及其融合结果。取分解层数为 3。根据低频 MWIR2 更有优势的特点，加权平均中 MWIR1 的权值取 0.2，MWIR2 的取值为 0.8。下面主要以图 9.12(a)、(b)、(c)为例进行分析。

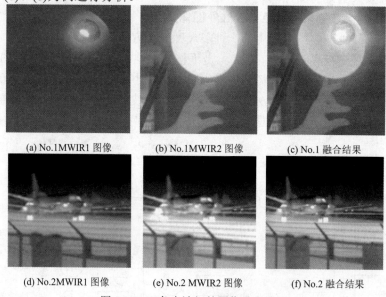

(a) No.1MWIR1 图像　　(b) No.1MWIR2 图像　　(c) No.1 融合结果

(d) No.2MWIR1 图像　　(e) No.2 MWIR2 图像　　(f) No.2 融合结果

图 9.12　双色中波红外图像融合结果

（1）主观评价

图 9.12(a)灯泡和灯罩的边缘比图 9.12(b)清楚，二者的背景信息和整体亮度相近。与图(a)、(b)相比，图 9.12(c)的整体亮度比较高，综合了两幅原图像的灯芯、灯泡的玻璃外壳、灯罩、人手、窗户和斜杆，且灯芯发热所导致的饱和区、光晕更为清楚，同时，窗户、斜杆、人手、灯罩的边缘都更清楚一些。

（2）客观评价

局部标准差、熵、局部粗糙度的值越大，说明图像的细节信息越丰富；图像平均梯度越大，说明图像的边缘信息越好；结构相似度越大，说明从原图像中提取的信息越多。不同指标可以从不同侧面说明图像的质量，所以选用这 5 项指标来对融合结果进行衡量，如表 9.4 所示。图像融合中对融合结果的客观评价一般采用相对评价的方法，即与其他已有方法的融合结果进行比较。表中将本方法融合结果与融合效果较好的小波包和 SVT 进行了比较。

表 9.4　图 9.12 的客观评价指标值

原图像	融合方法	平均梯度	熵	局部标准差	局部粗糙度	平均结构相似度
No.1	小波包融合结果	2.3131	6.3718	4.2670	4.0974	0.9027
	SVT 融合结果	2.2078	6.3507	4.1635	4.2298	0.9036
	本节方法的融合结果	2.4480	6.8533	4.8818	4.4736	0.9773
No.2	小波包融合结果	3.5445	7.5913	10.0765	14.0434	0.9623
	SVT 融合结果	3.4745	7.5726	10.5378	14.5640	0.9124
	本节方法的融合结果	3.6633	7.5764	11.3756	15.4384	0.9475

9.3.2 红外短、长波段图像的融合

由于短波红外在白天成像与可见光图像类似,受太阳光照影响明显,而夜视条件下又以辐射为主,因此,近年来红外短波成像引起了研究者的高度重视。短波与长波图像的融合处理完全可以采用常用的可见光与红外图像融合的方法。这方面的融合方法比较多,多项研究证明基于 NSCT 的融合方法融合效果稳定可靠,下面将其用于短波、长波红外图像的融合。

1. NSCT 融合结构

NSCT 融合方法是属于多尺度融合,它由以下 3 部分组成。

(1) 采用 NSCT 对已配准好的短波图像 A 和长波图像 B 进行分解,分别得到各自分解的低频图像和高频图像:$\{C_0^A, D_{k,l}^A\}(1 \leq k \leq K, 1 \leq l \leq l_k)$ 和 $\{C_0^B, D_{k,l}^B\}(1 \leq k \leq K, 1 \leq l \leq l_k)$,其中,$l_k$ 表示 K 级分解上第 k 层的方向分解数量,C_0 表示低频图像,$D_{k,l}$ 表示第 k 层的第 l 方向的高频图像。

(2) 对 A、B 的低频图像 $\{C_0^A, C_0^B\}$ 和高频图像 $\{D_{k,l}^A, D_{k,l}^B\}$ 分别采用相应的规则进行融合,分别得到低频融合和系列高频融合图像 $\{C_0^F, D_{k,l}^F\}$。

(3) 对融合后的低频和高频图像 $\{C_0^F, D_{k,l}^F\}$ 进行 NSCT 逆变换,得到最终融合图像 F。如图 9.13 所示为红外短波和长波图像基于 NSCT 的融合框图。

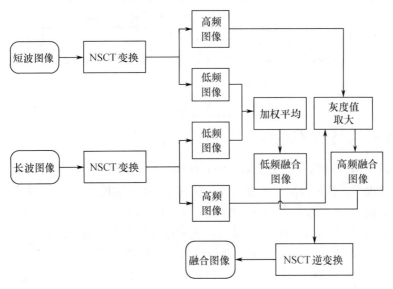

图 9.13 短波和长波图像基于 NSCT 的融合框图

2. 融合规则的确定及融合结果分析

(1) 融合规则

由于高频信息通常是像素灰度值突变的地方,往往与目标边缘相对应,而低频信息往往与灰度值过渡平稳的区域相对应,所以,采用高频灰度值取大、低频加权平均的融合规则进行融合。

(2) 融合结果分析

如图 9.14 所示为同一场景的经过严格配准的红外短波和长波图像及其融合结果。从图中可以看出,短波图像中沙滩上的足迹和远处的树林纹理较为清晰,但人物仅依稀可辨;长波图像中,足迹没有短波图像中清楚,树林较模糊,但人物和背景对比度较高,有利于识别,天空中的云层也依稀可辨。融合图像(c)中人物、树林、云层和足迹都较为清晰。

(a) 短波图像　　　　　　　　(b) 长波图像　　　　　　　　(c) 融合结果

图 9.14　红外短波和长波红外图像融合结果

如表 9.5 所示为短波、长波图像及二者融合结果的均值、标准偏差、信息熵和平均梯度评价指标计算值。一般而言，均值越大，表明图像总体亮度越高；标准差越大，表明图像总体信息的离散程度越大；信息熵越大，表明图像包含的信息量越多；平均梯度越大，表明图像的细节纹理越清楚。从表中可以看出，融合图像的均值介于短波和长波图像之间，说明其亮度介于两幅原图像之间；短波图像的标准差最大，信息分散程度高，纹理最清楚，而融合图像的标准差大于长波图像，说明融合图像的细节信息比长波图像好但不如短波图像；融合图像的信息熵大于两幅原图像，说明融合结果的信息比单幅原图像多；同时，融合图像的平均梯度也大于两幅原图像，说明融合结果的整体清晰度更好。这些指标结果与主观观察结果相一致。

表 9.5　短波、长波红外图像融合结果比较

图像样本	均值	标准差	信息熵	平均梯度
短波图像	165.039	76.061	6.175	4.379
长波图像	89.708	30.038	6.775	3.476
融合图像	127.375	38.686	6.776	5.271

9.3.3　红外多波段图像的伪彩色融合

红外双波段或多波段融合图像与单一的原图像相比，虽然可以提高信息量、增加边缘强度和目标背景对比度等，但融合后的灰度图像直接用于目标识别依然是有局限的。因为在灰度图像中，人眼能分辨的灰度级从黑色到白色仅有 20 多种灰度级，而在彩色图像中人眼能分辨的颜色高达几百种甚至上千种，所以，通常人们从彩色图像中获取的信息量更大、更准确，获取速度也更快。目前，灰度图像彩色化融合处理的方法主要有伪彩色融合和颜色迁移融合两种方法。其中，伪彩色图像可以将人眼不能区分的、微小的灰度差别显示为明显的、甚至是夸张的色彩差异，更利于观察者解析；而颜色迁移可以使得融合图像拥有所希望的类似参考图像的颜色风格。两种方法的融合结果相比，前者更利于凸显热目标，但往往颜色失真，后者可以比前者拥有更自然、更适合人眼观察的融合结果，但受参考图像影响较大使其应用受到了制约。这些方法均可以用于多波段图像融合。本节以 $YC_\alpha C_\beta$ 颜色空间和支持度变换融合为例介绍一种红外双波段图像的伪彩色融合方法。

1. 融合过程

首先将经过配准的同一场景的红外图像 MWIR1、红外图像 MWIR2 和二者差值的绝对值分别赋予 RGB 三个通道，然后再将 RGB 颜色空间转换为 $YC_\alpha C_\beta$ 颜色空间，得到 Y、C_α、C_β 三个分量。其次，分别对两幅原图像进行支持度变换，分解为高频和低频图像，然后利用对低频图像进行加权平均、对高频图像以标准差为标准取大，再利用支持度逆变换，融合出灰度图像。然后，用灰度融合图像取代 $YC_\alpha C_\beta$ 颜色空间的 Y 分量，最后由取代后的 Y 分量和原 C_α

C_β 分量共同组成新的分量，再经过 $YC_\alpha C_\beta$ 逆变换即可获得最终的融合图像。

RGB 颜色空间变换为 $YC_\alpha C_\beta$ 颜色空间的具体方法如下：

$$\begin{cases} Y = 0.2990R + 0.5870G + 0.1140B \\ C_\alpha = 0.2162R + 0.4267G - 0.6411B \\ C_\beta = 0.1304R - 0.1033G - 0.0269B \end{cases} \quad (9.36)$$

图像的支持度变换方法即图像 P 的 SVT 分解方法描述为

$$\begin{cases} S_j = \mathrm{SV}_j * P_j \\ P_{j+1} = P_j - S_j \\ P_1 = P \end{cases} \quad (9.37)$$

式中，r 为分解层数，$j = 1, 2, \cdots, r$；SV_j 为系列支持度滤波器，通常以高斯径向基核函数作为初始滤波器，通过隔行隔列填 0 即可构造一系列支持度滤波器；S_j 为系列支持度图像，可以反映图像的细节显著特征；P_j 为原图像的系列近似图像。支持度逆变换式为

$$P = P_{r+1} + \sum_{j=1}^{r} S_j \quad (9.38)$$

对于两幅要融合的图像，进行支持度变换分别得到各自的系列支持度图像和近似图像，设 S_{1j}、S_{2j} 和 P_{1j}、P_{2j} 分别表示第 j 层的支持度图像和近似图像，则该层融合的支持度图像 S_{Fj} 和近似图像 P_{Fj} 为

$$\begin{cases} S_{Fj} = f_{\max}(S_{1j}, S_{2j}) \\ P_{Fj} = \alpha P_{1j} + \beta P_{2j} \end{cases} \quad (9.39)$$

式中，函数 $f_{\max}$ 表示选择灰度值较大的像素点作为该点的融合结果；α 和 β 是低频融合系数，且满足 $\alpha + \beta = 1$。每层都进行类似的处理后，再进行逆变换，即可得到最后融合的图像。红外多波段图像的伪彩色融合过程如图 9.15 所示。

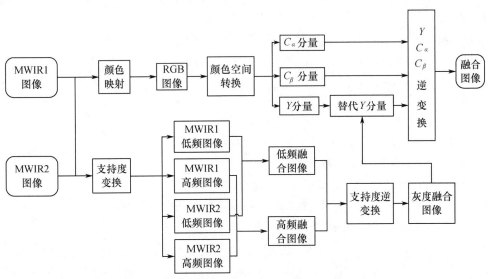

图 9.15 红外图像伪彩色融合过程示意图

2. 融合结果分析

参与融合的红外中波第一细分波段图像、红外中波第二细分波段图像和融合结果如图 9.16

所示(原图像由航天 8358 所提供,彩色图像见本书插页或扫二维码查看)。从融合图像上可以看出,具有较高表面辐射的目标或人物在原图像中由较高灰度级的像素表示,在相应的融合图像中这些目标主要用暖色调表示,草地和树丛呈冷色表示,瓷砖及拼接缝清晰可见,但颜色失真。利用人眼的彩色视觉分辨力远远超过黑白视觉的属性;车辆、人物均清晰地表现出来,使得观察者更加容易从背景中辨识目标。需要说明的是,彩色图像的客观评价尚无统一标准,可以参照灰度图像的评价方法分别对三个通道的灰度图像计算评价指标再取其平均来衡量图像的彩色融合效果。

图 9.16 的二维码

(a) MWIR1 图像　　　　　(b) MWIR2 图像　　　　　(c) 融合图像

图 9.16　红外原图像及其伪彩色融合结果

图像融合可以提高图像信息的利用率、改善计算机解析精度和可靠性、提升原图像的空间分辨率和光谱分辨率。通过本章内容的学习,应当能够掌握图像融合的基本思想、基本过程和评价方法。

习　题　9

9.1　填空题
(1) 信息融合分为 3 个层次,即_____、_____和_____。
(2) 常用的图像融合方法包括_____、_____、_____、_____、_____、_____和_____等。
(3) 图像融合的应用范围有_____、_____、_____和_____。
9.2　什么是图像融合?
9.3　常用的定量评价图像融合效果的方法有哪些?
9.4　可见光图像和红外图像融合的意义是什么?
9.5　两个中波细分成像比较而言各有哪些特点?
9.6　画出双色中波红外图像基于双树复小波的融合过程示意图。
9.7　短波、长波红外图像融合采用 NSCT 算法时,融合规则如何确定更好?
9.8　利用网络查询图像融合还可以应用在哪些领域?

第 10 章　MATLAB 图像处理基础与应用

本章以 MATLAB 为开发平台，重点介绍 MATLAB 在图像处理中的应用，包括：图像的读取、显示、直方图统计、图像增强、频域滤波、傅里叶变换、离散余弦变换等图像处理方法，为读者将 MATLAB 作为工具，理论与实践并重，迅速进入图像处理的应用领域打下基础。

10.1　MATLAB 编程基础

MATLAB 是 Matrix Laboratory 的简称，由 MathWorks 公司开发，是目前流行的、应用广泛的科学与工程计算软件，应用于自动控制、数学运算、信号分析、数字图像处理、数字信号处理、语音处理、航空航天、汽车工业等各行各业，也是科学研究的重要工具。

1. MATLAB 的特点

MATLAB 是当今最优秀的科技应用软件之一，它编写简单，具有强大的科学计算能力、可视化功能、开放式可扩展环境，工具箱支持 30 多个领域，因此在图像处理领域也得到了广泛的应用。图像处理领域的应用包括亮度变换、线性和非线性空间域滤波、频率域滤波、形态学图像处理、图像分割、区域和边界表示等。MATLAB 具有如下主要特点。

（1）强大的运算功能

矩阵是 MATLAB 最基本的数据单元，MATLAB 中每个变量都代表一个矩阵。MATLAB 像其他语言一样规定了矩阵的算术运算符、关系运算符、逻辑运算符、条件运算符和赋值运算符，这些运算符也可以用于复数矩阵。

（2）编程效率高

MATLAB 语言是一种解释执行的语言，它灵活方便，调试速度快。而用其他语言编写程序时，一般都要经过编辑、编译、执行和调试 4 个步骤。MATLAB 语言与其他语言相比，较好地解决了上述问题，把编辑、编译、执行和调试融为一体，在同一个界面上进行灵活操作，从而加快了用户编写、修改和调试程序的速度。

MATLAB 运行时，在命令窗口每输入一条语句，就立即对其进行处理，完成编译、连接和运行的全过程。在程序运行过程中，如果出现错误，计算机屏幕上会给出详细的出错信息，用户经过修改以后再执行，直到正确为止。这些减轻了编程和调试的工作量，提高了编程效率。

（3）绘图功能

MATLAB 有一系列绘图函数，可以方便地将工程计算的结果可视化，使原始数据的关系更加清晰明了。MATLAB 能根据输入数据自动确定最佳坐标，规定多种坐标系，设置不同颜色、线型、视角等，并能绘制三维的曲线和曲面。

（4）可扩展性强

MATLAB 中包括丰富的库函数，在进行复杂的数学运算时可以直接调用，而且 MATLAB 的 M 文件与库函数一样，所以 M 文件也可以作为 MATLAB 的库函数来调用。因此，用户可以根据自己的需要方便地建立和扩充新的库函数，以提高 MATLAB 的使用效率。

2. 矩阵和数组

在 MATLAB 中，每一个变量都代表一个矩阵。因此，MATLAB 的最基本、最重要的功能就是进行实数或复数的矩阵运算。因为数字图像通常用矩阵表示，所以 MATLAB 矩阵运算非常适合图像处理的各种算法。

矩阵元素应用方括号括住，而且每行内的元素用逗号或空格隔开，行与行之间用分号或回车键隔开。例如下面两个矩阵在 MATLAB 里是完全一样的。

```
>> A=[1 2 3;4 5 6;7 8 9];
>> B=[1,2,3
4,5,6
7,8,9];
```

（1）矩阵的输入

如果矩阵比较小，可以直接用键盘输入矩阵。例如，输入矩阵 A：

```
>> A=[1 2 3;4 5 6;7 8 9]
A =
     1     2     3
     4     5     6
     7     8     9
```

矩阵中的分号也可以用回车键代替。

如果需要输入的矩阵比较大，直接用键盘输入就会很不方便。MATLAB 提供了一系列的语句可以生成矩阵。

使用 from:step:to 方式生成向量。在 MATLAB 编程中，很多时候需要使用循环，语句 from:step:to 就很好地解决了这个问题。这个语句生成一个线性等间距的向量。其语法为：

```
from:step:to
```

其中，from、step 和 to 分别表示开始值、步长和结束值。如果省略 step，则默认 step 等于 1。如果 step>0 而且 from>to 时矩阵为空，如果 step<0 而且 from<to 时矩阵也为空。

例如，使用 from:step:to 生成一个开始值为 1，步长为 2，结束值为 19 的向量。

```
>> A=1:2:19
A =
     1     3     5     7     9    11    13    15    17    19
>> B=2:-1:5
B =
     Empty matrix: 1-by-0
```

从上面的例子可知，step<0 而且 from<to 时矩阵为空。

利用 from:step:to 方式也能生成一个由若干个向量构成的矩阵，但是这些向量的长度必须相等。例如：

```
>> C=[1:3;4:6;7:9]
C =
     1     2     3
     4     5     6
     7     8     9
```

这里 step 等于 0，矩阵由 3 个长度为 3 的向量构成。

另外一个用来生成线性等分向量的语句是 linspace 语句。它直接给出了开始值、结束值和向量元素的个数。其语法为：

> Linspace(a,b,n)

其中，a、b、n 分别代表开始值、结束值和向量元素的个数。如果省略 n，则默认其值为 100。

还有一些能够产生特殊矩阵的函数，如表 10.1 所示。这些函数大多有两个参数，如果使用时只包含一个参数，则结果将是一个方阵。其中的函数 magic(n)比较特殊，只有一个参数，所生成的矩阵也只能是方阵。

表 10.1 特殊矩阵生成函数

函数名	功能
zeros(m,n)	生成一个大小为 $m \times n$ 的 double 类矩阵，其元素均为 0
ones(m,n)	生成一个大小为 $m \times n$ 的 double 类矩阵，其元素均为 1
rand(m,n)	生成一个大小为 $m \times n$ 均匀分布的 double 类随机矩阵
randn(m,n)	生成一个大小为 $m \times n$ 正态分布的 double 类随机矩阵
magic(n)	生成一个大小为 $n \times n$ 魔术方阵，矩阵的行、列和对角线上的元素和相等
eye(m,n)	生成一个大小为 $m \times n$ 的单位矩阵
true(m,n)	生成一个大小为 $m \times n$ 的 logical 矩阵，其元素均为 1
false(m,n)	生成一个大小为 $m \times n$ 的 logical 矩阵，其元素均为 0

例如，使用表 10.1 中的函数生成特殊矩阵。

```
>> A=eye(3)
A =
    1    0    0
    0    1    0
    0    0    1
>> B=eye(3,4)
B =
    1    0    0    0
    0    1    0    0
    0    0    1    0
>> C=zeros(3)
C =
    0    0    0
    0    0    0
    0    0    0
>> N=rand(4)
N =
    0.9501    0.8913    0.8214    0.9218
    0.2311    0.7621    0.4447    0.7382
    0.6068    0.4565    0.6154    0.1763
    0.4860    0.0185    0.7919    0.4057
```

3. 矩阵元素的操作

（1）矩阵的下标

矩阵都是由多个元素组成的，每个元素通过下标来表示。矩阵的下标表示有两种方式。一种是全下标方式，就是由行下标和列下标共同表示。例如，一个 $m \times n$ 的矩阵 A 的第 i 行和第 j 列的元素表示为 $A(i,j)$。$A(3,4)=5$ 表示把矩阵 A 的第三行第四列上的元素赋值为 5。

注意：在提取矩阵元素值时，矩阵元素的行下标或列下标不能大于矩阵的行数或列数，否则 MATLAB 会提示出错。例如：

```
>> A=[1 2 3;4 5 6;7 8 9]
A =
     1     2     3
     4     5     6
     7     8     9
>> A(4,4)
??? Index exceeds matrix dimensions.
```

因为矩阵 A 的行下标和列下标都超过了矩阵的大小，所以会提示出错。

另外一种矩阵的下标表示是单下标表示。就是先把矩阵的所有列按照先左后右的次序连接成一维长列，然后对元素位置进行编号。例如，大小为 $m \times n$ 的矩阵 A 的第 i 行和第 j 列的元素用全下标表示为 $A(i,j)$，对应的单下标为 $S=(j-1)*m+i$。例如：

```
>> A=[1 2 3;4 5 6;7 8 9];
>> A(5)
ans =
     5
>> A(7)
ans =
     3
```

（2）矩阵的子块

利用矩阵的下标可以产生矩阵子块。A 是一个大小为 $m \times n$ 的矩阵，如果 $A(i,j)$ 的行下标 i 和列下标 j 不是标量而是向量，那么 $A(i,j)$ 就不是表示矩阵 A 的一个元素，而是表示矩阵 A 的一个矩阵子块。

（3）矩阵的赋值

矩阵的下标有两种表示方式，赋值时可以用全下标或单下标方式给单个元素赋值，也可以给一个矩阵子块赋值。

```
>> A=[1 2 3;4 5 6;7 8 9];
>> A(1,2)=10          % 用全下标方式赋值
A =
     1    10     3
     4     5     6
     7     8     9
>> A(9)=11            % 用单下标方式赋值
A =
     1    10     3
```

```
          4    5    6
          7    8   11
>> A(1:2,2:3)=5          % 给矩阵子块赋值
A =
          1    5    5
          4    5    5
          7    8    9
>> A(:)=0                % 给整个矩阵赋值
A =
          0    0    0
          0    0    0
          0    0    0
```

如果赋值的时候，矩阵的下标超过了矩阵的大小，MATLAB 会自动扩充矩阵，例如：

```
>> A=[1 2 3;4 5 6;7 8 9];
>> A(3,4)=10
A =
          1    2    3    0
          4    5    6    0
          7    8    9   10
```

矩阵本来只有 3 行，赋值时列数为 4，系统自动扩充了一列，使矩阵变为 4 列。

（4）矩阵的删除

MATLAB 允许用户对矩阵的某个元素、行、列或矩阵块进行删除，就是将要删除的部分赋值为空矩阵。空矩阵用[ ]表示。例如：

```
>> A=[1 2 3;4 5 6;7 8 9];
>> B=A;
>> B(1,:)=[ ]            %将矩阵 B 的第一行删除，变为两行
B =
          4    5    6
          7    8    9
>> C=A;
>> C(:,2)=[ ]            %将矩阵 C 的第二列删除，变为两列
C =
          1    3
          4    6
          7    9
>> D=A;
>> D(3)=[ ]              %删除一个元素时，必须用单下标方式，删除以后，矩阵不再是一个矩阵，
                         %而变成一个行向量
D =
          1    4    2    5    8    3    6    9
```

4．程序流程控制

MATLAB 支持各种流程控制，如顺序结构、循环结构和分支结构。下面对几种流程控制语句逐一介绍。

（1）for…end 循环语句

MATLAB 共有两种循环结构：for…end 结构和 while…end 结构。for…end 语句的语法表示为：

```
for 循环变量=开始值:步长:结束值
    循环体
end
```

其中，开始值:步长:结束值构成了一个向量，这个向量的元素个数就是循环的次数。

例如，下面的语句计算从 1 到 99 的整数之和。

```
sum=0;
for n=1:99
    sum=sum+n;
end
```

上面的语句省略了步长，系统默认步长为 1。步长也可以为负，如 n=0:-1:-10。

（2）while…end 循环语句

for…end 循环语句循环的次数是固定的，而循环语句 while…end 循环的次数则是不固定的。其语法为：

```
while 表达式
    循环体
end
```

首先计算表达式的值，只要表达式的值为真，就执行循环体，直到表达式为假时，停止循环。表达式可以是向量，也可以是矩阵。如果表达式为向量或矩阵，则当所有的元素都为真时才执行循环体。

（3）if…else…end 条件语句

条件语句的通用语法为：

```
if 表达式 1
    语句 1
elseif 表达式 2
    语句 2
else 语句 3
end
```

首先计算表达式 1 的值，如果表达式 1 的值为真，则执行语句 1，然后结束整个语句，将控制转移到 end 语句。如果表达式 1 的值为假，则计算表达式 2 的值。如果表达式 2 的值为真，则执行语句 2，如果表达式 2 的值为假，则执行语句 3，然后就结束了整个 if…else…end 语句。语句中可以多次使用 elseif 语句。

10.2 MATLAB 图像处理基础

MATLAB 中的基本数据结构是由一组规则有序的实数或复数构成的数组。同样，MATLAB 用一组有序的数组来表示一幅图像，数组中的每一个值都对应图像中的每一个像素。

例如，一幅由 200 行和 300 列组成的灰度图像，在 MATLAB 中采用 200×300 的二维数组来表示。而由 200 行和 300 列组成的真彩色图像则采用 200×300×3 的三维数组来表示，将这个三维数组分为 3 层，每一层都由一个 200×300 的二维数组表示。这样，第一层表示图像的红色分量，第二层表示图像的绿色分量，第三层表示图像的蓝色分量。

1. 数据类型

MATLAB 提供的基本数据类型有：double、uint8、uint16、uint32、int8、int16、int32、single、char 和 logical 类型。MATLAB 中所有的数值计算都可以用 double 类型来进行，所以它是数字图像处理中最常用的数据类型。但是，因为每一个 double 类型的数都要占用 8 字节的存储空间，这种存储方式会造成存储空间的浪费，所以经常用 uint8 格式来存储图像数据。使用 uint8 类型，每个数据元素存储时仅需要 1 个字节。如表 10.2 所示为 MATLAB 7 支持的基本数据类型。

表 10.2 MATLAB 支持的数据类型

类型	描述	数值范围
double	双精度浮点数	$-10^{308} \sim 10^{308}$
uint8	无符号 8 比特	[0, 255]
uint16	无符号 16 比特	[0, 65535]
uint32	无符号 32 比特	[0, 4294967295]
int8	有符号 8 比特	[-128, 127]
int16	有符号 16 比特	[-32768, 32767]
int32	有符号 32 比特	[-2147483648, 2147483647]
single	单精度浮点数	$-10^{38} \sim 10^{38}$
char	字符	
logical	逻辑	值为 0 或 1

2. 数据类型之间的转换

由于在 MATLAB 中图像存储和函数运算的数据格式要求不相同，因此需要进行图像数据存储格式的转换。MATLAB 的数据类型之间的转换十分方便，直接用类型名作为函数使用就可以了。通用语法为：

    B=data_class_name(A)

data_class_name 可以是表 10.2 中的任何一种类型。

例如，要将 double 类型的数 120 转换成 uint8 类型，可以用 B=uint8(120)来实现，转换以后的值仍是 120。

如果要将一种类型的数组转换成另一种类型的数组，也可以用上面的方法转换。例如，要将 a=[0 1 2 3 4 5 0 0]转换成 logical 类型，可以用 b=logical(a)，logical 函数将数组 a 中所有非零的数全部置换成 1，a 中所有的 0 仍然为 0。转换的结果为 a=[0 1 1 1 1 1 0 0]。

进行数据类型之间的转换也可以使用 cast()函数，cast()函数可以将一个变量转换成一个不同的数据类型。下面举例说明这个函数的使用：

```
a = int8(10);
b = cast(a,'uint8');
class(b)
ans =
uint8
```

首先定义一个 int8 类型的数据 10，然后用 cast()函数将其转换为 uint8 类型。第三行的 class 函数是返回一个变量的数据类型。

但是，有时在进行数据类型转换时会发生数据丢失，例如 a=[1.2 1.3 1.49 5 500 400 −1 −30 200]，将这个 double 类型的数组转换成 uint8 类型，同样是用上面所使用的函数 b=uint8(a)，但转换以后的结果是 b=[1 1 1 5 255 255 0 0 200]。转换时所有大于 255 的数都被置成了 255，而所有小于 0 的数都被置成 0，在 0 和 255 之间的数被四舍五入以后置换成整数。

3．**图像类型**

图像处理工具箱定义了 4 种基本的图像类型，分别为二值图像、索引图像、灰度图像和真彩图像。

（1）二值图像

二值图像是一个只取 0 和 1 两个值的逻辑数组。只有黑和白两种颜色，0 表示黑色，1 表示白色。如果其他类型的数组只有 0 或 1 两种值，如 double 类型或 uint8 型，在 MATLAB 里也不是二值图像。

如图 10.1 所示图像，从图像中选了一个小方块进行观察，右边是小方块中图像的像素值，对应图中的第 40~49 行和第 111~121 列。0 表示为黑色，1 表示白色。

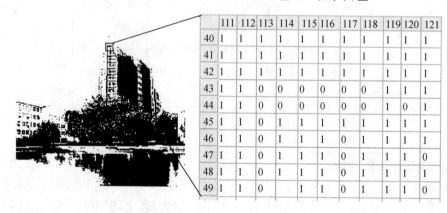

图 10.1　二值图像

使用 logical 函数可以把数值数组转换成二值数组。例如：

```
B=logical(A)
```

使用 logical 函数可以将 A 中所有非零的变量置换为逻辑 1，而将所有的 0 值置换为逻辑 0。注意：数值 0 和逻辑 0 不是一个概念，一个 double 类型的 0 存储时需要 8 个字节，而逻辑 0 只需要 1 个字节。

使用函数 islogical 可以测试一个数组是否为逻辑数组。例如：

```
A=logical(eye(3))
A =
     1    0    0
```

```
            0    1    0
            0    0    1
B=islogical(A)
B =
    1
```

（2）索引图像

索引图像由两部分构成，即数据数组 *X* 和颜色表矩阵 map。颜色表矩阵 map 是一个大小为 *m*×3 的数组，而且由范围在[0,1]之间的浮点数构成。map 的长度 *m* 是定义的颜色数。map 的每一行都定义单色的红、绿、蓝分量。数据数组 *X* 中保存的并不是颜色值，而是颜色表矩阵的索引值。索引图像的结构可以由图 10.2 来说明。

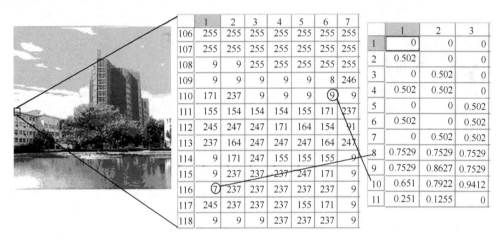

图 10.2 索引图像

如图 10.2 所示左边是一幅 256 色的 uint8 类型索引图像，map 的长度 *m* 是 256。从图中选取一个小方块来观察图像。中间部分是对应的数据矩阵 *X*，而右边是颜色矩阵 map，第 1 列表示红色分量，第 2 列表示绿色分量，第 3 列表示蓝色分量。数据矩阵中所有的 9 都表示该像素为颜色矩阵中的第 10 行颜色值，7 表示该像素为颜色矩阵中的第 8 行颜色值，255 表示该像素为颜色矩阵中的第 256 行颜色值。如果数据矩阵 *X* 是 double 类型的，则小于或等于 1 的所有分量都指向 map 的第 1 行，所有等于 2 的分量都指向 map 的第 2 行。

（3）灰度图像

在MATLAB 中，一幅灰度图像是一个表示一定范围内的灰度值的数据矩阵。MATLAB 把灰度图像存储为一个矩阵，矩阵中的每一个元素都代表了一个像素值。矩阵中的元素可以是 uint8、uint16、int16、single 或 double 类型。大多数情况下，灰度图像很少和颜色表一起保存，但是显示灰度图像时，MATLAB 仍然使用系统预定义的默认的灰度颜色表显示图像。

对一个 double 类型的灰度矩阵来说，使用默认的颜色表，0 代表黑色，而 1 代表白色，像素值的取值范围为[0,1]。如果使用 uint8 类型或 uint16 类型，像素值的取值范围分别是[0,255]和[0,65535]。

（4）真彩色图像

真彩色图像在 MATLAB 中存储为 *m*×*n*×3 的数据矩阵，矩阵中的元素定义了图像中每一个像素的红、绿、蓝 3 个分量值。真彩色图像不使用颜色表，图像的像素值由保存在像素位置上的红、绿、蓝的强度值的组合来确定。图像文件格式把真彩图像存储为 24 位的图像，其中红、绿、蓝分量分别占 8 位。

真彩色图像的矩阵可以是 uint8、uint16、int16、single 或 double 类型。如图 10.3 所示，矩阵使用的是 uint8 类型。图中每一个像素都由红、绿、蓝 3 个分量表示。例如，颜色值(0,0,0)的像素显示的是黑色；颜色值(255,255,255)显示的是白色。每一个像素的 3 个颜色值保存在数组的第三维中。例如，像素(5,5)的红、绿、蓝颜色值分别保存在三维矩阵中的元素(5,5,1)，(5,5,2)，(5,5,2)中。

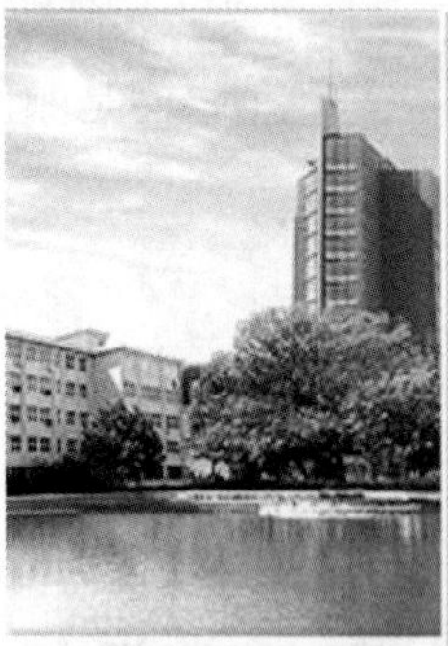

(a) 原图像

	1	2	3	4	5
1	189	186	182	182	185
2	211	206	201	199	199
3	185	182	179	179	180
4	158	156	156	157	160
5	164	163	162	162	163
6	152	152	151	151	150
7	131	132	132	133	133
8	139	140	140	140	139
9	141	143	144	143	140
10	147	149	150	150	148

(b) 红色分量

	1	2	3	4	5
1	193	190	186	186	189
2	214	209	204	202	202
3	223	220	217	217	218
4	212	210	210	211	214
5	199	198	197	197	198
6	196	196	195	195	194
7	196	197	197	198	198
8	195	196	196	196	195
9	196	198	199	198	195
10	199	201	202	203	201

(c) 绿色分量

	1	2	3	4	5
1	202	199	195	195	198
2	233	228	223	221	221
3	246	243	240	240	241
4	248	246	246	247	250
5	255	254	253	253	254
6	255	255	255	255	255
7	252	253	253	254	254
8	254	255	255	255	254
9	253	255	255	254	251
10	255	255	255	255	255

(d) 蓝色分量

图 10.3　真彩色图像数据矩阵

4．图像类型的转换

在进行图像处理过程中，有时需要对 4 种图像类型进行转换。MATLAB 具有实现对 4 种图像基本类型的转换函数。

（1）索引图像转换为灰度图像

函数格式为：I=ind2gray(A,map)

它将索引图像 A 转换成灰度图像 I，其中 map 是索引图像的颜色表。A 可以是 uint8，uint16，single 或 double 类型。

索引图像转换成灰度图像表示为

$$I = 0.299R + 0.587G + 0.114B \tag{10.1}$$

其中，R、G、B 分别为图像像素的红、绿、蓝分量。

（2）索引图像转换成真彩色图像

函数格式为：RGB = ind2rgb(X,map)

函数将具有颜色表 map 的索引图像 X 转换为真彩色图像 RGB。X 可以是 uint8，uint16 或 double 类型。转换完以后图像 RGB 的大小为 $m \times n \times 3$，$[m,n]$为图像 X 的大小。

（3）灰度图像转换为索引图像

函数格式为：[X,map] = gray2ind(I,n)

函数将灰度图像 I 转换成索引图像 X，map 是 X 的颜色表。n 是颜色表的大小，如果没有指定 n，则系统默认为 64。

gray2ind 同时还有将二值图像转换为索引图像的功能。n 是颜色表的大小，如果没有指定 n，则系统默认为 64。

（4）真彩色图像转换为索引图像

其函数格式有 4 种，这里只介绍下面 3 种。

[X,map] = rgb2ind(RGB,n)

用最小均方差量化的方法将真彩色图像转换为索引图像，X 是转换以后的索引图像，map 是转换以后的颜色表，n 是转换以后的颜色表的颜色数，map 中最多包含 n 种颜色。其中 n 必须小于等于 65536，即转换以后颜色表的颜色数不超过 65536。

X = rgb2ind(RGB,map)

将真彩色图像中的颜色与 map 中最相近的颜色匹配，将真彩色图像转换成索引图像。这种方法需要预先规定一个颜色表 map。其中 map 的长度必须小于或等于 65536。

[X,map] = rgb2ind(RGB,tol)

用均匀量化的方法将真彩色图像 RGB 转化成索引图像 X，map 是生成的颜色表，tol 的范围是从 0.0 到 1.0。

首先解释什么是均匀量化。使用 double 类型的数据，这样 RGB 彩色立方体就是一个边长为 1 的立方体。指定一个 tol，再把 RGB 彩色立方体均匀地分成长度为 tol 的小立方体，这样小立方体的个数是 n=(floor(1/tol)+1)^3。这里 floor(a)是返回小于 a 的最大的整数。每一个小立方体都代表一种颜色，总的颜色数就是(floor(1/tol)+1)^3。

但是生成的颜色表 map 的颜色数有可能小于 n=(floor(1/tol)+1)^3，这是因为输入图像 RGB 并不包含所有的颜色，rgb2ind 函数把输入图像 RGB 中没有的颜色从颜色表中去除了，所以颜色表中的颜色数会小于等于 n。

（5）真彩色图像转换为灰度图像

函数格式为：I = rgb2gray(RGB)

rgb2gray 函数将输入的真彩色图像 RGB 转换为灰度图像 I。转换时依据公式 I=0.299*R+0.587*G+0.114*B 来转换。

（6）图像转换为二值图像

转换为二值图像的函数为 im2bw，其语法格式有 3 种，分别为：

BW = im2bw(I,level)

将灰度图像 I 转换为二值图像 BW，level 是图像二值化的阈值，取值在 0~1 之间。如果 level 的值为空，则系统默认 level 的值为 0.5。则函数的形式为 BW = im2bw(I)。

如果输入图像 I 不是 double 类型，im2bw 函数首先把灰度图像 I 归一化到 double 类型，对于 uint8 类图像，im2bw 会将该图像的所有像素点除以 255；对于 uint16 类图像，im2bw 会将该图像的所有像素点除以 65535。再根据阈值 level 进行转换，输出二值图像 BW 中值为 0 的像素对应于输入灰度图像 I 中值小于阈值 level 的像素点，而输出二值图像 BW 中值为 1 的像素对应于输入灰度图像 I 中其他的像素点。

BW = im2bw(X,map,level)

这种格式是将索引图像 X 转换为二值图像 BW，map 是对应 X 的颜色表。

BW = im2bw(RGB,level)

这种格式是将真彩色图像转换为二值图像 BW。

5．读取图像

使用函数 imread 可以将图像读入，imread 的语法为：

A = imread(filename)

其中，filename 是一个含有图像文件全名的字符串（包括扩展名）。例如：

f=imread('a.bmp');

命令将 a.bmp 这个图像读入数组 f。当 filename 中不包含任何路径名时，imread 会从当前目录中寻找并读取图像文件。如果当前目录中没有所需要的文件，则会尝试在 MATLAB 搜索路径中寻找该文件。一般情况下，应在 filename 中输入完整的路径名。例如：

  f=imread('D:/mypicture/a.bmp');

从 D 盘下名为 mypicture 的文件夹下读取名为 a.bmp 的图像文件，并存储到 f 这个数组中去。

[f,map]= imread(filename)这种格式可以用来读取一幅索引图像，图像的数据数组保存到 f 中，颜色表保存到 map 中。

如果要知道一幅图像的大小和信息，可以使用函数 size 和函数 whos。

函数 size 可以返回图像的大小。例如，当 f 是灰度图像时，可以表示为：

  >> [m,n]=size(f)

  m =

    211

  n =

    153

其中，m 是图像数组 f 的行数，n 是图像数组 f 的列数。如果 f 是真彩色图像，则 f 是三维数组，需要这样输入：

  >> [m,n,h]=size(f)

  m =

    211

  n =

    153

  h =

    3

函数 whos 可以显示出一个数组的附加信息。例如：

  >>whos f

输出为：

Name	Size	Bytes	Class
f	211x153x3	96849	uint8 array

Grand total is 96849 elements using 96849 bytes

6. 显示图像

在 MATLAB 里显示一幅图像一般使用 imshow 来显示。函数 imshow()的语法格式有以下几种。

  imshow(I)

这里 I 可以是灰度图像、真彩色图像、二值图像。当 I 是灰度图像时，imshow 默认的灰度级数是 256。例如：

  >>f=imread('24.bmp');

  >>imshow(f);

  imshow(X,map)

用来显示索引图像，X 是图像数据矩阵，map 是颜色表矩阵，imshow 将数据矩阵 X 中的每个像素显示为存储在颜色表 map 中相对应的颜色。如图 10.4 所示为使用 imshow 而显示的 24 色图像。

图 10.4 显示图像

10.3 MATLAB 图像处理常用算法

10.3.1 图像代数运算

1. 图像相加运算

图像相加运算一般用于对同一场景的多幅图像求平均,以便有效地降低具有叠加性质的随机噪声。直接采集的图像品质一般较好,不需要进行加法运算处理,但是对于那些经过长距离模拟通信方式传送的图像,例如卫星图像,这种处理则是必不可少的。

进行两幅图像的加法或者给一幅图像加上一个常数,可以调用 imadd 函数实现。imadd 函数将某一输入图像的每一个像素值与另一幅图像相应的像素值相加,返回相应的像素值之和作为输出图像的对应像素值。

调用格式:

Z=imadd(X,Y)

【例 10.1】 将如图 10.5(a)、(b)所示两幅图像进行相加运算,运算结果如图 10.5(c)所示。MATLAB 程序代码为:

```
>> i=imread('picture1.bmp');    %读取图片 picture1,将数据保存在矩阵 i 中
>> g=imread('picture2.bmp');    %读取图片 picture2,将数据保存在矩阵 g 中
>> h=imadd(i,g);                %将两幅图像相加,就是将矩阵 i 和矩阵 g 对应的元素相加,如果相加
                                %后的值大于 255,就把这个元素的值赋值为 255
>> imshow(h);                   %显示相加后的图像,如图 10.5(c)所示
>>imwrite(h, 'picture3.bmp');   %将相加后的图像保存,文件名为 picture3.bmp
```

(a) picture1.bmp　　　　　　(b) picture2.bmp　　　　　　(c) picture3.bmp

图 10.5 图像相加

【例 10.2】 给图像的每一个像素加上一个常数可以使图像的整体亮度增加,进行处理的 MATLAB 程序代码为:

```
>>i=imread('picture1.bmp');     %读取原图像 picture1.bmp
>>J=imadd(I,50);                %给每个像素加上一个常数 50,如果加完以后的像素值大于 255,则将
                                %这个像素值赋成 255
>>subplot(1,2,1),imshow(i);     %显示原图像
>>subplot(1,2,2),imshow(J);
>>imwrite(J,'picture4.bmp');
```

Subplot 是将当前显示图像分为若干个显示子块。subplot(1,2,1)是将当前显示图像分为

1×2 部分。subplot(1,2,1)就是 1 行 2 列中的第一列，相应地，subplot(1,2,2)表示 1 行 2 列中的第二列。如图 10.6 所示，图(a)是原图像，图(b)是处理以后的图像。观察图像可以看出，这种处理方法增加了图像的亮度。

(a) 原图像　　　　　　　　　　(b) 处理后图像

图 10.6　图像的每个像素加上一个常数

2. 减法运算

图像减法也称为差分方法，是一种常用于检测图像变化及运动物体的图像处理方法。可以使用图像减法来检测一系列相同场景图像的差异。

使用 imsubract 函数可以将一幅图像从另一幅图像中减去，或者从一幅图像中减去一个常数。即将一幅输入图像的像素值从另一幅输入图像相应的像素值中减去，再将相应的像素值之差作为输出图像相应像素值。

【例 10.3】两幅图像相减操作，将如图 10.7(a)所示的图像和如图 10.7(b)所示的图像相减，可得到如图 10.7(c)所示的图像。MATLAB 程序代码为：

```
>>I=imread('picture3.bmp');
>>J=imread('picture1.bmp');
>>K=imsubtract(I,J);
>>imshow(K);
```

(a) picture3.bmp　　　　　(b) picture1.bmp　　　　　(c) 相减图像

图 10.7　两幅图像相减处理

3. 乘法运算

两幅图像进行乘法运算可以实现图像的局部增强，或者将图像的某一部分屏蔽掉。而一幅图像乘以一个常数通常称为缩放，如果常数大于 1，将增强图像的亮度，如果这个常数小于 1，图像就会变暗。乘法运算能较好地保持图像的对比度。

在 MATLAB 中，可以使用 immultiply 函数实现两幅图像的乘法或一幅图像的亮度缩放。Immultiply 函数将两幅图像对应的像素值进行相乘，或者将一幅图像的像素值乘以缩放的倍数，并将乘法的运算结果作为输出图像相应的像素值。

【例 10.4】 对一幅文件名为 gray.bmp 的图像进行缩放操作，因为乘以 0.5，所以图像变暗，效果如图 10.8 所示。MATLAB 程序代码为：

>> i=imread('gray.bmp');
>> j=immultiply(i,0.5);
>> subplot(1,2,1),imshow(i);
>> subplot(1,2,2),imshow(j);

(a) 原图像　　　　　　　　(b) 变暗图像

图 10.8　缩放运算效果图

4．除法运算

在 MATLAB 中，使用 imdivide 函数进行两幅图像的除法或一幅图像的亮度缩放。imdivide 函数将两幅图像对应的像素值进行相除，或者将一幅图像的像素值除以缩放的倍数，并将除法的运算结果作为输出图像相应的像素值。

【例 10.5】 对一幅名为 gray5.bmp 的图像进行亮度缩放操作，处理结果如图 10.9 所示。MATLAB 程序代码为：

>> i=imread('gray5.bmp');
>> j=imdivide(i,0.4);
>> subplot(1,2,1),imshow(i);
>> subplot(1,2,2),imshow(j);

(a) 原图像　　　　　　　　(b) 变亮图像

图 10.9　亮度缩放效果图

5. 图像的平移变换

平移变换是几何变换中最简单的一种变换,是将一幅图像上的所有点都按照给定的偏移量在水平方向沿 x 轴,在垂直方向沿 y 轴移动。设图像中点 $P_0(x_0,y_0)$ 进行平移后到 $P(x,y)$,其中 x 方向的平移量为 Δx, y 方向的平移量为 Δy。那么,点 $P(x,y)$ 的坐标为

$$\begin{cases} x = x_0 + \Delta x \\ y = y_0 + \Delta y \end{cases} \quad (10.2)$$

利用齐次坐标,变换前后图像上的点 $P_0(x_0,y_0)$ 和 $P(x,y)$ 之间的关系可以用如下的矩阵变换表示为

$$\begin{bmatrix} x \\ y \\ 1 \end{bmatrix} = \begin{bmatrix} 1 & 0 & \Delta x \\ 0 & 1 & \Delta y \\ 0 & 0 & 1 \end{bmatrix} \times \begin{bmatrix} x_0 \\ y_0 \\ 1 \end{bmatrix} \quad (10.3)$$

【例 10.6】 将图像向右下方移动(偏移量为 50,50),图像大小保持不变,空白的地方用黑色填充,用 MATLAB 编程实现,并显示平移后的结果。MATLAB 程序代码为:

```
I=imread('lena_gray.jpg');
I1=zeros(size(I));
H=size(I);
Move_x=50;
Move_y=50;
I1(Move_x+1:H(1,1),Move_y+1:H(1,2))=I(1:H(1,1)–Move_x,1:H(1,2)–Move_y);
imshow(uint8(I1));
```

运行结果如图 10.10 所示。

(a) 原图像　　　　　　　　(b) 平移后图像

图 10.10　图像平移

6. 图像的镜像变换

(1) 图像水平镜像

图像的水平镜像操作是将图像左半部分和右半部分以图像垂直中轴线为中心进行镜像对换。设点 $P_0(x_0,y_0)$ 进行镜像后对应点为 $P(x,y)$,图像高度为 f_H,宽度为 f_W,原图像中 $P_0(x_0,y_0)$ 经过水平镜像后坐标变为 (f_W-x_0,y_0),其数学表达式为

$$\begin{cases} x = f_W - x_0 \\ y = y_0 \end{cases} \quad (10.4)$$

矩阵表达式为

$$\begin{bmatrix} x \\ y \\ 1 \end{bmatrix} = \begin{bmatrix} -1 & 0 & f_W \\ 0 & 1 & 0 \\ 0 & 0 & 1 \end{bmatrix} \begin{bmatrix} x_0 \\ y_0 \\ 1 \end{bmatrix} \qquad (10.5)$$

【例 10.7】 将图像分别进行水平镜像操作，并显示结果。MATLAB 程序代码为：

```
I=imread('lena_gray.jpg');
I=double(I);
H=size(I);
I2(1:H(1,1),1:H(1,2))=I(1:H(1,1),H(1,2):-1:1);
imshow(uint8(I2));
```

运行结果如图 10.11 所示。

(a) 原图像

(b) 水平镜像后图像

图 10.11 水平镜像操作

（2）图像垂直镜像

图像的垂直镜像操作是将图像上半部分和下半部分以图像垂直中轴线为中心进行镜像对换。设点 $P_0(x_0,y_0)$ 进行镜像后对应点为 $P(x,y)$，图像高度为 f_H，宽度为 f_W，原图像中 $P_0(x_0,y_0)$ 经过水平镜像后坐标变为 $(x_0, f_H - y_0)$，其数学表达式为

$$\begin{cases} x = x_0 \\ y = f_H - y_0 \end{cases} \qquad (10.6)$$

矩阵表达式为

$$\begin{bmatrix} x \\ y \\ 1 \end{bmatrix} = \begin{bmatrix} 1 & 0 & 0 \\ 0 & -1 & f_H \\ 0 & 0 & 1 \end{bmatrix} \begin{bmatrix} x_0 \\ y_0 \\ 1 \end{bmatrix} \qquad (10.7)$$

【例 10.8】 将图像分别进行垂直镜像操作，并显示结果。MATLAB 程序代码为：

```
I=imread('lena_gray.jpg');
I=double(I);
H=size(I);
I2(1:H(1,1),1:H(1,2))=I(H(1,1):-1:1,1:H(1,2));
imshow(uint8(I2));
```

运行结果如图 10.12 所示。

(a) 原图像　　　　　　　　(b) 垂直镜像后图像

图 10.12　垂直镜像操作

(3) 图像的旋转

图像的旋转变换是将图像做某一角度的转动,将一个点顺时针转角 a,r 为该点到原点的距离,b 为 r 与 x 之间的夹角。在旋转过程中,r 保持不变。

设旋转前 x_0、y_0 的坐标分别为 $x_0 = r\cos b$、$y_0 = r\sin b$,当旋转 a 角度后,坐标 x_1、y_1 的值分别为

$$\left.\begin{array}{l} x_1 = r\cos(b-a) = r\cos b\cos a + r\sin b\sin a = x_0 \cos a + y_0 \sin a \\ y_1 = r\sin(b-a) = r\sin b\cos a - r\cos b\sin a = -x_0 \sin a + y_0 \cos a \end{array}\right\} \qquad (10.8)$$

以矩阵形式表示为

$$[x_1] = [x_0 \ y_0 \ 1]\begin{bmatrix} \cos a & -\sin a & 0 \\ \sin a & \cos a & 0 \\ 0 & 0 & 1 \end{bmatrix} \qquad (10.9)$$

【例 10.9】 将图像顺时针旋转 30°,并显示旋转后的结果。MATLAB 程序代码为:

```
I=imread('lena_gray.jpg');
I_rot30=imrotate(I,30,'nearest');
imshow(uint8(I_rot30));
```

运行结果如图 10.13 所示。

(a) 原图像　　　　　　　　(b) 旋转后图像

图 10.13　旋转操作

(4) 图像的倾斜校正

对于原始图介质存在的几何变形、扫描输入时图纸未被压紧产生的斜置、遥感影像本身的几何变形等带来的误差,可以通过几何纠正解决。几何校正的具体步骤:

① 读取图像；
② 构造仿射变换矩阵；
③ 进行仿射变换。

【例 10.10】 校正倾斜图像。MATLAB 程序代码为：

```
I = imread('A.png');
T=[1 –0.109 0; –0.34 1 0; 0 0 1]
tform = maketform('affine',T);
J = imtransform(I,tform);
figure,imshow(I);
figure(2), imshow(J);
```

运行结果如图 10.14 所示。

(a) 倾斜图像　　　　　　　　　(b) 校正图像

图 10.14　图像校正

【例 10.11】 利用仿射变换后，将错切图像校正复原。MATLAB 程序代码为：

```
I = imread('B.png');
I = imread('B.png');
T1='projective';
T2=[1 0 –0.0008; –0.83 1 –0.0001;3.5 1.5 1.5]
T = maketform(T1,T2);
J = imtransform(I,T);
figure,imshow(I);
figure(2), imshow(J);
```

运行结果如图 10.15 所示。

(a) 倾斜图像　　　　　　　　　(b) 校正图像

图 10.15　错切图像校正

10.3.2 图像分割

1．基于边缘的分割

首先介绍如何生成一个二维空间域滤波器以及如何使用这个滤波器。如何生成一个二维空间域滤波器方法如下。

在 MATLAB 里，可以自行定义一个滤波器，如：

```
>> h=[1 2 1;0 0 0;-1 -2 -1]
h =
     1     2     1
     0     0     0
    -1    -2    -1
```

在这里定义了一个用于边缘检测的 Sobel 算子。用这个算子与一幅图像作相关操作，就可以得到这幅图像的 Sobel 边缘检测图像。当然，也可以使用函数 fspecial 来生成这个算子。函数 fspecial 的语法格式为：

    h = fspecial(type,parameters)

其中，type 为要生成的滤波器的类型，主要类型如表 10.3 所示。parameters 是滤波器的参数。具体的参数说明可查阅 MATLAB 帮助文件。

表 10.3 fspecial 函数生成的滤波器类型

'type'值	滤波器的描述
'average'	用于图像模糊的平均滤波器
'disk'	用于图像模糊的圆形平均滤波器
'gaussian'	高斯低通滤波器
'laplacian'	拉普拉斯边缘检测算子
'motion'	运动模糊算子
'prewitt'	Prewitt 边缘检测算子
'sobel'	Sobel 边缘检测算子

【例 10.12】 使用 fspecial 函数生成 Sobel 边缘检测算子。

```
>> h = fspecial('sobel')
h =
     1     2     1
     0     0     0
    -1    -2    -1
```

【例 10.13】 应用 fspecial 函数生成大小为 5×5 的平均滤波器。

```
>> h = fspecial('average',5)
h =
    0.0400    0.0400    0.0400    0.0400    0.0400
    0.0400    0.0400    0.0400    0.0400    0.0400
    0.0400    0.0400    0.0400    0.0400    0.0400
    0.0400    0.0400    0.0400    0.0400    0.0400
    0.0400    0.0400    0.0400    0.0400    0.0400
```

如果省略参数 5，则默认滤波器大小为 3×3。

完成滤波器设计以后，就是如何使用这个滤波器的问题了。MATLAB 图像处理工具箱使用函数 imfilter 来实现空间滤波。该函数的语法为：

B = imfilter(A,H,filtering_mode,boundary_options,size_options)

其中，A 是输入图像，H 是滤波器，B 是滤波结果。

filtering_mode 用于指定在滤波过程中是使用相关还是卷积。有两个选项：'corr'和'conv'，如果将这一项省略，则默认为使用相关。卷积只是将滤波器旋转 180°，然后进行相关操作。如果滤波器关于中心对称，则卷积和相关将产生同样的结果。

boundary_options 用于处理边界填充，边界的大小由滤波器的大小确定。如果省略这一项，默认为零填充。

size_options 选择输出图像的大小，有两个选项：'full'和'same'，如果省略，则默认为'same'。函数 imfilter 的各选项意义如表 10.4 所示。

表 10.4 函数 imfilter 的选项

	选项	描述
滤波类型	'corr'	使用相关来完成滤波
	'conv'	使用卷积来完成滤波
边界填充选项	P	输入图像的边界用值 P 来填充扩展
	'symmetric'	用镜像反射其边界来填充扩展
	'replicate'	通过复制外边界的值来填充扩展
	'circular'	将图像看成一个二维周期函数的一个周期来扩展
大小选项	'full'	输出图像的大小与扩展后的图像大小相同
	'same'	输出图像的大小与输入图像大小相同

2．边缘检测算子的应用

（1）语法说明

在 MATLAB 中可以由 edge 函数实现各种算子对边缘的检测，以 sobel 算子为例，其语法格式为：

BY=edge(I,'sobel')

BY=edge(I,'sobel',thresh)

说明：

BY=edge(I,'sobel')自动选择阈值用 sobel 算子进行边缘检测。

BY=dege(I,'sobel',thresh)根据所指定的敏感阈值 thresh 用 sobel 算子进行边缘检测，它忽略了所有小于阈值的边缘。当 thresh 为空时，自动选择阈值。

[BY，thresh]=edge(I,'sobel'…)返回阈值。

edge 函数对灰度图像 I 进行边缘检测，返回与 I 同样大的二值图像 BY，其中 1 表示边缘，0 表示非边缘。I 是 unit8 型、unit16 型、double 型，BY 是 unit8 型。

其余的 Roberts 算子、Prewitt 算子、Canny 等算子的实现在实例的 sobel 处代替即可。

（2）各种算子处理结果比较

```
I=imread（'zhulou.bmp'）;    %读入图像
BY1=edge(I, 'sobel');       %应用 Sobel 进行边缘检测
BY2=edge(I, 'roberts');     %应用 Roberts 进行边缘检测
BY3=edge(I, 'Prewitt');     %应用 Prewitt 进行边缘检测
```

```
BY4=edge(I, 'Canny');        %应用 Canny 进行边缘检测
subplot (2,3,1), imshow (BY1);
subplot (2,3,2), imshow (BY2);
subplot (2,3,3), imshow (BY3);
subplot (2,3,4), imshow (BY4);
```

各种算子边缘检测结果如图 10.16 所示。

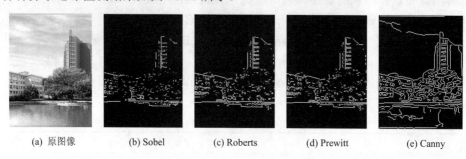

(a) 原图像　　(b) Sobel　　(c) Roberts　　(d) Prewitt　　(e) Canny

图 10.16　边缘检测算子效果图

除了上述语法以外，下面的程序也可以实现图像边缘的锐化。边缘检测的结果比较如图 10.17 所示。

（1）Laplace4

```
f=imread('23gray.bmp');
h1=[0 1 0
1 −4 1
0 1 0];
laplace4=imfilter(f,h1);
imwrite(laplace4,'laplace4.bmp');
```

（2）Laplace8

```
h2=[1 1 1
1 −8 1
1 1 1];
laplace8=imfilter(f,h2);
imwrite(laplace8,'laplace8.bmp');
```

（3）右下边缘抽出

```
h3=[0 2 0
−2 0 2
0 −2 0];
yx=imfilter(f, h3);
imshow(yx)
imwrite(yx,'右下边缘抽出.bmp');
```

（4）Prewitt

```
h4=[1 1 1
1 −2 1
−1 −1 −1];
```

```
prewitt=imfilter(f,h4);
imwrite(prewitt,'prewitt.bmp');
```

（5）robinsou

```
h5=[1 2 1
0 0 0
-1 -2 -1];
robinsou=imfilter(f,h5);
imwrite(robinsou,'robinsou.bmp');
```

（6）kirsch

```
h6=[5 5 5
-3 0 -3
-3 -3 -3]
kirsch=imfilter(f,h6);
imwrite(kirsch,'kirsch.bmp');
```

（7）Smoothed

```
h7=[-1 0 1
-1 0 1
-1 0 1];
sm=imfilter(f,h7);
imwrite(sm,'smoothed.bmp');
```

（8）sobel

```
h=[ 1 2 1
0 0 0
-1 -2 -1 ]
sobel=imfilter(f,h);
imwrite(sobel,'sobel.bmp')
```

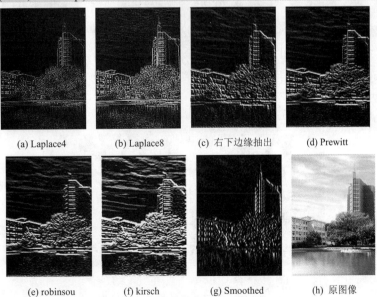

(a) Laplace4　　(b) Laplace8　　(c) 右下边缘抽出　　(d) Prewitt

(e) robinsou　　(f) kirsch　　(g) Smoothed　　(h) 原图像

图 10.17　不同算法的边缘检测

3. 图像二值化

图像二值化在图像处理中具有很重要的作用。首先确定一幅图像的阈值 T，小于阈值 T 的像素值置为 0，大于阈值 T 的像素值置为 1，即可以得到仅有黑白两色的二值图像。

在 MATLAB 中，使用函数 im2bw 进行二值化操作。其语法为：

BW = im2bw(I,level)
BW = im2bw(X,map,level)

第一种形式是把灰度图像转换为二值图像。其中 I 是原图像，BW 是转换以后的二值图像。level 是转换阈值。Im2bw 把低于这个阈值的像素转换为黑，把高于这个阈值的像素转换为白。需要注意的是，这里的 level 必须在 0 和 1 之间。例如：

g=imread('gray.bmp');
bw=im2bw(g,0.5);
imshow(bw);

gray.bmp 是如图 10.18(a)所示的一幅灰度图像，数据格式为 uint8 类型，范围为 0~255。使用 im2bw 时，转换阈值并不是 uint8 类型，将转换阈值乘以 256，得到一个 uint8 类型的阈值，再用这个阈值对图像进行二值化，就得到了如图 10.18(b)所示的二值图像。函数 im2bw(g,0.5)把图 10.18(a)中的所有大于或等于 128 的像素置为 255，而把小于 128 的像素置为 0。原图像和进行二值化处理的图像如图 10.18 所示。

(a) 灰度图像　　　　　　　(b) 二值图像

图 10.18　图像二值化

第二种形式是把带颜色表 map 的索引图像转换为二值图像。level 为转换阈值。同样，这里的 level 也必须在 0 和 1 之间。如图 10.19 所示，索引图像转换成二值图像。

load trees
BW = im2bw(X,map,0.4);
imshow(X,map), figure, imshow(BW)

(a) 索引图像　　　　　　　(b) 二值图像

图 10.19　索引图像转换成二值图像

10.3.3 图像改善的算法

1. 运动模糊图像的复原

在图像处理实践中,经常会遇到运动模糊图像的复原问题。例如,在飞机、汽车等运动物体上所拍摄的照片,在曝光瞬间的偏移会使照片产生运动模糊。可以采用维纳滤波对运动模糊的图像进行复原。如图 10.20 所示,观察处理后的图像,运动模糊的图像得到了改善(彩色图像见本书插页或扫二维码查看)运动模糊图像复原的 MATLAB 程序代码为:

```
I = imread('花.bmp');                              %读入清晰的原图像
figure;imshow(I);title('原图像');                   %显示原图像
LEN = 31;                                          %设置运动位移为 31 个像素
THETA = 11;                                        %设置运动角度为 11°
PSF = fspecial('motion',LEN,THETA);                %建立二维运动滤波器
Blurred = imfilter(I,PSF,'circular','conv');       %产生退化图像
figure; imshow(Blurred);title('运动图像');          %显示模糊图像
wnr1 = deconvwnr(Blurred,PSF);                     %维纳滤波
figure;imshow(wnr1);                               %显示复原后图像
title('复原以后的图像');
```

图 10.20 的二维码

(a) 原图像　　　　　　　　(b) 运动模糊图像　　　　　　　(c) 维纳滤波复原图像

图 10.20　运动模糊图像复原

2. 直方图调整

(1) 直方图均衡化

直方图均衡化就是将图像经过变换,变成一幅具有均匀灰度概率密度分布的新图像。这种处理结果扩展了图像像素的动态范围,增强了整体图像的对比度。如图 10.21 所示。观察处理后的图像,图像明显变得清晰。图 10.22 给出了原图像的直方图和经过均衡化处理的直方图,从图中可以看出图像像素的动态范围增大至 0~255。

使用 histeq 函数可以实现图像的均衡化。图像均衡化的 MATLAB 程序代码为:

```
>> i=imread('gray5.bmp');
>> j=histeq(i);                      %图像直方图均衡化
>> subplot(1,2,1),imshow(i);         %显示原图像
>> subplot(1,2,2),imshow(j);         %显示均衡化以后的图像
>> subplot(1,2,1),imhist(i);         %显示原图像的直方图
>> subplot(1,2,2),imhist(j);         %显示均衡化以后的直方图
```

函数 imhist 用于显示图像的直方图,如图 10.21 所示。

(a) 原图像　　　　　　　　　　(b) 均衡化图像

图 10.21　原图像和均衡化图像

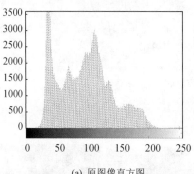　　　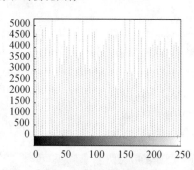

(a) 原图像直方图　　　　　　　　(b) 均衡化图像直方图

图 10.22　原图像直方图和均衡化的直方图

【例 10.14】 对如图 10.21(a)所示原图像进行 32 级和 64 级的直方图均衡化并且显示处理结果图和相应直方图。

```
I1=imread('zhu.jpg');
I=rgb2gray(I1);
J=histeq(I);                    %原图像 64 级均衡化
K=histeq(I,32);
[counts,x]=imhist(K);
M=histeq(I,counts);             %原图像 32 级均衡化
figure,
subplot(2,3,1),imshow(I);
xlabel('(a)原图像');
subplot(2,3,2),imshow(J);
xlabel('(c)64 级均衡化图像');
subplot(2,3,3),imshow(M);
xlabel('(e)32 级均衡化图像');
subplot(2,3,4),imhist(I);
subplot(2,3,5),imhist(J);
subplot(2,3,6),imhist(M);
```

(a) 原图像　　　　　　　　(b) 32级均衡化　　　　　　　(c) 64级均衡化

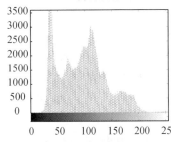 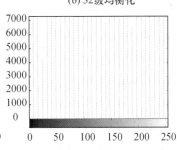 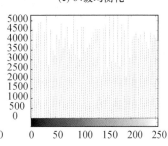

(d) 原图像直方图　　　　　(e) 32级均衡化直方图　　　　(f) 64级均衡化直方图

图 10.23　32、64 级直方图均衡化

（2）直方图规定化

在实际工作中，有时需要通过直方图规定化将原图像变换成某个特定的图像，从而有选择地增强某个灰度值范围内的对比度。使用函数 histeq 可以将直方图变换成特定的形状。处理结果如图 10.24 和图 10.25 所示。函数 histeq 的语法为：

J = histeq(I,hgram)

histeq 将灰度图像 I 的直方图变成大致符合 hgram 的形状。MATLAB 程序代码为：

```
>> i=imread('gray5.bmp');
>> h=0:255;                    %定义直方图规定化函数，使直方图按照 h 的形状转变
>> j=histeq(i,h);              %实现直方图规定化
>> subplot(1,2,1),imshow(i);
>> subplot(1,2,2),imshow(j);
>> subplot(1,2,1),imhist(i);
>> subplot(1,2,2),imhist(j);
```

(a) 原图像　　　　　　　　(b) 直方图规定化图像

图 10.24　直方图规定化图像

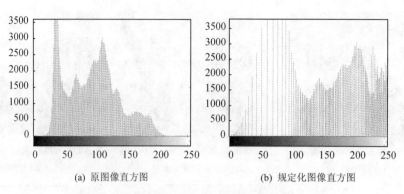

(a) 原图像直方图　　　　　　　(b) 规定化图像直方图

图 10.25　原直方图和规定化直方图

3．空间域滤波

在数字图像处理中经常应用空间域滤波，平滑滤波可以有效地去除图像的噪声，锐化滤波可以强调图像的边缘和轮廓。

（1）平滑滤波

图像平滑滤波效果如图 10.26 所示。邻域平均平滑滤波的 MATLAB 程序代码为：

```
i=imread('noisedcoins.bmp');
figure,imshow(i);              %显示原图像
h1=fspecial('average',3);      %大小为 3×3 邻域平均平滑算子
k1=imfilter(i,h1);             %使用 3×3 邻域平均平滑算子对图像进行滤波
figure,imshow(k1);             %显示平滑后的图像
h2=fspecial('average',5);      %大小为 5×5 邻域平均平滑算子
k2=imfilter(i,h2);             %使用 5×5 邻域平均平滑算子对图像进行滤波
figure,imshow(k2);             %显示平滑后的图像
h3=fspecial('average',9);      %大小为 9×9 邻域平均平滑算子
k3=imfilter(i,h3);             %使用 9×9 邻域平均平滑算子对图像进行滤波
figure,imshow(k3);             %显示平滑后的图像
```

 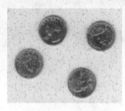 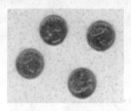 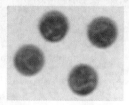

(a) 原图像　　　(b) 3×3 平滑后的图像　　　(c) 5×5 平滑后的图像　　　(d) 9×9 平滑后的图像

图 10.26　图像平滑处理

（2）锐化滤波

在图像识别中，需要将图像中物体的边缘提取出来，这种处理方式即为图像锐化。图像锐化的目的是为了突出图像的边缘信息，加强图像的轮廓特征，以便于对图像的分析和理解。因此，从图像增强目的来看，图像锐化是与图像平滑相反的一类处理。

线性高通滤波器是最常用的线性锐化滤波器，这种滤波器的中心系数都是正的，而周围的系数都是负的。对于 3×3 的模板而言，典型的系数取值为：

[0 −1 0; −1 4 −1; 0 −1 0]

由边缘检测部分可以看出,模板为拉普拉斯算子。对于离散函数 $f(i,j)$,其差分形式为

$$\nabla^2 f(i,j) = f(i+1,j) + f(i-1,j) + f(i,j+1) + f(i,j-1) - 4f(i,j) \quad (10.10)$$

在 MATLAB 中可以通过调用 filter2 函数和 fspecial 函数来实现,对于图像的处理过程和增强效果如图 10.27 所示。MATLAB 程序代码为:

```
I1=imread('主楼.jpg');          %图像读入
g=rgb2gray(I1);                %转换为灰度图像
H1=fspecial('laplacian');      %拉普拉斯锐化
I2=imfilter(g,H1);
I3=g–I2;                       %增强图像为原图像减去锐化图像
figure;imshow(g);
figure;imshow(I2);
figure;imshow(I3);             %显示图像
```

(a) 原图像　　　　　　(b) 拉普拉斯锐化图像　　　　(c) 原图像与锐化图像相减

图 10.27　锐化和增强处理图像

4. 频域滤波

(1) 低通滤波

在频率域中,通过滤波器函数衰减高频信息而使低频信息通过的过程为低通滤波。低通滤波抑制了反映图像边缘特征的高频信息以及包括在高频中的孤立点噪声,起到了平滑图像去噪声的作用。

① 指数低通滤波

```
g=imread('24.bmp');
[m,n]=size(g);
[U,V]=dftuv(m,n);
D0=0.1*n;
F=fft2(double(g));
H=exp(–(sqrt(U.^2+V.^2)/D0).^2);
G=F.*H;
j=ifft2(G);
j=uint8(j);
imshow(j);
```

② 高斯低通滤波

```
IA=imread('lena_gray.jpg');
[f1,f2]=freqspace(size(IA),'meshgrid');
D=100/size(IA,1);
r=f1.^2+f2.^2;
Hd=ones(size(IA));
for i=1:size(IA,1)
for  j=1:size(IA,2)
        t=r(i,j)/(D*D);
Hd(i,j)=exp(-t);
end
end
Y=fft2(double(IA));
Y=fftshift(Y); Ya=Y.*Hd;
Ya=ifftshift(Ya); Ia=real(ifft2(Ya));
figure
imshow(uint8(Ia));
```

③ 巴特沃斯低通滤波

```
f=imread('24.bmp');
g=rgb2gray(f);
[m,n]=size(g);
[U,V]=dftuv(m,n);
D0=0.1*n;
F=fft2(double(g));
H=1./(1+(sqrt(U.^2+V.^2)/D0).^4);
G=F.*H;
j=ifft2(G);
j=uint8(j);
imshow(j);
```

(a) 噪声图像　　(b) 巴特沃斯低通滤波　　(c) 高斯低通滤波　　(d) 指数低通滤波

图 10.28　低通滤波处理的图像

（2）高通滤波

　　高通滤波是为了衰减或抑制低频分量，使高频分量顺利通过的滤波过程。在图像中因为边缘及灰度急剧变化的部分为高频分量，所以，在频域中进行高频滤波操作使图像得到锐化处理，结果使图像中对象的边缘更加突出。

① 指数高通滤波

```
f=imread('24.bmp');
g=rgb2gray(f);
[m,n]=size(g);
[U,V]=dftuv(m,n);
D0=0.05*n;
F=fft2(double(g));
H=1−exp(−(sqrt(U.^2+V.^2)/D0).^2);
G=F.*H;
j=ifft2(G);
j=uint8(j);
imshow(j);
imwrite(j,'EHPF.bmp');
```

② 高斯高通滤波

```
IA=imread('lena_gray.jpg');
[f1,f2]=freqspace(size(IA),'meshgrid');
D=0.3;
r=f1.^2+f2.^2;
for i=1:size(IA,1)
for j=1:size(IA,2)
        t=r(i,j)/(D*D);
Hd(i,j)=1−exp(−t);
end
end
Y=fft2(double(IA));
Y=fftshift(Y);
Ya=Y.*Hd;
Ya=ifftshift(Ya);
Ia=real(ifft2(Ya));
figure
imshow(uint8(Ia));
```

③ 巴特沃斯高通滤波

```
f=imread('24.bmp');
g=rgb2gray(f);
[m,n]=size(g);
[U,V]=dftuv(m,n);
U(1,1)=1;
D0=0.05*n;
F=fft2(double(g));
H=1./(1+(D0./sqrt(U.^2+V.^2)).^4);
G=F.*H;
```

```
        j=ifft2(G);
        j=uint8(j);
        imshow(j);
        imwrite(j,'BHPF.bmp');
```

　　(a) 原图像　　　　　(b) 巴特沃斯高通滤波　　　(c) 高斯高通滤波　　　(d) 指数高通滤波

图 10.29　高通滤波处理图像

5. 伪彩色增强

（1）灰度值和使用彩色的映射

利用 MATLAB 可以实现灰度图像的 16 级伪彩色显示，将输入图像转换为 16 灰度级。灰度值和使用彩色的对应关系见表 10.5。利用这个关系表作映射，就实现了灰度图像的伪彩色增强。这种方法可以应用在对图像中感兴趣的物体突出显示等方面。灰度值和使用彩色的对应关系也可以根据设计者的需要进行设定。

表 10.5　灰度值和使用彩色的对应关系

灰度级	1	2	3	4	5	6	7	8	9	10	11	12	13	14	15	16
R	42	85	128	170	213	1	1	1	1	1	1	1	1	1	1	1
G	0	0	0	0	0	0	42	85	128	170	213	1	1	1	1	1
B	0	0	0	0	0	0	0	0	0	0	0	64	128	192	1	1

（2）参考程序和处理效果

伪彩色增强处理效果如图 10.30 所示，MATLAB 程序代码为：

```
        I = imread('花.bmp');
        g=rgb2gray(I);
        imshow(g)
        x=grayslice(g,16);
        imshow(g)
        figure,imshow(x,hot(16))
```

　　(a) 原图像　　　　　(b) 伪彩色增强图像　　　　图 10.30 的二维码

图 10.30　伪彩色增强处理图像

6. 频域图像增强

在频域进行伪彩色增强时,首先将灰度图像经过傅里叶变换到频域,然后经过 3 个不同的滤波器,将变换域图像分成 3 个频域分量,分别赋予不同的三基色,从而得到伪彩色图像。频域伪彩色增强的 MATLAB 程序代码为:

```
I=imread('花.bmp');
>> figure,imshow(I);
>> [M,N]=size(I);
>> F=fft2(I);
>> fftshift(F);
>> REDcut=100;
>> GREEcut=200;
>> BLUEcenter=150;
>> BLUEwidth=100;
>> BLUEu0=10;
>> BLUEv0=10;
>> for u=1:M
for v=1:N
D(u,v)=sqrt(u^2+v^2);
REDH(u,v)=1/(1+(sqrt(2) −1)*(D(u,v)/REDcut)^2);
GREENH(u,v)=1/(1+(sqrt(2) −1)*(GREEcut/D(u,v))^2);
BLUED(u,v)=sqrt((u-BLUEu0) −2)+((v−BLUEv0)^2);
BLUEH(u,v)=1−1/(1+BLUED(u,v)*BLUEwidth/((BLUED(u,v)^2− (BLUEcenter)^2)^2));
end
end
>> RED=REDH.*F;
>> REDcolor=ifft2(RED);
>> GREEN=GREENH.*F;
>> GREENcolor=ifft2(GREEN);
>> BLUE=BLUEH.*F;
>> BLUEcolor=ifft2(BLUE);
>> REDcolor=real(REDcolor)/256;
>> GREENcolor=real(GREENcolor)/256;
>> BLUEcolor=real(BLUEcolor)/256;
>> for i=1:M
for j=1:N
OUT(i,j,1)=REDcolor(i,j);
OUT(i,j,2)=GREENcolor(i,j);
OUT(i,j,3)=BLUEcolor(i,j);
end
end
>> OUT=abs(OUT);
```

```
>> figure,imshow(OUT);
```
程序执行效果如图 10.31 所示。

图 10.31 的二维码

(a) 原图像　　　　　　　(b) 频域伪彩色增强图像

图 10.31　频域伪彩色增强处理

10.4　直线提取算法

在数字图像处理中经常用到直线的提取算法，由于直线具有独特的几何特征，所以对于直线的提取算法也不同于一般的边缘检测算法。Hough 变换是最常用的直线提取方法。

MATLAB 提供了 3 个与 Hough 变换有关的函数：Hough 函数，Houghpeaks 函数和 Houghlines 函数，功能与用法如表 10.6 所示。

表 10.6　Hough 变换函数

函数名称	功能
Hough	对图像进行 Hough 变换
Houghpeaks	用来提取 Hough 变换后参数平面上的峰值点
Houghlines	用于在图像中提取参数平面上的峰值点所对应的直线

1. Hough 函数

Hough 函数对图像进行 Hough 变换，语法格式为：

```
[H,theta,rho]=hough(BW);
[H,theta,rho]=hough(BW,param1,val1,param2);
```

其中，BW 为输入的二值图像。param1,val1,param2 为函数在 $\rho\theta$ 平面的参数。

2. Houghpeaks 函数

提取 Hough 变换后参数平面上的峰值点。语法格式为：

```
peaks=houghpeaks(H,numpeaks);
peaks=houghpeaks(…, param1,val1,param2,val2);
```

其中，H 为 hough 函数的输出，为参数平面计数结果矩阵。

3. Houghlines 函数

根据 Hough 变换的结果提取图像中的直线。语法格式为：

```
lines=houghlines(BW,theta,rho,peaks);
lines=houghlines(…, param1,val1,param2,val2);
```

其中，BW 为二值图像，theta,rho 为 Hough 函数返回的输出，给出 θ 轴和 ρ 轴各个单元对应的值。peaks 为 houghpeaks 函数返回的输出，给出峰值的行和列坐标，houghlines 函数将根据这些峰值提取直线。param,val 是参数对，指定是否合并或保留直线段的相关参数。

【**例 10.15**】 提取图 10.32(a)所示图像的直线并加以标注,程序运行结果如图 10.32(b)、(c)所示(彩色图像见本书插页或扫二维码查看)。MATLAB 程序代码为:

图 10.32 的二维码

```
I1=imread('dlt.jpg');
I=rgb2gray(I1);
imshow(I);
BW=edge(I,'canny');
[H,T,R]=hough(BW);
imshow(H,[ ],'XData',T,'YData',R,'InitialMagnification','fit');
xlabel('\theta'), ylabel('\rho');
axis on, axis normal, hold on;
P=houghpeaks(H,5,'threshold',ceil(0.3*max(H(:))));
x=T(P(:,2)); y=R(P(:,1));
plot(x,y,'s','color','white');
lines=houghlines(BW,T,R,P,'FillGap',5,'MinLength',7);
figure, imshow(I), hold on
max_len=0;
for k=1:length(lines)
xy=[lines(k).point1; lines(k).point2];
plot(xy(:,1),xy(:,2),'LineWidth',2,'Color','red');
len=norm(lines(k).point1−lines(k).point2);
if (len>max_len)
   max_len=len;
   xy_long=xy;
end
end
plot(xy_long(:,1),xy_long(:,2),'LineWidth',2,'Color','cyan');
```

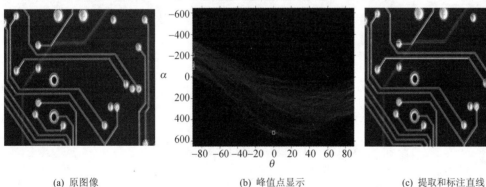

(a) 原图像　　　　　　　(b) 峰值点显示　　　　　　(c) 提取和标注直线

图 10.32　Hough 变换提取和标注直线

【**例 10.16**】 提取图 10.33(a)所示图像的直线并加以标注,程序运行结果如图 10.33(b)、(c)所示。MATLAB 程序代码为:

```
I1=imread('dtk.jpg');
I=rgb2gray(I1);
```

```
BW=edge(I,'canny');
[H,T,R]=hough(BW);
imshow(H,[ ],'XData',T,'YData',R,'InitialMagnification','fit');
xlabel('\theta'), ylabel('\rho');
axis on, axis normal, hold on;
P=houghpeaks(H,5,'threshold',ceil(0.3*max(H(:))));
x=T(P(:,2)); y=R(P(:,1));
plot(x,y,'s','color','white');
lines=houghlines(BW,T,R,P,'FillGap',5,'MinLength',7);
figure, imshow(I1), hold on
max_len=0;
for k=1:length(lines)
xy=[lines(k).point1; lines(k).point2];
plot(xy(:,1),xy(:,2),'LineWidth',2,'Color','green');
len=norm(lines(k).point1−lines(k).point2);
if (len>max_len)
    max_len=len;
    xy_long=xy;
end
```

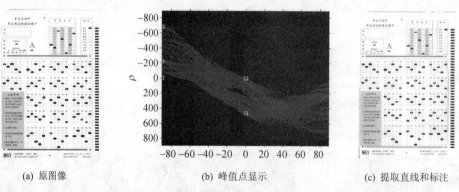

(a) 原图像　　　　　　　(b) 峰值点显示　　　　　　(c) 提取直线和标注

图 10.33　Hough 变换提取不同图像的直线

通过对例 10.15 和例 10.16 的比较，可以看出对于不同的数字图像，Hough 变换提取直线的方法是相同的，但是 $\rho\theta$ 参数空间的峰值点显示不同。

10.5　图像常用正交变换

1. 傅里叶变换

在 MATLAB 中，二维离散傅里叶变换及其逆变换可以用快速傅里叶变换（FFT）算法实现。快速傅里叶变换的函数为 fft2。其语法为：

> Y = fft2(X)

函数 fft2 返回图像 X 的二维傅里叶变换，其大小与 X 相同。

如果需要对图像 X 进行填充，可以使用第二种形式，其语法为：

    Y = fft2(X,m,n)
  使用这种形式，fft2 将对输入图像 X 进行 0 填充，使图像 X 的大小为 $m×n$，同时函数输出 Y 的大小也为 $m×n$。
  需要注意的是，函数 fft2 不支持 uint8 类型，所以使用之前要将图像 X 的数据格式转换为 double 或 single。
  函数 fft2 的运算结果为虚数，如果要将其显示到屏幕上并进行可视化分析，可以用函数 abs 来计算其频谱。
  Y = abs(X)函数计算数组的每一个元素的幅度。
  例如，下面的语句可以计算图 10.34(a)的二维傅里叶变换并将其频谱显示出来。

```
>>f=imread('a.bmp');          %读取图像
>>f=im2double(f);             %将数据格式转换为 double 类型
>>F=fft2(f);                  %二维傅里叶变换
>>S=abs(F);                   %计算傅里叶频谱
>>imshow(S,[ ]);              %显示傅里叶频谱
```

  显示结果如图 10.34(b)所示，4 个角的亮点表示原图像的低频成分，而图 10.34(b)的中心则表示原图像的高频成分。由于图像的能量主要集中在低频部分，所以图像的中心高频部分比较暗。有时候需要将图像的低频部分显示在中心，而将高频部分显示在 4 个角上，需要对其进行变换。变换函数为 fftshift，其语法为：

    Y = fftshift(X)

   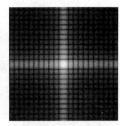

  (a) 原图像　　　　　(b) 傅里叶频谱　　　(c) 居中的傅里叶频谱　(d) 对数变换后增强的频谱

图 10.34　图像的 FFT

  函数 fftshift 主要用于将傅里叶变换的结果进行重新排列，将低频部分移动到频谱的中心部分。

  如图 10.35 所示，将 X 分为 4 个象限，函数 fftshift 就是将 X 的第一、四象限互相交换，第二、三象限互相交换。例如，如果 a=[1 2;3 4]，则 fftshift(a)=[4 3;2 1]。

```
>>S1=fftshift(S);
>>imshow(S1,[ ]);
```

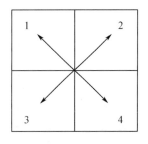

  用函数 fftshift 处理图 10.34(b)后的结果如图 10.34(c)所示。低频部分被转移到中心部分，而高频部分则在 4 个角上。

图 10.35　4 象限表示

  经过变换以后，频谱的动态范围较大不利用观察，可以使用对数变换来缩小动态范围。

```
>>S2=log(1+S1);
>>imshow(S2,[ ]);
```

对数变换的结果如图 10.34(d)所示，明显增加了可视细节。

函数 ifft2 可以用于计算傅里叶逆变换，其基本语法为：

  X = ifft2(Y)

其中，Y 是傅里叶频谱，计算结果 X 是图像。如果计算傅里叶频谱时输入的 X 是实数，那么傅里叶逆变换的结果也应该是实数。然而，ifft2 的实际输出都会有很小的虚数分量，这是由于浮点计算的舍入误差所导致的。因而，最好在计算逆变换后提取结果的实部，以便获得仅由实数组成的图像。可使用如下语句：

  X = real(ifft2(Y))

与傅里叶变换一样，傅里叶逆变换也有另外一种形式，即：

  X = ifft2(Y,m,n)

这种形式在计算之前将 Y 补零，使 Y 的大小为 $m \times n$，而且计算的结果 X 的大小也为 $m \times n$。

2．频域滤波

频域滤波的基础是卷积定理。卷积定理为

$$f(x,y)*h(x,y) \Leftrightarrow F(u,v)H(u,v) \quad (10.11)$$

$$f(x,y)h(x,y) \Leftrightarrow F(u,v)*H(u,v) \quad (10.12)$$

箭头两边的表达式构成了一个傅里叶变换对，即在空间域 $f(x, y)$ 和 $h(x, y)$ 的卷积可以通过计算这两个函数傅里叶变换的乘积的逆变换得到。相反，在空间域 $f(x, y)$ 和 $h(x, y)$ 的乘积可以通过计算这两个函数傅里叶变换的卷积的逆变换得到。

下面对一幅简单的图像进行低通滤波处理，MATLAB 程序代码为：

```
>> [m,n]=size(g);
>> [U,V]=dftuv(m,n);
>> D0=0.1*n;
>> F=fft2(double(g));
>> H=1./(1+(sqrt(U.^2+V.^2)/D0).^4);
>> G=F.*H;
>> j=real(ifft2(G));
>> imshow(j);
```

处理结果如图 10.36 所示。

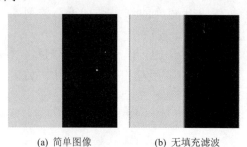

(a) 简单图像　　(b) 无填充滤波

图 10.36　频域低通滤波

二维离散傅里叶变换具有周期性，可表示为

$$F(u,v) = F(u+M,v) = F(u,v+N) = F(u+M,v+N) \quad (10.13)$$

同样，傅里叶逆变换也具有周期性，即

$$f(x,y) = f(x+M,y) = f(x,y+N) = f(x+M,y+N) \quad (10.14)$$

3．离散余弦变换

MATLAB 图像处理工具箱提供的 DCT 函数有 3 个，分别是 dct2、dctmtx、idct2。

（1）dct2 函数

dct2 函数主要用于实现较大输入矩阵的离散余弦变换。其语法格式为：

    B = dct2(A)
    B = dct2(A,m,n)
    B = dct2(A,[m n])

B = dct2(A)返回图像 A 的二维离散余弦变换值，它的大小与 A 相同，且各元素为离散余弦变换的系数 B(K1,K2)。

B = dct2(A,m,n)或 B = dct2(A,[m n])表示在对图像 A 进行二维离散余弦变换之前，先将图像补零至 $m \times n$。如果 m 和 n 比图像 A 小，则进行变换之前，将图像 A 进行剪切。

（2）dctmtx 函数

dctmtx 函数用于产生一个离散余弦变换矩阵。其语法格式为：

    D = dctmtx(M)

D = dctmtx(M)返回大小为 $M \times M$ 的 DCT 矩阵。其形式为：

$$D_{pq} = \begin{cases} 1/\sqrt{M} & p=0, 0 \leq q \leq M-1 \\ \sqrt{2/M} \cos \dfrac{\pi(2q+1)p}{2M} & 1 \leq p \leq M-1, 0 \leq q \leq M-1 \end{cases} \quad (10.15)$$

设 *A* 是一个 $M \times M$ 大小的矩阵，则 ***B=D*A*D′*** 表示 *A* 的二维离散余弦变换。而 ***A=D′*B*D*** 表示二维逆离散余弦变换。

（3）idct2 函数

idct2 函数可以实现图像的二维逆离散余弦变换，其语法格式为：

    B = idct2(A)
    B = idct2(A,m,n)
    B = idct2(A,[m n])

B = idct2(A)函数返回矩阵 A 的二维逆离散余弦变换值，返回图像 B 的大小与矩阵 A 完全相同。

B = idct2(A,m,n)或 B = idct2(A,[m n]) 表示在对矩阵 A 进行二维逆离散余弦变换之前，先将矩阵 A 补零至 $m \times n$。如果 m 和 n 比矩阵 A 小，则进行变换之前，将矩阵 A 进行剪切。返回图像的大小为 $m \times n$。

```
>> f=imread('gray.bmp');
>> g=im2double(f);              %图像存储类型转换，将图像转换为 double 类型
>> T=dctmtx(8);                  %建立一个 8×8 的离散余弦变换矩阵
>> B=blkproc(g,[8 8],'P1*x*P2',T,T');   %进行离散余弦变换
>> mask=[1 1 1 1 0 0 0 0
        1 1 1 0 0 0 0 0
        1 1 0 0 0 0 0 0
        1 0 0 0 0 0 0 0
        0 0 0 0 0 0 0 0
        0 0 0 0 0 0 0 0
        0 0 0 0 0 0 0 0
```

```
>> B2=blkproc(B,[8 8],'P1.*x',mask);      %数据压缩，丢弃右下角高频数据
>> g2=blkproc(B2,[8 8],'P1*x*P2',T',T);   %进行 DCT 反变换，得到压缩后的图像
>> imshow(g);figure;imshow(g2);
```

处理结果如图 10.37 所示。

(a) 原图像　　　　　　(b) 压缩重建图像

图 10.37　DCT 变换效果图

【**例 10.17**】 对如图 10.37(a)所示图像进行 DCT 变换和重构，MATLAB 程序代码为：

```
f = imread('gray.bmp');
F = dct2(f);                                %进行离散余弦变换
imshow(log(abs(F)),[ ]), colormap(jet(64)), colorbar
                                            %显示变换结果并用彩条显示
figure;
F(abs(F) < 20) = 0;                         %将 DCT 变换值小于 20 的系数置零
K = idct2(F)/255;                           %利用 idct2 函数重构图像
imshow(K);
```

处理结果如图 10.38 所示。

 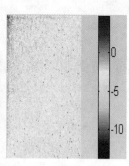 

(a) 原图像　　　　　　(b) DCT 变换　　　　　　(c) 逆变换重构图像

图 10.38　DCT 变换和重构图像

4．图像小波变换

目前，小波分析被广泛应用于图像的压缩、去噪、平滑等各个领域。MATLAB 在小波工具箱中提供了强大的图像处理功能函数，此外，还可以直接应用图形用户接口（Graphical User Interfaces，GUI）进行图像小波变换与分析。

（1）小波工具箱的功能

Wavelet Toolbox3.0 中包含的部分二维离散小波函数如表 10.7 所示。

表 10.7 二维离散小波函数

函数名	说明
dwt2	单层二维离散小波变换
wavedec2	多层二维小波分解
wmaxlev	允许的最大层分解
idwt2	单层二维离散小波逆变换
waverec2	多层二维小波重构
wrcof2	对二维小波系数进行单值重构
upcoef2	对二维小波分解的直接重构
detcoef2	提取二维小波分解高频系数
appcoef2	提取二维小波分解低频系数
upwlev2	二维小波分解的单层重构

（2）小波 GUI 界面

利用 MATLAB 进行小波变换时，除了使用工具箱中的函数外，还可以通过小波工具箱的 GUI 实现图像处理。在 MATLAB 命令符下输入 wavemenu 后按 Enter 键，即会出现小波工具箱主菜单窗口（WaveletToolbox Main Menu），如图 10.39 所示。通过 GUI 的二维小波分析功能，可以实现基本的二维小波变换和小波包变换。利用二维小波分析专用工具，可以实现二维平稳小波去噪、二维小波系数选择和图像融合等操作。

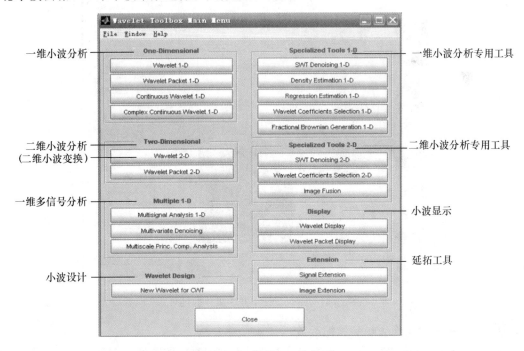

图 10.39 小波 GUI 的界面

单击图 10.39 中的"Wavelet2-D"按钮，出现二维离散小波分析图形工具。执行"File"→"Load"→"Image"菜单命令，读入图像，显示如图 10.40 所示的二维小波分析工具界面。

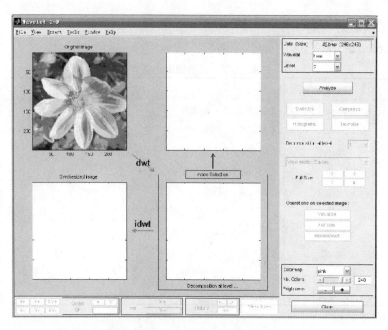

图 10.40　二维小波分解工具界面

在图 10.40 所示界面的右上角进行选择，分解的基本小波为 haar，尺度 Level 为 3。然后单击"Analyze"按钮，分解结果界面如图 10.41 所示。

图 10.41　图像二维小波 3 级分解结果

（3）基于小波的图像去噪和压缩函数

在图像去噪时，存在的一个主要问题是去掉噪声的同时保留图像的细节。小波去噪具有特征提取和低通滤波的综合功能。MATLAB 小波工具箱为图像去噪和压缩提供了许多有效的函数。去噪和压缩的原理基本类似，都是对小波分解的系数进行阈值处理，然后进行重构。表 10.8 所示为基于小波的图像去噪和压缩函数。

表 10.8　小波图像去噪和压缩函数

函数名称	说明
wnoise	产生小波的噪声测试数据
ddencmp	获取去噪和压缩的默认值
wthresh	执行不同的阈值
thselect	选择去噪阈值
wbmpen	设置一维或二维信号去噪的阈值
wdcbm2	二维小波系数阈值处理
wthcoef2	一维或二维信号的去噪处理
wthrmngr	阈值设置管理

作为去噪和压缩的核心函数 wdencmp 语法格式为：

[XC,CXC,LXC,PERFO,PERFL2]=wdencmp('gbl',X, 'wname',N,THR,SORH,KEEPAPP)

[XC,CXC,LXC,PERFO,PERFL2] =wdencmp('lvd',X, 'wname',N,THR,SORH)

[XC,CXC,LXC,PERFO,PERFL2] =wdencmp('lvd',C,L, 'wname',N,THR,SORH)

函数中参数的含义见表 10.9。

表 10.9　wdencmp 函数中参数的含义

参数名称	含义
[CXC,LXC]	附加的输出变量，为 XC 的小波分解结构
PERFO PERFL	恢复和压缩的 L2 范数百分比
wname	小波函数名
N	小波分解的层数
SORH	取值为 s 或 h，表示两种不同的阈值
[C,L]	小波分解结构
THR	3×N 矩阵，包含各尺度中水平、垂直和对角 3 个方向的阈值

（4）基于小波的图像去噪

根据小波系数处理方式的不同，常见的去噪方法有 3 类：基于小波变换模极大值去噪、基于相邻尺度小波系数相关性去噪、基于小波变换阈值去噪。小波阈值去噪方法实现比较简单有效。

小波阈值去噪的基本算法是对小波分解后的各层系数模大于和小于某阈值的系数分别进行处理，然后利用处理后的小波系数重构出去噪后的图像。不同的阈值产生不同的处理效果，一种阈值函数可以很好地保留边缘等局部特征，另外一种阈值函数可以较好地平滑图像。利用二维小波分析对图像进行去噪处理的算法步骤如下：

① 输入二维图像；
② 二维图像信号小波 N 层分解；
③ 输入二维图像信号低频系数、高频系数阈值量化；
④ 选择阈值去除噪声部分高频系数，保留符合条件的图像细节；
⑤ 利用小波分解后的第 N 层低频系数与保留的部分高频系数实现小波重构；
⑥ 输出重构图像。

【例 10.18】利用小波阈值去噪对图 10.42 所示图像进行去噪处理。MATLAB 程序代码为：

```
i1=imread('hudie.bmp');
imshow(i1);
```

```
i2=im2bw(i1,0.5);
i=i2+0.1*randn(size(i2));                    %产生噪声图像
figure(2),imshow(i);
[thr,sorh,keepapp]=ddencmp('den','wv',i);    %使用wdencpm进行图像降噪,寻找默认值
i3=wdencmp('gbl',i,'sym4',2,thr,sorh,keepapp);  %使用全局阈值进行图像降噪
figure(3),imshow(i3);
```

程序运行效果如图10.42所示。

(a) 原图像　　　　　　　(b) 噪声图像　　　　　　(c) 去噪后的图像

图10.42　小波阈值去噪

MATLAB中有很多关于小波变换的函数,其中二维小波变换函数可以应用于图像处理、图像压缩等领域。利用二维小波变换对图像压缩结果如图10.43所示。利用小波对图像进行压缩的步骤为:

① 对图像用小波进行层分解;
② 提取小波分解结构中第一层的低频和高频系数;
③ 进行小波重构;
④ 保留第一层低频信息进行压缩;
⑤ 对第一层低频信息进行量化编码;
⑥ 改变图像的高度;
⑦ 保留第二层低频信息进行压缩;
⑧ 对第二层低频信息进行量化编码;
⑨ 显示分频信息和经过第一、第二次压缩的图像。

MATLAB参考程序代码为:

```
I=imread('花.bmp');
A1=rgb2gray(I);
whos('A1');
subplot(2,2,1);imshow(A1);axis square;title('原图像');
[C,S]=wavedec2(A1,2,'bior3.7');
CA1=appcoef2(C,S,'bior3.7',1);
CH1=detcoef2('h',C,S,1);
CV1=detcoef2('v',C,S,1);
CD1=detcoef2('d',C,S,1);
A1=wrcoef2('a',C,S,'bior3.7',1);
H1=wrcoef2('h',C,S,'bior3.7',1);
V1=wrcoef2('v',C,S,'bior3.7',1);
D1=wrcoef2('d',C,S,'bior3.7',1);
```

```
C1=[A1,H1;V1,D1];
CA1=appcoef2(C,S,'bior3.7',1);
CA1=wcodemat(CA1,400,'mat',0);
CA1=0.5*CA1;
CA2=appcoef2(C,S,'bior3.7',2);
CA2=wcodemat(CA2,400,'mat',0);
CA2=0.25*CA2;
C1=uint8(C1);
subplot(2,2,2);imshow(C1);axis square;title('显示分频信息');
CA1=uint8(CA1);
whos('CA1');
subplot(2,2,3);imshow(CA1);axis square;title('第一次压缩的图像');
CA2=uint8(CA2);
whos('CA2');
subplot(2,2,4);imshow(CA2);axis square;title('第二次压缩的图像');
```

处理结果如图 10.43 所示。

(a) 原图像　　　　(b) 显示分频信息　　　(c) 第一次压缩的图像　　(d) 第一次压缩的图像

图 10.43　利用二维小波变换对图像压缩结果

10.6　分块 DCT 编码水印嵌入方法

以图像作为载体的数字水印技术是当前水印技术研究的重点之一。如果水印的嵌入是在空间域进行的，称其为空域水印技术；如果水印嵌入是在变换域进行的，则称其为变换域水印技术。

分块 DCT 编码水印方法首先进行图像分块 DCT，然后在 DCT 系数块中选取两点，设计两点的大小关系分别表示水印信息中的 0 和 1，根据水印信息对各 DCT 系数块进行"编码"，这样就将水印信息嵌入到了载体图像中。嵌入到载体图像的效果如图 10.44 所示，MATLAB 参考程序代码为：

```
%分块 DCT 编码水印嵌入部分
clear all;
%设置最小相关差值
k=20;
blocksize=8;
file_name='lena1.bmp';
cover_object=double(imread(file_name));
Mc=size(cover_object,1);
```

```
Nc=size(cover_object,2);
%计算能够嵌入的最大秘密信息长度
max_message=Mc*Nc/(blocksize^2);
file_name='_copyright_smaller.bmp';
message=double(imread(file_name));
Mm=size(message,1);
Nm=size(message,2);
message=reshape(message,Mm*Nm,1);
if (length(message) > max_message)
    error('Message too large to fit in Cover Object')
end
watermarked_image=cover_object
% 编码示例：当 message(kk)=0，(5,2) > (4,3)
%            当 message(kk)=1，(5,2) < (4,3)
x=1;
y=1;
for (kk = 1:length(message))
    dct_block=dct2(cover_object(y:y+blocksize−1,x:x+blocksize−1));
    % if message bit is black, (5,2) > (4,3)
    if (message(kk) == 0)
        % if (5,2) < (4,3) then we need to swap them
        if (dct_block(5,2) < dct_block(4,3))
            temp=dct_block(4,3);
            dct_block(4,3)=dct_block(5,2);
            dct_block(5,2)=temp;
        end
        % if message bit is white, (5,2) < (4,3)
    elseif (message(kk) == 1)
        % if (5,2) > (4,3) then we need to swap them
        if (dct_block(5,2) >= dct_block(4,3))
            temp=dct_block(4,3);
            dct_block(4,3)=dct_block(5,2);
            dct_block(5,2)=temp;
        end
    end
    % 对编码用到的两点值进行修正，要求差值大于 k
    if dct_block(5,2) > dct_block(4,3)
        if dct_block(5,2) −dct_block(4,3) < k
            dct_block(5,2)=dct_block(5,2)+(k/2);
            dct_block(4,3)=dct_block(4,3)−(k/2);
        end
    else
```

```
            if dct_block(4,3)–dct_block(5,2) < k
                dct_block(4,3)=dct_block(4,3)+(k/2);
                dct_block(5,2)=dct_block(5,2)–(k/2);
            end
        end
        watermarked_image(y:y+blocksize–1,x:x+blocksize–1)=idct2(dct_block);
        if (x+blocksize) >= Nc
            x=1;
            y=y+blocksize;
        else
            x=x+blocksize;
        end
    end
end
watermarked_image_int=uint8(watermarked_image);
imwrite(watermarked_image_int,'dct1_watermarked.bmp','bmp');
psnr=PSNR(cover_object,watermarked_image,Nc,Mc),
figure(1)
imshow(watermarked_image,[ ])
title('Watermarked Image')
figure(2)
imshow(cover_object,[])
```

(a) 原图像　　　　(b) 水印图像　　　　(c) 水印图像

图 10.44　嵌入到载体图像的效果

习　题　10

10.1　试用 MATLAB 软件平台设计图像处理工程界面。

10.2　编制一段程序，打开一幅*.BMP 文件，并且显示图像。

10.3　试绘出用 MATLAB 作一幅图像直方图的程序流程图。

10.4　编制程序，实现图 10.45 所示图像的 DCT 变换并且显示逆变换后重建的图像。

10.5　编制程序，对一幅图像实现 Sobel、Laplace8 的边缘检测。

10.6　编制程序，对题 10.5 的边缘图进行细化处理。

图 10.45　习题 10.4 图

第11章 图像处理技术应用实例

数字图像处理的应用领域非常广泛,本章仅列举部分应用实例,来自于编著者的教学和科研实践,包括图像处理课程报告、科技论文、学生毕业设计课题等,通过本章的实例分析,引导读者将图像处理的基本理论和基本技术应用于工程实践之中。

11.1 织物疵点的图像信息检测

1. 工程背景

纺织品生产过程中产生的疵点直接影响织物质量。因此,验布是织物质量控制的一个重要环节。传统的人工作业劳动强度大,检测速度慢,检测精度与检验者的经验与疲劳程度直接相关,缺乏统一性与可靠性。作为对人类视觉的延伸,计算机视觉技术随着数字集成技术和数字图像处理技术的发展,已经在布匹疵点检测等工业表面检测领域得到了广泛的应用。从20世纪90年代至今,应用图像处理进行织物瑕疵点检测的研究已经达到了一个高潮。美国、韩国、日本、以色列、瑞士和中国的专家学者们已经发表了大量相关研究论文,汲取相关工业检测系统的开发经验及数学、计算机等相关学科的最新科研成果,理论水平得到了不断的提高。但是,由于算法实时性和价格等因素,检测系统的应用还不够普及。

2. 特征信息检测实验与分析

(1)形态学提取疵点形状信息

应用形态学运算分别对4类不同疵点图像进行检测,实验结果采集原图像如图11.1所示,形态学提取疵点形状信息如图11.2所示。

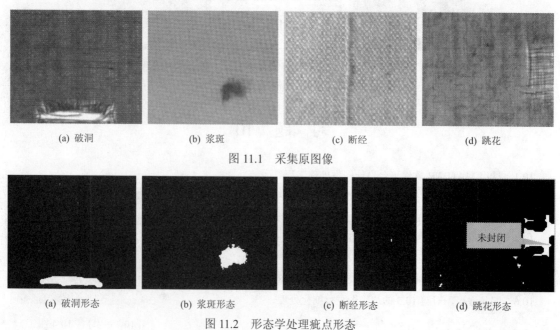

(a) 破洞   (b) 浆斑   (c) 断经   (d) 跳花

图 11.1 采集原图像

(a) 破洞形态   (b) 浆斑形态   (c) 断经形态   (d) 跳花形态

图 11.2 形态学处理疵点形态

（2）疵点位置信息

为了获取织物疵点位置的信息，应用灰度积分投影定位算法，对于得到的二值图像 $g(x,y)$，定位出疵点的 (x,y) 方向位置。疵点 x 与 y 方向位置信息的约束条件分别描述为

$$x_i: \sum_{j=1}^{N} g(i,j) \cup y_i = 0 \tag{11.1}$$

$$x_k: \sum_{j=1}^{N} g(k,j) \cup y_k = 0 \tag{11.2}$$

$$y_j: \sum_{i=1}^{N} g(i,j) \cup x_j = 0 \tag{11.3}$$

$$y_k: \sum_{j=1}^{N} g(k,j) \cup x_k = 0 \tag{11.4}$$

式中，x_i、x_k 为最大灰度累积值所在的行，且 $x_i < x_k$；$\sum_{j=1}^{N} g(i,j)$、$\sum_{j=1}^{N} g(k,j)$ 表示垂直方向最大灰度累积值；y_j、y_k 为最大灰度累积值所在的列，且 $y_j < y_k$；$\sum_{i=1}^{N} g(i,j)$、$\sum_{i=1}^{N} g(k,j)$ 为水平方向最大灰度累积值。

灰度积分投影定位算法及结果如图 11.3～图 11.6 所示。图 11.3～图 11.5 完整显示了各类疵点的位置信息，分析图 11.6 可以看出，当疵点轮廓不封闭时，则无法定位其 x 方向位置。断经疵点 y 方向未封闭，也不能应用算法定位，可以通过后期处理得到封闭轮廓后，应用位置定位算法，再投影映射出 x、y 方向位置信息。

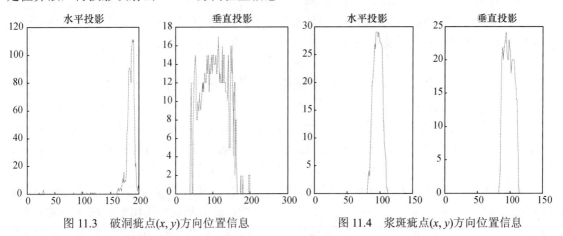

图 11.3　破洞疵点 (x,y) 方向位置信息　　　图 11.4　浆斑疵点 (x,y) 方向位置信息

3. 特征参数

信息检测的最终目的是对研究对象进行特征提取与分析。通过织物疵点的大小、形状和周长、面积等特征来对疵点进行描述和记录，以建立织物疵点检测的参数模型。

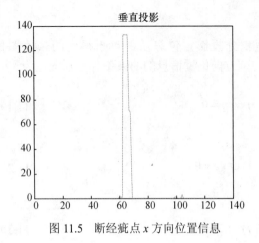
图 11.5　断经疵点 x 方向位置信息

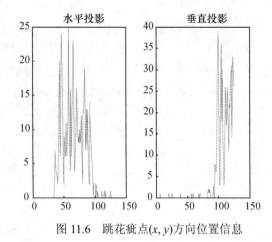
图 11.6　跳花疵点 (x,y) 方向位置信息

$$\sum_{i=1}^{n} f_i(x,y,t) \in \{S, P, L, \vartheta\} \qquad (11.5)$$

式中，$f_i(x,y,t)$ 为采集的图像序列，$i=1,2,3,\cdots,n$；S, P, L, ϑ 分别为疵点的面积、周长、长度和圆心率。对单幅图像实验得到的最为直观的特征面积、周长、长度参数如表 11.1 所示。

表 11.1　特征参数（$i=10$）

特征/形态	破洞	浆斑	断经	跳花
面积(pixel)	1279	521	819	2649
周长(pixel)	246	93	301	374
长度(pixel)	116	30	162	80

织物疵点的检测是当前纺织工业自动化的研究热点，也是一大难点。图像信息在织物疵点检测中的应用，克服了经典边缘检测算子只能给出疵点轮廓信息的弊端。通过形态学处理突出疵点形状信息，提出灰度积分投影法给出疵点的位置信息，同时指出位置信息目标轮廓必须封闭。最后得出疵点类型和周长、面积、纹理信息。研究表明，应用图像信息对部分织物疵点进行实时检测，进而取代人工验布是可行的。

11.2　显微红细胞提取和分割

利用计算机对生物医学图像进行处理能够提高图像处理的效果，减少人为因素的干扰。因为人体中红细胞数量的变化，极有可能是疾病的前兆。因此，红细胞分析计数对于早期发现病症具有实际意义，其结果的准确性直接影响对患者的诊断和治疗。

显微红细胞图像由于其本身的构造和切片制备原因，易出现多个细胞聚在一起，形成较大的区域，这种现象称为重叠。因此，将重叠显微红细胞图像分割是利用图像处理辅助临床诊断的第一步，对后续的红细胞计数和特征提取具有重要意义。研究重叠细胞的分割有实际的医学价值。应用一种适用红细胞图像分割的方法，首先利用 R 通道和 B 通道的分量关系，得到红细胞的灰度图像，而后计算红细胞的形状因子，通过实验确定形状因子阈值，区域形状因子大于阈值的，认为是单细胞，其余为重叠细胞。对重叠细胞经过距离变换、高斯滤波和分水岭变换进行分割，最终得到分割效果较好的红细胞图像。

1. 目标提取

血液由血浆和血细胞组成。血细胞包括红细胞、白细胞和血小板。而红细胞占血液细胞成分的 95%。经过图像采集系统得到的血液图像除有红细胞外，还有白细胞、血小板和一些涂液杂质。因此，提取红细胞图像便显得尤为重要，这将直接影响分割的准确性。

基于图像 24bit 真彩色表达方式进行目标提取。图像由 R、G、B 三种颜色分量进行描述，每种颜色分量含有 256 级颜色深度，这不仅增大了图像表达的信息量，而且也使图像的显示与处理有了更好的平台。对于染色红细胞涂片样品，根据红细胞呈红色及白细胞与红细胞呈现不同颜色的特征，对红细胞图像进行提取。

$$g(i,j) = \begin{cases} g_g(i,j) = 255 & f_r(i,j) - f_b(i,j) \leqslant T \\ g_g(i,j) = f_g(i,j) & f_r(i,j) - f_b(i,j) > T \end{cases} \quad (11.6)$$

式中，$f(i,j), g(i,j)$ 为第 i 行 j 列像素变换前后的颜色；下标 r, g, b 表示对应的红、绿、蓝分量；阈值 T 由实验给定，取值为 10。彩色红细胞三分量中 g 分量值较低，取 g 分量值作为红细胞的灰度值，增大灰度图像中红细胞与背景的对比度。

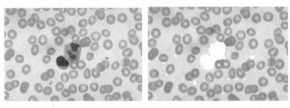

(a) 原图像　　　　　(b) 灰度图像

图 11.7　彩色图像转换为灰度图像

2. 图像二值化

为了进一步压缩图像数据，对细胞图像进行二值处理，图像二值处理过程可表示为

$$g(x,y) = \begin{cases} 1 & f(x,y) \geqslant T \\ 0 & f(x,y) < T \end{cases} \quad (11.7)$$

二值图像如图11.8所示。

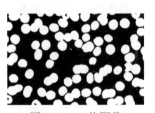

图 11.8　二值图像

经过二值化的图像存在噪声及孔洞现象。采用形态学滤波器进行滤波，即形态学开运算。先用结构元素对图像进行腐蚀，然后再进行膨胀。这样能够去掉细长的边缘毛刺和孤立斑点。由于红细胞呈类圆形，因此，结构元素选择圆盘形，可以减少由滤波带来的形态学误差。

3. 重叠红细胞分割

目前，分割重叠红细胞的主要方法分为搜索凹点的算法和基于分水岭的算法。搜索凹点的分割算法要求细胞重叠处有较明显的凹凸性，对细胞重叠简单的情况有效，但是对于红细胞中存在的多细胞相连，比较复杂的情况分割效果不好。因此，为了能够更有效地分割重叠红细胞，选用基于距离变换的分水岭分割方法。

（1）距离变换

距离变换是对二值图像的操作运算。将一幅二值图像转化为一幅灰度图像。在灰度图像中，每个像素的灰度级是该像素与距其最近的背景像素间的距离。理论上，要计算目标像素点到背景像素点的最短距离，需要对图像进行全局操作运算，即计算此像素点与所有背景像素点的距离，再取最小值。但由于数字图像尺寸大、像素多，全局操作的计算量非常大。实际应用的距离变换是从邻近像素点入手，每次只计算其与局部相邻的几个像素点距离的最小值，根据全局距离是局部距离按比例叠加而成的原理，对图像进行前后两次扫描，然后将两次扫描的图像进行合并，最终得到近似的距离图像。应用倒角算法进行距离变换，简单快速。

在二维情况下，倒角算法给出了两个类似于卷积核的模板，以一种类似于卷积的操作在整幅图像中移动。其具体算法是先把二值图像中背景灰度值设为 0，目标灰度值设为 1，然后对图像做两次扫描，前向扫描从左到右，自顶向下进行，后向扫描从右到左，自底向上进行，一旦模板中心移动到某一目标位置时，模板中的每个元素就与其对应位置处的图像像素值相加，从而得到一个两项和的集合，位于模板中心的图像像素值用这些和中的最小值代替。

用 5×5 模板计算的距离与真实几何距离的差距一般为 1.92%～2.02%。当然也可以采用更高阶的模板，每次考虑更多邻域的像素点，选用 5×5 模板计算出来的距离约为欧氏距离的 5 倍。如图 11.9 所示为模板对，图中*代表模板中心，空白处位置运算时不做任何处理。

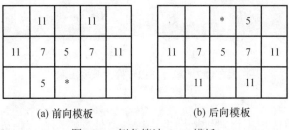

图 11.9　倒角算法 5×5 模板

（2）分水岭算法

分水岭算法是一种数学形态学图像分割方法，由于算法实现过程简单，在生物医学图像处理中受到重视。基本思想是把一幅图像看作测地学上的拓扑地貌，图像中每一点的灰度值代表该点的海拔高度，每一个局部极小值及其影响区域称为集水盆地，而集水盆地的边界则形成分水岭。分水岭算法具有区域增长算法的优势，区域边界可形成一个封闭、连接的单像素集合。如图 11.10 所示为分水岭算法一维示意图。经过分水岭分割的细胞图像如图 11.11 所示。

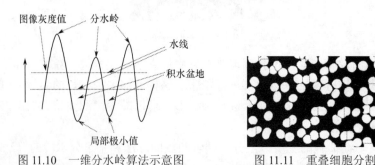

图 11.10　一维分水岭算法示意图　　图 11.11　重叠细胞分割

显微红细胞分割根据红细胞与非红细胞在 RGB 三通道分量的不同，有效地提取了红细胞图像。对于二值重叠红细胞，采用倒角算法得求出距离图，比传统的距离变换速度更快，更实用，而后采用分水岭变换得到距离图的脊线，此脊线即为重叠红细胞的分割线。因此，有效地分割了重叠细胞。

11.3 红外图像的增强

灰度直方图是用于表示图像像素灰度值分布的统计图表，有一维直方图和二维直方图之分。其中，最常用的是一维直方图。一幅图像的直方图可以反映出图像的特点。当图像的对比度较小时，它的灰度直方图在灰度轴上表现为较小的一段区间上非零，较暗的图像在直方图主体出现在低灰度值区间，在高灰度区间上的幅度很小或为零，较亮的图像恰好相反。看起来清晰柔和的图像，它的直方图分布比较均匀。

如图 11.12 所示为一幅红外图像和一幅可见光图像的直方图。通过比较可以看出，红外图像直方图具有以下特点。

① 像素灰度值动态范围很小，很少充满整个灰度级空间。可见光图像的像素则分布于几乎整个灰度级空间。

② 绝大部分像素集中于某些相邻的灰度级范围，这些范围以外的灰度级上则没有或只有很少的像素。可见光图像的像素分布则比较均匀。

③ 直方图中有明显的峰存在，多数情况下为单峰或双峰。若为双峰，则一般主峰为信号，次峰为噪声。可见光图像直方图的峰不如红外图像明显，一般多个峰同时存在。因此，线性灰度拉伸有利于红外图像对比度的增强。

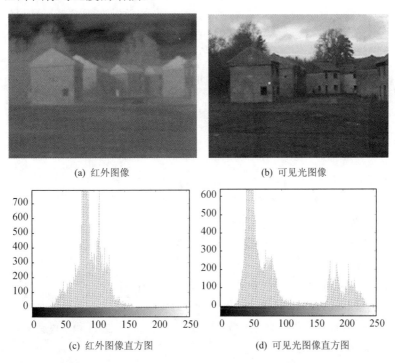

图 11.12 红外图像和可见光图像直方图

1. 分段线性变换

（1）基本算法

红外图像的目标灰度往往集中在整个动态范围内较窄的区间，分段线性变换通过把较窄的目标分布区间展宽，以增强目标与背景的灰度对比度，进而从红外热图像中识别出所感兴趣的目标。同时，由于图像对比度的加大，图像中的线与边缘特征也得到了加强。分段线性变换后，被压缩区间灰度层次的减少换来了增强区间灰度层次的丰富。如图 11.13 所示，灰度分段变换的数学表达为

$$g(x,y) = \begin{cases} k_1 f(x,y) & 0 < f(x,y) < f_1 \\ k_2[f(x,y) - f_1] + g_1 & f_1 \leqslant f(x,y) < f_2 \\ k_3[f(x,y) - f_2] + g_2 & f_2 \leqslant f(x,y) < f_M \end{cases} \tag{11.8}$$

式中，$k_1 = g_1/f_1$，$k_2 = (g_2 - g_1)/(f_2 - f_1)$，$k_3 = (g_M - g_2)/(f_M - f_2)$。

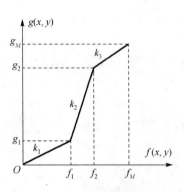

图 11.13 分段线性变换

式(11.8)是典型的分三段线性变换的方法。在实际应用中，可根据需要划分为任意变换区间。在一般情况下，变换前后灰度变化范围是不变的，即 $g_M = f_M$。此时，感兴趣区间的展宽是以其他区间的压缩为代价的。也就是说，增强灰度空间的层次丰富了，对比度增强了，同时，增强区间以外的对比度降低了。但是，因为图像增强并不以保真原则为前提，只要能更好地从背景中识别出感兴趣的目标，这种方法就是切实可行的。

分段线性变换的关键在于灰度分段区间的选择，分段区间的选择直接决定了图像增强和削弱的区域。最简单的方法就是采用固定的区间，对所有的图像进行相同的变换。但实际图像的内容大相径庭，其直方图分布也各具特点，所以，要找到一个对所有图像都适用的变换区间是不可能的。一种好的算法必须结合图像的具体特征，对于绝大多数图像有效，这就要求算法具有自适应性。这里介绍一种自适应的灰度分段线性变换算法，这种算法对大多数图像都比较适用。

（2）算法步骤及变换结果

灰度高频值是直方图中具有最大像素数的灰度级；频数是灰度值重复次数，即图像中具有某灰度值的像素总数；$\{a_i, n_i\}$ 表示灰度级 a_i 对应的频数 n_i。如果存在 $\{a_0, n_0\}$，其中 a_0 为灰度最频值，n_0 为最频值对应的频数，令 $n_T = n_0 \times 10\%$。那么在 $[0, a_0]$ 的灰度空间，必然存在 $\{a_L, n_L\}$ 使得 $[0, a_L]$ 区间所有的 $n_i < n_T$；同样，对于 $(a_0, 255]$ 的灰度区间，必然存在 $\{a_R, n_R\}$ 使得 $[a_R, 255]$ 区间所有的 $n_i < n_T$，变换方法如图 11.14 所示。自适应变换式为

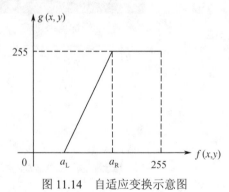

图 11.14 自适应变换示意图

$$g(x,y) = \begin{cases} 0 & f(x,y) < a_L \\ \dfrac{255}{a_R - a_L} \cdot [f(x,y) - f_1] & a_L \leqslant f(x,y) \leqslant a_R \\ 255 & f(x,y) > a_R \end{cases} \tag{11.9}$$

式中，$f(x,y)$ 为原图像像素的灰度值；f_1 为分段线性变换的第一段；$g(x,y)$ 为增强后的灰度值。
自适应分段线性变换算法的基本步骤为：

① 统计灰度直方图，找到灰度最频值 a_0 和对应的频数 n_0；

② 令 $n_T = n_0 \cdot p$；

③ 从直方图的 0 灰度级开始向右搜寻，直到找到 a_L，满足其对应的 $n_L > n_T$，且 $n_{L-1} < n_T$，记为 a_L；

④ 从直方图的 255 灰度级开始向左搜寻，直到找到 a_R 满足其对应的 $n_R > n_T$，且 $n_{R+1} < n_T$，记为 a_R；

⑤ 根据式（11.9）建立查找表；

⑥ 根据建立的查找表，对原图像中的像素逐点进行灰度变换，得到增强的图像。

在基本线性变换的基础上，自适应线性变换增加了搜寻目标线性灰度变换的范围，基本线性变换本身具有运算量小的特点，因此，可以保证实时性。自适应性线性变换通过搜寻目标灰度范围，保证了信号的大部分能量，并通过对信号部分的拉伸，增加了信号部分的对比度；同时，去除图像的大部分噪声，一定程度上克服了基本线性变换增加噪声对比度的问题。阈值 $n_T = n_0 \cdot p$ 中，采用了可调比例因子 p，增加了算法的灵活性。变换结果如图 11.15 所示。

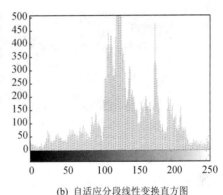

(a) 自适应分段线性变换　　　　(b) 自适应分段线性变换直方图

图 11.15　自适应分段线性变换

11.4　测定织物纬向密度

1. 工程背景分析

织物的纬向密度，是指沿织物经向单位长度内纬纱排列的根数。织物密度的大小，以及经纬向密度的配置，直接影响织物的外观、重量、坚牢度、耐磨性、手感以及透水性、透气性、保暖性等物理机械指标，因此它是织物设计与分析的重要指标之一。传统的经纬纱密度的测定方法需要借助于照布镜和人眼的测量，受织物中纤维毛刺和经纬纱宽度并不均匀的影响，测量过程比较复杂，并且不一定能达到所预期的精度。

在这种情况下，采用一种新的测定织物纬向密度的方法。首先将织物通过扫描，以图像的形式保存到计算机中，然后再利用数学形态学的方法对织物图像进行数字图像处理，较之传统测量方法省时、省力。具有很高的实用价值，可以应用到织物的分析处理中。

2．图像处理方法

测定织物纬向密度的主要目的是求出织物单根纬纱的宽度。通过扫描仪扫描得到织物图像，利用数学形态学的方法对图像进行预处理和图像分析可以求得单根纬纱的宽度。

（1）图像滤波

织物图像在扫描的过程中，可能会受到光照不匀、扫描仪精度低等客观原因而使扫描得到的图像质量不佳，不便于后续处理。采用对原图像进行滤波的方法，滤除由于以上原因而产生的噪声的影响，可以改善织物图像质量。

（2）图像增强

图像增强处理一直是图像处理领域一类非常重要的基本处理技术。通过采取适当的增强处理可以将原本模糊不清甚至根本无法分辨的原图像处理成清楚、明晰的富含大量有用信息的可使用图像，因此这种图像处理技术在医学、遥感、微生物、刑侦以及军事等诸多领域得到广泛应用。经过滤波后的图像虽然有效克服了光照不匀等噪声的影响，但是图像的清晰度不够；可利用形态学中的高、低帽变换对图像进行增强。

① 低帽变换：从原图像中减去经过形态闭运算的图像，可以用来寻找图像中的灰度槽。

② 高帽变换：从原图像中减去形态开启后的图像，可以用来增强图像的对比度。

将高帽变换后的图像与原图像相加再与低帽变换后的图像相减可以达到图像增强的效果。实现效果如图 11.16 所示。

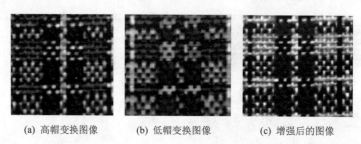

(a) 高帽变换图像　　(b) 低帽变换图像　　(c) 增强后的图像

图 11.16　高低帽变换增强图像

（3）图像分割

图像分割是一种基本的计算机视觉技术，是从图像处理到图像分析的关键步骤。合理地图像分割能够为基于内容的图像检索和对象分析等抽象出十分有用的信息。图像分割的方法有很多，可以利用边缘检测、区域生长、区域合并以及水线阈值分割等方法来实现。每一种处理方法都有其各自的优点和缺点，适用于不同的场合。考虑所要处理的图像的特点和要求，下面提出了一种新的图像分割的方法，使用这种方法可以方便地得到不同灰度级图像的区域分割图，便于不同颜色区域内纱线密度的分析。

首先选用合适的自适应阈值化方法对增强后的图像进行二值化处理，再选择合适的结构元素，利用数学形态学中的开启运算达到区域分割的目的。

① 二值分割

使用的二值化方法为最大方差自动取阈值法，图像灰度直方图的形状是多变的，有双峰但无明显低谷或是双峰与低谷都不明显，而且两个区域的面积也难以确定的情况常常出现，采用最大方差自动取阈值法能得到较为满意的结果。

设有两类区域的某个图像的灰度直方图，设 t 为分离两区域的阈值。由直方图经统计可得被 t 分离后的区域 1、区域 2 与整图像的面积以及整幅图像。区域 1、区域 2 的平均灰度为

区域 1 面积比 $\quad\theta_1 = \sum_{j=0}^{t} \dfrac{n_j}{n}$

区域 2 面积比 $\quad\theta_2 = \sum_{j=t+1}^{G-1} \dfrac{n_j}{n}$ (11.10)

整图像的平均灰度 $\quad\mu = \sum_{j=0}^{G-1} \left(f_j \times \dfrac{n_j}{n} \right)$

区域 1 的平均灰度 $\quad\mu_1 = \dfrac{1}{\theta_1} \sum_{j=0}^{t} \left(f_j \times \dfrac{n_j}{n} \right)$ (11.11)

区域 2 的平均灰度 $\quad\mu_2 = \dfrac{1}{\theta_2} \sum_{j=t+1}^{G-1} \left(f_j \times \dfrac{n_j}{n} \right)$

式中，G 为图像的灰度级数。

整幅图像平均灰度与区域 1、区域 2 平均灰度值之间的关系为
$$\mu = \mu = \mu_1 \theta_1 + \mu_2 \theta_2 \tag{11.12}$$

被阈值 t 分离的两个区域间灰度差较大时，两个区域的平均灰度 μ_1、μ_2 与整幅图像平均灰度 μ 之差也较大，区域间的方差就是描述这种差异的有效参数，其表达式为
$$\delta_B^2 = \theta_1 (\mu_1 - \mu)^2 + \theta_2 (\mu_2 - \mu)^2 \tag{11.13}$$

式中，δ_B^2 表示了图像被阈值 t 分割后两个区域之间的方差。显然，不同的 t 值就会得到不同区域间方差，也就是说，区域间方差、区域 1 均值、区域 2 均值、区域 1 面积比、区域 2 面积比都是阈值 t 的函数，因此式(11.13)可以表示为
$$\delta_B^t(t) = \theta_1(t)[\mu_1(t) - \mu]^2 + \theta^2(t)[\mu_2(t) - \mu]^2 \tag{11.14}$$

经数学推导，区域间方差可表示为
$$\delta_B^t(t) = \theta_1(t) \cdot \theta_2(t)[\mu_1(t) - \mu_2(t)]^2 \tag{11.15}$$

被分割的两区域间方差最大时，被认为是两区域的最佳分离状态，由此确定最大阈值 T 为
$$T = \max[\delta_B^2(t)] \tag{11.16}$$

以最大方差决定阈值不需要人为设定其他参数，是一种自动选择阈值的方法，它不但适用于两个区域的单阈值选择，也可以扩展到区域的阈值选择中去。如图 11.17 所示为应用最大方差取阈值方法得到的织物图像二值图。

② 区域分割

对于二值图像进行数学形态学中的开运算，得到分块区域图。在区域分割中关键的问题就是开运算结构元素的选取，在设计过程中通过实验发现选取尺寸为[25,20]大小的矩形元素作为结构元素最合适，利用该结构元素对二值化图像进行开运算得到的区域分割图如图 11.18 所示。

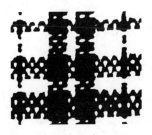
图 11.17　二值图

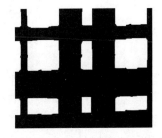
图 11.18　区域分割图

（4）图像分析

如果说图像处理是一个从图像到图像的过程，图像分析则是一个从图像到数据的过程。这里数据可以是对目标特征测量的结果，或是基于测量的符号表示。它们描述了图像中目标的特点和性质。一旦图像已被分割，可逐个对目标进行测量。图像分析的主要目的就是对图像中感兴趣的目标进行检测和测量，以获得它们的客观信息从而建立对图像的描述。这里进行图像分析的目的是求出单根经纱的纬向宽度。

图 11.19　图像分析图

如图 11.19 所示，d 即为单根纬纱的宽度，可以利用逐点分析法求出 d 所占的像素宽度为 $a_2 - a_1$。设单根纬纱宽度为 x 个像素，扫描仪的分辨率为 p，单位为像素/英寸，则可由 $x \times \dfrac{1}{p}$ 求得单根纬纱宽度。单位长度内的经纱纬向密度即为：$\dfrac{1}{d}$（根/英寸）。

（5）算法步骤

① 形态学滤波子函数：function L=strcturelvbo(I1)

应用几种结构体元素构成复合滤波器对图像进行并行滤波，而后输出滤波后的图像。

② 图像增强子函数：function A=enhance(a)

利用形态学运算中的高、低帽变换对经过滤波后的图像进行增强处理。

③ 最大方差自动取阈值法子函数：function th=thresh_md(a)

通过最大方差自动取阈值法自动得到增强后的图像的二值化阈值，并输出该阈值。其中，求不同灰度级区域的类间方差算法表示为

$$d = [\mu \times \omega - \mu_a] \cap \dfrac{2}{\omega(1-\omega)} \tag{11.17}$$

最大方差自动区阈值算法步骤为：

i. 读入图像数据，计算个灰度出现的概率；

ii. 计算图像的平均灰度值 μ 和各个不同灰度级子程序的平均灰度 μ_a；

iii. 计算不同灰度级子区域占整个图像的面积比 ω；

iv. 求出不同区域的类间方差；

v. 找出最大类间方差对应的灰度值，并对灰度值进行修正输出阈值。

（6）计算纬纱宽度

对进行了预处理和二值化后的图像使用大小为[25,20]的矩形结构元素进行开运算，得到区域分割的图像后再使用逐点扫描的方法求得单根纬纱的平均宽度。

11.5　数字图像水印技术

随着现代通信技术和多媒体技术的飞速发展，数字化多媒体信息产品的传播和交易变得越来越便捷。在网络传输逐渐成为人们之间信息交流的重要手段的同时，信息安全问题也日益显露出来。信息隐藏技术比较好地解决了传统密码技术的一些问题，数字水印技术为保护多媒体信息的版权和保证多媒体信息的安全使用提供了一种很有效的手段。对于一个有实用价值的水印系统而言，如何提高水印信息的安全性，以及解决水印的透明性与鲁棒性之间的

矛盾是两个最为关键的问题。

以图像作为载体的数字水印技术是当前水印技术研究的重点之一，它吸引了众多研究人员和学者的兴趣。对图像水印的研究可以根据水印嵌入时对载体图像采取的变换形式进行分类：如果水印的嵌入是在空间域进行的，称其为空域水印技术；如果水印嵌入是在变换域进行的，则称其为变换域水印技术。

1. 最低有效位方法（LSB）

这是一种典型的空间域的数据隐藏方法。就图像数据而言，一幅图像的每个像素是以多比特方式构成的，在灰度图像中，每个像素通常为 8 位。在真彩色图像中，每个像素为 24 比特，其中 RGB 三色各为 8 位，每一位的取值为 0 或 1。把整个图像分解为 8 个位平面，从 LSB（最低有效位 0）到 MSB（最高有效位 7）。

（1）算法步骤

从位平面的分布来看，随着位平面从低位到高位（即从位平面 0 到位平面 7），位平面图像的特征逐渐变得复杂，细节不断增加。到了比较低的位平面时，单纯从一幅位平面上已经逐渐不能看出测试图像的信息了。由于低位所代表的能量很少，改变低位对图像的质量没有太大的影响。LSB 方法正是利用这一点在图像低位隐藏入水印信息。嵌入水印算法步骤为：

① 读取载体图像和秘密信息，将载体图像的每个像素点的像素值都转换成 8bit 的二进制数。

② 将所得到的二进制数矩阵进行压缩，然后把二值水印信息嵌入压缩后空出的最低位，或者直接与 8bit 二进制数的最低位进行替换。假设待嵌入二进制水印信息序列为{0,1,1,0,0,0,1,0,0}，构成新的位平面，如图 11.20 所示。

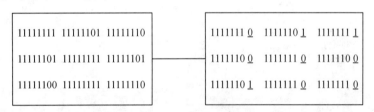

图 11.20　用二值水印信息替换载体数据的最低有效位

这个替换过程可以描述为

$$S_{i,j} = \begin{cases} X_{i,j} + W_{i,j} & X_{i,j} \text{为偶数} \\ X_{i,j} + W_{i,j} - 1 & X_{i,j} \text{为奇数} \end{cases} \tag{11.18}$$

其中，$X_{i,j}$ 表示原载体图像第 i 行 j 列像素点的像素值，$W_{i,j}$ 为待嵌入的二值水印。使用原载体图像和待嵌入图像都是彩色 BMP 格式，大小为 256×256。彩色水印图像嵌入首先要进行彩色图像的二值化转换。

③ 将载体图像每个像素点的像素值都进行 8bit 二进制转换，以 8 位二进制数作为位平面分布高度，分解成 8 个位平面。将最低位或第 2 位平面置零，替换为二值化水印，重新构成 8 个新的位平面，实现水印在图像位平面的嵌入。把新的 8bit 二进制数转换为图像像素的十进制数，得到水印图像。

（2）算法仿真

设传输的隐密信息如图 11.21 所示。由隐密信息生成载体图像大小的水印图像，如图 11.22 所示。将水印图像加到各个位平面后得到的结果如图 11.23 所示。

图 11.21 隐密信息　　　　　　图 11.22 水印图像

(a) 位平面 7　　　　(b) 位平面 6　　　　(c) 位平面 5　　　　(d) 位平面 4

(e) 位平面 3　　　　(f) 位平面 2　　　　(g) 位平面 1　　　　(h) 位平面 0

图 11.23　水印嵌入到不同位平面的结果

图 11.23 所示各幅图像与原图像的相似度值如表 11.2 所示。

表 11.2　水印图像与原图像的相似度

水印位置	相似度	水印位置	相似度
位平面 7	6.3432	位平面 3	2.0591e+003
位平面 6	24.1157	位平面 2	8.2780e+003
位平面 5	129.6464	位平面 1	3.2618e+004
位平面 4	492.2269	位平面 0	1.2321e+005

从表 11.2 数据可以看出，将水印信息嵌入到位平面 0，即 LSB 平面所得到的图像与原图像最相似，图像几乎看不到失真，而使用位平面 7，即 MSB 平面时图像失真最大。

由于 LSB 位平面携带着水印，因此在嵌入水印图像没有产生失真的情况下，水印的恢复很简单，只需要提取含水印图像 LSB 位平面即可，而且这种方法是盲水印算法。但是 LSB 算法最大的缺陷是对信号处理和恶意攻击的稳健性很差，对含水印图像进行简单的滤波、加噪等处理后，就无法进行水印的正确提取。对嵌入水印嵌入的图像进行滤波和几何攻击，获得如图 11.24 所示图像。

(a) 滤波操作　　　　　　　(b) 旋转 45°　　　　　　(c) 剪切操作

图 11.24　滤波和几何攻击的水印图像

从如图 11.25 所示的结果可以看出，LSB 算法对于滤波操作和部分几何攻击的抵抗性不是很好，水印图像不很清晰。尽管如此，由于 LSB 方法实现简单，隐藏量比较大，以 LSB 思想为原型，产生了一些变形的 LSB 方法，目前互联网上公开的图像信息隐藏软件大多使用这种方法。

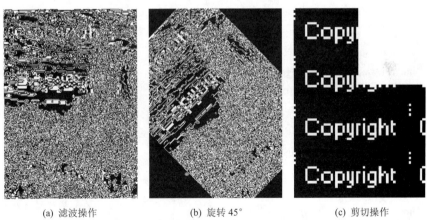

(a) 滤波操作　　　　　　　(b) 旋转 45°　　　　　　(c) 剪切操作

图 11.25　滤波和几何攻击后水印提取的图像

（3）LSB 方法的实现程序

```
%LSB 水印嵌入算法
clear all;
%读取载体图像
file_name='_lena_std_bw.bmp';
[cover_object,map]=imread(file_name);
%读取秘密信息
file_name='key.bmp';
```

```matlab
[message,map1]=imread(file_name);
message1=message;
message=double(message);
message=fix(message./2);
message=uint8(message);
%确定载体图像大小
Mc=size(cover_object,1);
Nc=size(cover_object,2);
%确定隐密信息大小
Mm=size(message,1);
Nm=size(message,2);
%利用隐密信息生成载体图像大小的水印信息
for i = 1:Mc
    for j = 1:Nc
        watermark(i,j)=message(mod(i,Mm)+1,mod(j,Nm)+1);
    end
end
watermarked_image=cover_object;
%将水印信息嵌入到载体图像
for i = 1:Mc
    for j = 1:Nc
        watermarked_image(i,j)=bitset(watermarked_image(i,j),1,watermark(i,j));
    end
end
imwrite(watermarked_image,'lsb_watermarked.bmp','bmp');
%计算载体图像与水印图像的相似度
psnr=PSNR(cover_object,watermarked_image,Mc,Nc),
figure(1)
imshow(watermarked_image,[])
title('Watermarked Image')
figure(2)
imshow(cover_object,[])
title('original   image')
%……………………………LSB 水印提取算法………………………
clear all;
watermarked_image=imread('lsb_watermarked.bmp');
%水印图像的大小
Mw=size(watermarked_image,1);
Nw=size(watermarked_image,2);
%水印信息提取过程
for i = 1:Mw
    for j = 1:Nw
```

```
            watermark(i,j)=bitget(watermarked_image(i,j),1);
        end
    end
    watermark=2*double(watermark);
    imshow(watermark,[])
    title('Recovered Watermark')
```

2. 分块 DCT 编码水印方法

首先进行图像分块 DCT，然后在 DCT 系数块中选取两点，设计两点的大小关系分别表示水印信息中的 0 和 1，根据水印信息对各 DCT 系数块进行"编码"，这样就将水印信息嵌入到载体图像中。算法步骤为：

① 读取载体图像和水印信息，原载体图像大小为 512×512 的灰度图像，调整水印图像大小为 32×32；

② 计算载体图像能容纳的最大水印信息长度；

③ 将载体图像进行 8×8 为基准的分块，每块大小和处理后的水印图像大小一致。对载体图像分块 DCT 变换：

```
BLOCK=I(x:x+8-1,y:y+8-1);
BLOCK=dct2(BLOCK);
```

④ 选取 DCT 系数嵌入隐密信息，算法通过修改的直流分量系数来嵌入水印，实现采用的是乘法，在 BLOCK(1,1)中嵌入信息：

```
BLOCK(1,1)=BLOCK(1,1)*(1+a*0.03);
```

⑤ 对正变换处理后的图像块进行 DCT 逆运算，并将得到的反变换图像块进行重构，一幅完整的图像即为水印图像。

```
BLOCK=idct2(BLOCK);
I(x:x+k-1,y:y+k-1)=BLOCK;
```

分块 DCT 编码水印方法得到的图像如图 11.26 所示。水印图像与原图像的相似度值 PSNR=9.3969e+003。

由实验结果可以看出，该方法的鲁棒性相对于上述的 LSB 法更好一些，能够抵抗滤波以及一些几何攻击。

3. 数字水印 DWT 算法

(1) 小波变换嵌入水印的优点

对比于 DCT，DWT 具有以下优点：对一幅图像来说具有多分辨率和分层次的特性，解码过程可以连续地从低分辨率过渡到高分辨率，而 DCT 对一幅图像的分辨率只有一个，不能做到根据图像区域的不同频率来进行不同层次的分辨；DWT 比 DCT 更接近人类视觉系统，因此，图像经小波域编码的高比特率压缩后，比经过同样比特率的 DCT 要少很多的扰动；DWT 产生一个空间-尺度函数，在对一幅图像的描述中，高频的信号可以在像素域中精确地被定位，同时低频的信号则在频域精确地定位。

① 根据小波域的多分辨率特性，对图像的描述是分层目录结构的，可以不需要整幅图像进行水印的验证。这一点尤其适用于需要进行大量数据处理的图像步进传输中，例如视频图像的应用或者在实时系统中的应用。那种分层目录结构的水印算法可以在传输过程中检测出水印，从而简化计算量。

(a) 原图像　　　　　　　(b) 水印图像　　　　　　(c) 嵌入水印图像

(d) 滤波后图像　　　　　(e) 旋转后图像　　　　　(f) 剪切后图像

(g) 滤波图像的水印　　　(h) 旋转图像的水印　　　(i) 剪切图像的水印

图 11.26　分块 DCT 编码水印

② 可以保证在新一代压缩标准 JPEG2000 有损压缩下的嵌入水印不会被去除，也可以在压缩域中直接嵌入水印。

③ DWT 可以对人眼视觉系统进行更好的模拟。它把信号分解成独立的子带，并且独立地进行处理。而且小波噪声量化的可见性和在小波域中有关视觉屏蔽的可能性都在被广泛地研究。

④ 小波域的高分辨率子带用来描述图像特征，如纹理和边缘区域等，通常人们把大能量的水印加入大的小波系数中，因此影响的正好是图像的纹理区域和图像变化的边缘区域，而这些区域也正是人眼对之变化不敏感的区域。

（2）DWT 水印的嵌入与提取

水印嵌入可描述为

$$C' = C(1+aW) \tag{11.19}$$

其中，C 是原图像的小波系数。a 是强度因子，取值要同时兼顾水印的不可感知性和鲁棒性，a 的值越大，水印对信号攻击的抵抗力虽然会增强，但是会影响到原载体图像的质量。反之，

a 的取值越小,虽然保证了原载体图像的质量,却又降低了水印的鲁棒性。经过多次实验仿真,将 a 的取值确定为 1.8,使不可感知性和鲁棒性得到了折中取舍。W 是被嵌入的水印。C' 是嵌入水印后的小波系数。

① 水印的嵌入步骤

i. 分别输入原图像 X 和水印图像 W;

ii. 二值化后的水印信息通过循环式将图像系数转换为一维矩阵:
$$\text{if } W(i,j)=1, \quad W'(i,j)=1;$$
$$\text{if } W(i,j)=0, \quad W'(i,j)=-1;$$

iii. 原图像采用 harr 小波变换进行一维矩阵的二级小波分解,得到低频分量、水平分量、垂直分量和对角分量上的 4 个小波系数,再对二级的水平垂直分量进行一维矩阵转换;

iv. 通过分析水印嵌入位置的特点,将水印图像按照对原载体图像的小波系数进行修改,表示为
$$\text{if } W(i,j)=0$$
$$C'=C(1+aW')$$

v. 使用修改过的小波系数进行小波逆变换,重构图像数据得到嵌入水印后的水印图像。

② 水印的提取算法

水印提取和水印嵌入时步骤相反,先对水印图像和水印信息图像进行小波多层分解,然后使用小波变换的逆变换得到小波系数,即 $W'=(C'-C)/(aC)$,计算得出水印序列。

i. 对水印图像和受攻击后的水印信息图像进行二级 harr 小波分解,分别得到不同的小波系数。

ii. 读入原水印信息图像,根据原水印信息提取出嵌入的水印小波系数,可表示为
$$W'=(C'-C)/(aC) \tag{11.20}$$

其中,W' 是提取出的水印系数,C' 为含水印的小波系数,C 为原图像的小波系数。

iii. 对得到的小波系数进行重组,提取出水印图像。

③ 算法仿真

仿真时将彩色图像转换成灰度图像,水印信息重构为 128×128 二值图像。对获得的水印图像进行了椒盐噪声攻击之后提取出来,结果如图 11.27 所示。

④ DWT 数字水印客观评价

通常,应用峰值信噪比和失真度客观评价水印的质量,峰值信噪比表示为
$$\text{PSNR}=10\times\lg\frac{255^2}{\|r-f\|_2^2} \tag{11.21}$$

其中,r、f 分别表示原图像和嵌入水印后图像。

相关系数(Normalized Correlation,NC)常用来计算提取的水印图像与原水印图像之间的相似性,表示为
$$\text{NC}=\frac{\sum_{i=1}^{i=M}\sum_{j=1}^{j=M}W(i,j)W'(i,j)}{\sum_{i=1}^{i=M}\sum_{j=1}^{j=M}W(i,j)^2} \tag{11.22}$$

其中,W 表示原水印图像,W' 表示提取出的水印图像。

(a) 灰度载体图像　　　(b) 128×128 水印二值图像　　　(c) 嵌入水印后的图像

(d) 无攻击提取的水印　　(e) 椒盐噪声攻击水印图像　　(f) 攻击后提取的水印

图 11.27　DWT 水印算法嵌入与提取

经过仿真，嵌入水印后的图像与原图像之间的峰值信噪比为 26.7908，水印嵌入后的失真度比较小。对水印图像进行椒盐噪声攻击测试，水印图像客观质量评价指标依据不同攻击强度下的失真度与峰值信噪比，如表 11.3 所示。

表 11.3　不同椒盐噪声攻击强度下的失真度与 PSNR

攻击强度	0.04	0.06	0.08	0.10	0.12
失真度	6484	8214	9358	10922	12000
峰值信噪比	4.8789	4.8761	4.8742	4.8716	4.8699

11.6　Arnold 变换及其应用

Arnold 变换也被称为"猫脸变换"，其矩阵表示为

$$\begin{pmatrix} x' \\ y' \end{pmatrix} = \begin{pmatrix} 1 & 1 \\ 1 & 2 \end{pmatrix} \cdot \begin{pmatrix} x \\ y \end{pmatrix} \cdot \mathrm{mod}(N) \tag{11.23}$$

式中，(x', y') 是初始图像内 (x, y) 像素经过 Arnold 变换后移动到的新的位置。其中，矩阵 $\begin{pmatrix} 1 & 1 \\ 1 & 2 \end{pmatrix}$ 称为"参考映射矩阵"。mod 为模除，当 $a \bmod b$ 时，指求 a 除以 b 所得到余数。N 值代表了矩阵的宽度。反复进行此变换，即可得到置乱的图像。

若已知图像 $A_0 = \begin{bmatrix} 215 & 186 \\ 87 & 169 \end{bmatrix}$，通过使用上述的 Arnold 变换算法计算 A_0 经过一次 Arnold 变换后的图像为 A_1。

已知 Arnold 变换矩阵：$\begin{pmatrix} x' \\ y' \end{pmatrix} = \begin{pmatrix} 1 & 1 \\ 1 & 2 \end{pmatrix} \cdot \begin{pmatrix} x \\ y \end{pmatrix} \cdot \mathrm{mod}(N)$，$N=2$；且 $A_0 = \begin{bmatrix} m_{00} & m_{01} \\ m_{10} & m_{11} \end{bmatrix} = \begin{bmatrix} 215 & 186 \\ 87 & 169 \end{bmatrix}$。

m_{00}，m_{01}，m_{10}，m_{11} 变换表示为

$$m_{00} = \begin{pmatrix} 1 & 1 \\ 1 & 2 \end{pmatrix} \cdot \begin{pmatrix} 0 \\ 0 \end{pmatrix} \cdot \mathrm{mod}(2) = \begin{pmatrix} 0 \\ 0 \end{pmatrix} \cdot \mathrm{mod}(2) = \begin{pmatrix} 0 \\ 0 \end{pmatrix} = m_{00}^1$$

$$m_{01} = \begin{pmatrix} 1 & 1 \\ 1 & 2 \end{pmatrix} \cdot \begin{pmatrix} 0 \\ 1 \end{pmatrix} \cdot \mathrm{mod}(2) = \begin{pmatrix} 1 \\ 2 \end{pmatrix} \cdot \mathrm{mod}(2) = \begin{pmatrix} 1 \\ 0 \end{pmatrix} = m_{10}^1$$

$$m_{10} = \begin{pmatrix} 1 & 1 \\ 1 & 2 \end{pmatrix} \cdot \begin{pmatrix} 1 \\ 0 \end{pmatrix} \cdot \mathrm{mod}(2) = \begin{pmatrix} 1 \\ 1 \end{pmatrix} \cdot \mathrm{mod}(2) = \begin{pmatrix} 1 \\ 1 \end{pmatrix} = m_{11}^1$$

$$m_{11} = \begin{pmatrix} 1 & 1 \\ 1 & 2 \end{pmatrix} \cdot \begin{pmatrix} 1 \\ 1 \end{pmatrix} \cdot \mathrm{mod}(2) = \begin{pmatrix} 2 \\ 3 \end{pmatrix} \cdot \mathrm{mod}(2) = \begin{pmatrix} 0 \\ 1 \end{pmatrix} = m_{01}^1$$

所以得到一次 Arnold 变换后的置乱图像

$$A_1 = \begin{bmatrix} m_{00}^1 & m_{01}^1 \\ m_{10}^1 & m_{11}^1 \end{bmatrix} = \begin{bmatrix} 215 & 169 \\ 186 & 87 \end{bmatrix}$$

1. Arnold 变换实例

图像的二维 Arnold 变换，可以实现像素位置的置乱，Arnold 算法的实质就是对原图像中的每一个像素点的坐标进行变换，即应用参考映射矩阵 $\begin{pmatrix} 1 & 1 \\ 1 & 2 \end{pmatrix}$ 与坐标相乘，再与图像矩阵的宽度进行模除，最终得到置乱后的图像的坐标位置。所以经过 Arnold 变换处理的图像，其灰度直方图与原图一样，下面以"天工大"图像为例，如图 11.28 所示，进行 10 次、50 次、90 次置乱之后的图像，在 90 次置乱后，又回到原图像。

(a) 原图

(b) 10 次置乱

(c) 50 次置乱

(d) 90 次置乱

图 11.28 Arnold 变换

2. Arnold 变换的周期性

根据实验结果可以得出，图像经过 Arnold 置乱后，变得十分混乱。然而，当继续使用 Arnold 置乱一定的次数之后，便会呈现出与初始图像一模一样的图像。这表明 Arnold 置乱具有周期性，周期性质对于加密图像的恢复具有十分重要的意义。

Arnold 置乱的周期性，可以使矩阵宽度不同的图像，经过一定次数的变换后恢复为原图像。如表 11.4 所示，阶数 N 值不同的情况下，想要恢复原图像，需要进行对应的置乱次数，恢复原图像的周期记为 m_N。

表 11.4　各种大小为 $N \times N$ 图像的二维 Arnold 变换周期

N	2	3	4	5	6	7	8	9	10	11	12	16	24	25
周期	3	4	3	10	12	8	6	12	30	5	12	12	12	50
N	32	40	48	49	56	60	64	100	120	125	128	256	380	450
周期	24	30	12	56	24	60	48	150	60	250	96	192	90	300

由此可见，置乱时可以对经过 Arnold 变换后的加密图像进行一定次数的迭代，以用来恢复出原图像。分析表 11.4 可得出推论：对矩阵尺寸大小不一的图像进行 Arnold 置乱的周期不同。之前所给出的图像矩阵 $A_0 = \begin{bmatrix} 215 & 186 \\ 87 & 169 \end{bmatrix}$，在一次 Arnold 变换之后，得到 $A_1 = \begin{bmatrix} 215 & 169 \\ 186 & 87 \end{bmatrix}$，在此之后，再进行一步置乱操作便可以得到 $A_2 = \begin{bmatrix} 215 & 87 \\ 169 & 186 \end{bmatrix}$。在图像矩阵 A_0 进行了 3 次 Arnold 变换操作之后，便得到了 $A_3 = \begin{bmatrix} 215 & 186 \\ 87 & 169 \end{bmatrix}$。此时，$A_3$ 已经恢复到了初始图像 A_0。

附录A MATLAB 图像处理工具箱常用函数

表 A.1 通用函数

函数	功能	语法
colorbar	显示颜色条	colorbar colorbar(…,'peer',axes_handle) colorbar(axes_handle) colorbar('location') colorbar(…,'PropertyName',propertyvalue) cbar_axes = colorbar(…)
getimage	从坐标轴取得图像数据	A = getimage(h) [x,y,A] = getimage(h) […,A,flag] = getimage(h) […] = getimage
image	创建并显示图像对象	image(C) image(x,y,C) image(…,'PropertyName',PropertyValue,…) image('PropertyName',PropertyValue,…) （Formal syntax–PN/PV only） handle = image(…)
imagesc	按图像显示数据矩阵	imagesc(C) imagesc(x,y,C) imagesc(…,clims) h = imagesc(…)
imshow	显示图像	imshow(I,n) imshow(I,[low high]) imshow(BW) imshow(X,map) imshow(RGB) imshow(…,display_option) imshow(x,y,A,…) imshow filename h = imshow(…)
montage	在矩形框中同时显示多帧图像	montage(I) montage(BW) montage(X,map) montage(RGB) h = montage(…)

函数	功能	语法
subimage	在一个图形中显示多个图像，结合函数 subplot 使用	subimage(X,map) subimage(I) subimage(BW) subimage(RGB) subimage(x,y,⋯) h = subimage(⋯)
truesize	调整图像显示尺寸	truesize(fig,[mrowsmcols]) truesize(fig)
zoom	缩放图像或图形	zoom on zoom off zoom out zoom reset zoom zoom xon zoom yon zoom(factor) zoom(fig, option)

表 A.2　图像文件 I/O 函数

函数	功能	语法
imfinfo	返回图像文件信息	info = imfinfo(filename,fmt) info = imfinfo(filename)
imread	从图像文件中读取图像	A = imread(filename,fmt) [X,map] = imread(filename,fmt) [⋯] = imread(filename) [⋯] = imread(URL,⋯) [⋯] = imread(⋯,idx)　(CUR, GIF, ICO, and TIFF only) [⋯] = imread(⋯,'PixelRegion',{ROWS, COLS})　(TIFF only) [⋯] = imread(⋯,'frames',idx) (GIF only) [⋯] = imread(⋯,ref)　(HDF only) [⋯] = imread(⋯,'BackgroundColor',BG) (PNG only) [A,map,alpha] = imread(⋯) (ICO, CUR, and PNG only)
imwrite	把图像写入图像文件中	imwrite(A,filename,fmt) imwrite(X,map,filename,fmt) imwrite(⋯,filename) imwrite(⋯,Param1,Val1,Param2,Val2⋯)

表 A.3 空间变换函数

函数	功能	语法
findbounds	为空间变换寻找输出边界	outbounds = findbounds(TFORM,inbounds)
fliptform	切换空间变换结构的输入和输出角色	TFLIP = fliptform(T)
imcrop	剪切图像	I2 = imcrop(I) X2 = imcrop(X,map) RGB2 = imcrop(RGB) I2 = imcrop(I,rect) X2 = imcrop(X,map,rect) RGB2 = imcrop(RGB,rect) […] = imcrop(x,y,…) [A,rect] = imcrop(…) [x,y,A,rect] = imcrop(…)
imresize	图像缩放	B = imresize(A,m) B = imresize(A,m,method) B = imresize(A,[mrowsncols],method) B = imresize(…,method,n) B = imresize(…,method,h)
imrotate	图像旋转	B = imrotate(A,angle) B = imrotate(A,angle,method) B = imrotate(A,angle,method,bbox)

表 A.4 像素和统计处理函数

函数	功能	语法
corr2	计算两个矩阵的二维相关系数	r = corr2(A,B)
imcontour	创建图像的轮廓图	imcontour(I) imcontour(I,n) imcontour(I,v) imcontour(x,y,…) imcontour(…,LineSpec) [C,h] = imcontour(…)
imhist	显示图像的直方图	imhist(I,n) imhist(X,map) [counts,x] = imhist(…)
impixel	确定像素颜色值	P = impixel(I) P = impixel(X,map) P = impixel(RGB) P = impixel(I,c,r) P = impixel(X,map,c,r)

续表

函数	功能	语法
impixel	确定像素颜色值	P = impixel(RGB,c,r) [c,r,P] = impixel(⋯) P = impixel(x,y,I,xi,yi) P = impixel(x,y,X,map,xi,yi) P = impixel(x,y,RGB,xi,yi) [xi,yi,P] = impixel(x,y,⋯)
mean2	求矩阵元素平均值	B = mean2(A)
pixval	显示图像像素信息	pixval on pixval off pixval pixval(fig,option) pixval(ax,option) pixval(H,option)

表 A.5 图像分析函数

函数	功能	语法
edge	识别灰度图像中的边界	BW = edge(I,'sobel') BW = edge(I,'sobel',thresh) BW = edge(I,'sobel',thresh,direction) [BW,thresh] = edge(I,'sobel',⋯) BW = edge(I,'prewitt') BW = edge(I,'prewitt',thresh) BW = edge(I,'prewitt',thresh,direction) [BW,thresh] = edge(I,'prewitt',⋯) BW = edge(I,'roberts') BW = edge(I,'roberts',thresh) [BW,thresh] = edge(I,'roberts',⋯) BW = edge(I,'log') BW = edge(I,'log',thresh) BW = edge(I,'log',thresh,sigma) [BW,threshold] = edge(I,'log',⋯)

表 A.6 图像增强函数

函数	功能	语法
adapthisteq	执行对比度受限的直方图均衡	J = adapthisteq(I) J = adapthisteq(I,param1,val1,param2,val2⋯)
histeq	用直方图均等化增强对比度	J = histeq(I,hgram) J = histeq(I,n) [J,T] = histeq(I,⋯) newmap = histeq(X,map,hgram) newmap = histeq(X,map) [newmap,T] = histeq(X,⋯)

续表

函数	功能	语法
imadjust	调整图像灰度值或颜色映射表	J = imadjust(I) J = imadjust(I,[low_in; high_in],[low_out; high_out]) J = imadjust(…,gamma) newmap=imadjust(map,[low_inhigh_in],[low_outhigh_out], gamma) RGB2 = imadjust(RGB1,…)
imnoise	向图像中加入噪声	J = imnoise(I,type) J = imnoise(I,type,parameters)
medfilt2	进行二维中值滤波	B = medfilt2(A,[m n]) B = medfilt2(A) B = medfilt2(A,'indexed',…)
ordfilt2	进行二维统计顺序滤波	B = ordfilt2(A,order,domain) B = ordfilt2(A,order,domain,S) B = ordfilt2(…,padopt)
wiener2	进行二维适应性去噪滤波	J = wiener2(I,[m n],noise) [J,noise] = wiener2(I,[m n])

表 A.7 线性滤波函数

函数	功能	语法
conv2	二维卷积	C = conv2(A,B) C = conv2(hcol,hrow,A) C = conv2(…,'shape')
convmtx2	二维矩阵卷积	T = convmtx2(H,m,n) T = convmtx2(H,[m n])
convn	n 维卷积	C = convn(A,B) C = convn(A,B,'shape')
filter2	二维线性滤波	Y = filter2(h,X) Y = filter2(h,X,shape)
fspecial	创建预定义滤波器	h = fspecial(type) h = fspecial(type,parameters)

表 A.8 线性二维滤波器设计函数

函数	功能	语法
freqspace	确定二维频率响应的频率空间	[f1,f2] = freqspace(n) [f1,f2] = freqspace([m n]) [x1,y1] = freqspace(…,'meshgrid') f = freqspace(N) f = freqspace(N,'whole')
freqz2	计算二维频率响应	[H,f1,f2] = freqz2(h,n1,n2) [H,f1,f2] = freqz2(h,[n2 n1]) [H,f1,f2] = freqz2(h) [H,f1,f2] = freqz2(h,f1,f2) […] = freqz2(h,…,[dx dy]) […] = freqz2(h,…,dx) freqz2(…)

表 A.9 图像变换函数

函数	功能	语法
dct2	进行二维离散余弦变换	B = dct2(A) B = dct2(A,m,n) B = dct2(A,[m n])
dctmtx	计算离散余弦变换矩阵	D = dctmtx(n)
fft2	进行二维快速傅里叶变换	Y = fft2(X) Y = fft2(X,m,n)
fftn	进行 n 维快速傅里叶变换	Y = fftn(X) Y = fftn(X,siz)
fftshift	转换快速傅里叶变换的输出象限	Y = fftshift(X) Y = fftshift(X,dim)
idct2	计算二维逆离散余弦变换	B = idct2(A) B = idct2(A,m,n) B = idct2(A,[m n])
ifft2	计算二维逆快速傅里叶变换	Y = ifft2(X) Y = ifft2(X,m,n) y = ifft2(⋯, 'nonsymmetric') y = ifft2(⋯, 'nonsymmetric')
ifftn	计算 n 维逆快速傅里叶变换	Y = ifftn(X) Y = ifftn(X,siz) y = ifftn(⋯, 'nonsymmetric') y = ifftn(⋯, 'nonsymmetric')
radon	计算 Radon 变换	R=radon(I,theta) [R,xp]=radon(⋯)

表 A.10 图像形态学操作函数

函数	功能	语法
applylut	在二值图像中利用查找表进行邻域操作	A = applylut(BW,LUT)
bwarea	计算二值图像的对象面积	total = bwarea(BW)
bweuler	计算二值图像的欧拉数	eul = bweuler(BW,n)
bwhitmiss	执行二值图像的击中和击不中操作	BW2 = bwhitmiss(BW1,SE1,SE2) BW2 = bwhitmiss(BW1,INTERVAL)
bwlabel	标注二值图像中已连接的部分	L = bwlabel(BW,n) [L,num] = bwlabel(BW,n)
bwmorph	二值图像的通用形态学操作	BW2 = bwmorph(BW,operation) BW2 = bwmorph(BW,operation,n)
bwperim	计算二值图像中对象的周长	BW2 = bwperim(BW1) BW2 = bwperim(BW1,CONN)
bwselect	在二值图像中选择对象	BW2 = bwselect(BW,c,r,n) BW2 = bwselect(BW,n) [BW2,idx] = bwselect(⋯) BW2 = bwselect(x,y,BW,xi,yi,n) [x,y,BW,idx,xi,yi] = bwselect(⋯)

续表

函数	功能	语法
makelut	创建用于 applylut 函数的查找表	lut = makelut(fun,n) lut = makelut(fun,n,P1,P2,…)
bwdist	距离变换	D = bwdist(BW) [D,L] = bwdist(BW) [D,L] = bwdist(BW,METHOD)
imclose	图像的闭运算	IM2 = imclose(IM,SE) IM2 = imclose(IM,NHOOD)
imopen	图像的开运算	IM2 = imopen(IM,SE) IM2 = imopen(IM,NHOOD)
imdilate	图像的膨胀	IM2 = imdilate(IM,SE) IM2 = imdilate(IM,NHOOD) IM2 = imdilate(IM,SE,PACKOPT) IM2 = imdilate(…,PADOPT)
imerode	图像的腐蚀	IM2 = imerode(IM,SE) IM2 = imerode(IM,NHOOD) IM2 = imerode(IM,SE,PACKOPT,M) IM2 = imerode(…,PADOPT)
imfill	填充图像区域	BW2 = imfill(BW,locations) BW2 = imfill(BW,'holes') I2 = imfill(I) BW2 = imfill(BW) [BW2 locations] = imfill(BW) BW2 = imfill(BW,locations,CONN) BW2 = imfill(BW,CONN,'holes') I2 = imfill(I,CONN)
imtophat	用开运算后的图像减去原图像	IM2 = imtophat(IM,SE) IM2 = imtophat(IM,NHOOD)
strel	创建形态学结构元素	SE = strel(shape,parameters)

表 A.11 区域处理函数

函数	功能	语法
roicolor	选择感兴趣的颜色区	BW = roicolor(A,low,high) BW = roicolor(A,v)
roifill	在图像的任意区域中进行平滑插补	J = roifill(I,c,r) J = roifill(I) J = roifill(I,BW) [J,BW] = roifill(…) J = roifill(x,y,I,xi,yi) [x,y,J,BW,xi,yi] = roifill(…)
roifilt2	滤波特定区域	J = roifilt2(h,I,BW) J = roifilt2(I,BW,fun) J = roifilt2(I,BW,fun,P1,P2,…)

续表

函数	功能	语法
roipoly	选择一个感兴趣的多边形区域	BW = roipoly(I,c,r) BW = roipoly(I) BW = roipoly(x,y,I,xi,yi) [BW,xi,yi] = roipoly(…) [x,y,BW,xi,yi] = roipoly(…)

表 A.12 图像代数操作

函数	功能	语法
imadd	加运算	Z = imadd(X,Y)
imsubtract	减运算	Z = imsubtract(X,Y)
immultiply	乘运算	Z = immultiply(X,Y)
imdivide	除运算	Z = imdivide(X,Y)

表 A.13 颜色空间转换函数

函数	功能	语法
hsv2rgb	转换 HSV 的值为 RGB 颜色空间	M = hsv2rgb(H)
ntsc2rgb	转换 NTSC 的值为 RGB 颜色空间	rgbmap = ntsc2rgb(yiqmap) RGB = ntsc2rgb(YIQ)
rgb2hsv	转换 RGB 的值为 HSV 颜色空间	cmap = rgb2hsv(M)
rgb2ntsc	转换 RGB 的值为 NTSC 颜色空间	yiqmap = rgb2ntsc(rgbmap) YIQ = rgb2ntsc(RGB)
rgb2ycbcr	转换 RGB 的值为 YCbCr 颜色空间	ycbcrmap = rgb2ycbcr(rgbmap) YCBCR = rgb2ycbcr(RGB)
ycbcr2rgb	转换 YCbCr 的值为 RGB 颜色空间	rgbmap = ycbcr2rgb(ycbcrmap) RGB = ycbcr2rgb(YCBCR)

表 A.14 图像类型和类型转换函数

函数	功能	语法
dither	通过抖动增加外观颜色分辨率转换图像	X = dither(RGB,map) BW = dither(I)
gray2ind	转换灰度图像为索引图像	[X,map] = gray2ind(I,n) [X,map] = gray2ind(BW,n)
grayslice	将灰度图像转换为索引图像	X = grayslice(I,n) X = grayslice(I,v)
im2bw	转换图像为二值图像	BW = im2bw(I,level) BW = im2bw(X,map,level) BW = im2bw(RGB,level)
im2double	转换图像矩阵为双精度类型	I2 = im2double(I) RGB2 = im2double(RGB) I = im2double(BW) X2 = im2double(X,'indexed')
double	转换数据为双精度类型	double(X)

续表

函数	功能	语法
uint8	转换数据为 8 位无符号整型	I = uint8(X)
im2uint8	转换图像阵列为 8 位为无符号整型	I2 = im2uint8(I) RGB2 = im2uint8(RGB) I = im2uint8(BW) X2 = im2uint8(X,'indexed')
im2uint16	转换图像阵列为 16 位为无符号整型	I2 = im2uint16(I) RGB2 = im2uint16(RGB) I = im2uint16(BW) X2 = im2uint16(X,'indexed')
uint16	转换数据为 16 位无符号整型	I = uint16(X)
ind2gray	转换索引图像为灰度图像	I = ind2gray(X,map)
ind2rgb	转换索引图像为 RGB 图像	RGB = ind2rgb(X,map)
isbw	判断是否为二值图像	flag = isbw(A)
isgray	判断是否为灰度图像	flag = isgray(A)
isind	判断是否为索引图像	flag = isind(A)
isrgb	判断是否为 RGB 图像	flag = isrgb(A)
mat2gray	转换矩阵为灰度图像	I = mat2gray(A,[aminamax]) I = mat2gray(A)
rgb2gray	转换 RGB 图像或颜色映射表为灰度图像	I = rgb2gray(RGB) newmap = rgb2gray(map)
rgb2ind	转换 RGB 图像为索引图像	[X,map] = rgb2ind(RGB,tol) [X,map] = rgb2ind(RGB,n) X = rgb2ind(RGB,map) [···] = rgb2ind(···,dither_option)

表 A.15 图像复原函数

函数	功能	语法
deconvwnr	维纳滤波复原图像	J = deconvwnr(I,PSF) J = deconvwnr(I,PSF,NSR) J = deconvwnr(I,PSF,NCORR,ICORR)
deconvreg	最小约束二乘滤波复原图像	J = deconvreg(I,PSF) J = deconvreg(I,PSF,NOISEPOWER) J = deconvreg(I,PSF,NOISEPOWER,LRANGE) J = deconvreg(I,PSF,NOISEPOWER,LRANGE,REGOP) [J, LAGRA] = deconvreg(I,PSF,···)
deconvblind	盲卷积滤波复原图像	[J,PSF] = deconvblind(I,INITPSF) [J,PSF] = deconvblind(I,INITPSF,NUMIT) [J,PSF] = deconvblind(I,INITPSF,NUMIT,DAMPAR) [J,PSF] = deconvblind(I,INITPSF,NUMIT,DAMPAR,WEIGHT) [J,PSF] = deconvblind(I,INITPSF,NUMIT,DAMPAR,WEIGHT,READOUT) [J,PSF] = deconvblind(···,FUN,P1,P2,···,PN)

参考文献

[1] 韩晓军.数字图像处理技术与应用[M].北京：电子工业出版社，2009.

[2] Kenneth.R.Castleman，朱志刚，林学，石定机译.数字图像处理（Digital Image Processing）[M].北京：电子工业出版社，1998.

[3] [美]Rafael C.Gonzalez Richard E.Woods，阮秋琦译.数字图像处理（MATLAB 版，第二版）[M].北京：电子工业出版社，2014.

[4] 何东健，耿楠，张义宽.数字图像处理[M].西安：西安电子科技大学出版社，2008.

[5] 阮秋琦.数字图像处理学[M].北京：电子工业出版社，2001.

[6] 李振辉，李仁和.探索图像文件的奥妙[M].北京：清华大学出版社，1996.

[7] 田捷，沙飞，张新生.实用图像分析与处理技术[M].北京：电子工业出版社，1986.

[8] 史文革.微机图像格式大全[M].北京：海洋出版社，1996.

[9] 刘传憬，黄煜，陈晓明.多格式图像程序设计大全[M].北京：人民邮电出版社，1995.

[10] J.K.paik,A.K.Katsaggelos.Iamge restoration using a modified Hopfield network[J].IEEE Transactions on Image processing,1992,1(1):49-63.

[11] 刘文耀.数字图像采集与处理[M].北京：电子工业出版社，2007.

[12] [美]Rafael C.Gonzalez Richard E.Woods，阮秋琦，阮宇智等译.数字图像处理[M].北京：电子工业出版社，2007.

[13] 徐建华.图像处理与分析[M].北京：科学出版社，1992.

[14] 梁勇，李天牧.多方位形态学结构元素在图像边缘检测中的应用[J].云南大学学报(自然科学版),1999，21(5)：392-394.

[15] 高永英.一种基于灰度期望值的图像二值化算法[J].中国图形图像学报(A 版),1999，4(6)：524，528.

[16] 盛业华，郭达志.基于图像集合运算的扫描图像二值化方法[J].中国图形图像学报，1998，3(12)：1015-1019.

[17] 孙君项，赵珊.图像低层特征提取与检索技术[M].北京：电子工业出版社，2009.

[18] YesubaiRubavathiCHARLESa,Ravi RAMRAJ.A Novel Local Mesh Color Texture Pattern for Image Retrieval System.AEUE - International Journal of Electronics and Communications ,2015:1-21.

[19] Ves E D, Ayala G, Benavent X, et al. Modeling user preferences in content-based image retrieval: a novel attempt to bridge the semantic gap[J]. Neurocomputing, 2015,168:829-845.

[20] [美]Albert Boggess Francis J.Narcowich 著.芮国胜，康健等译.小波与傅里叶分析基础[M].北京：电子工业出版社，2004.

[21] 沈庭芝，王卫江，闫雪梅. 数字图像处理及模式识别（第二版）[M].北京：北京理工大学出版社，2007.

[22] 胡学龙.数字图像处理（第二版）[M].北京：电子工业出版社，2011.

[23] Rafael C.Gonzalez, Richard E. Woods 著.阮秋琦，阮宇智等译.数字图像处理（第三版）[M].北京：电子工业出版社，2014.

[24] Kodovský J, Fridrich J. Steganalysis in resized images//Proceedings of the IEEE International Conference on Acoustics, Speech and Signal Processing, Vancouver, Canada, 2013:2857-2861.

[25] Yuan H. Blind forensics of median filtering in digital images. IEEE Trans. IEEE Transactions on Information Forensics and Security, 6(4),2011: 1335-1345.

[26] Chen C, Ni J, Huang R, Huang J. Blind median filtering detection using statistics in difference domain//Proceedings of the Information Hiding , Berkeley, USA, 2012:1-15.
[27] Kang X, Stamm M, Peng A, Liu K J R. Robust median filtering forensics using an autoregressive model. IEEE Transactions on Information Forensics and Security, 2013, 8(9): 1456-1468.
[28] 尹士畅，喻松林.基于小波变换和直方图均衡的红外图像增强[J].激光与红外，2013，02：225-228.
[29] 彭安杰，康显桂.基于滤波残差多方向差分的中值滤波取证技术[J].计算机学报，2015, 38.
[30] Liu Y, Liu S, Wang Z. A general framework for image fusion based on multi-scale transform and sparse representation[J]. Information Fusion, 2015,24:147-164.
[31] 韩宏伟，张晓晖，葛卫龙.水下激光图像的直方图增强技术研究[J].红外技术，2014，12：1003-1008.
[32] 肖泉,丁兴号,王守觉,廖英豪,郭东辉.有效消除光晕现象和颜色保持的彩色图像增强算法[J].计算机辅助设计与图形学学报，2010，08：1246-1252.
[33] 戴霞，李辉，杨红雨，张军.基于虚拟图像金字塔序列融合的快速图像增强算法[J].计算机学报，2014，03：602-610.
[34] 吴一全，史骏鹏.基于多尺度 Retinex 的非下采样 Contourlet 域图像增强[J].光学学报，2015，03：87-96.
[35] 汤海缨，庄天戈.计算机彩色模型在图像显示与分割中的应用[J].计算机学报，1999，04：375-382.
[36] 田小平，乔东，吴成茂.基于双直方图均衡化的彩色图像增强[J].西安邮电大学学报，2015，02：58-63.
[37] 吕宗伟.子图像加权的彩色图像对比度增强算法[J].计算机辅助设计与图形学学报，2012，08：1057-1064.
[38] 贾迪,孟琭,张一飞,贺学平,方金凤.一种彩色图像的同步去噪增强算法[J].小型微型计算机系统，2014，03：659-662.
[39] 朱小红.多波段红外图像差异特征形成机理研究[D].中北大学博士学位论文，2016.
[40] 范有臣,李迎春,韩意,张来线.提升小波的同态滤波在图像烟雾弱化中的应用[J].中国图形图像学报，2012，05：635-640.
[41] 郭永彩,王婀娜,高潮.空间自适应和正则化技术的盲图像复原[J].光学精密工程，2008，11：2263-2267.
[42] John Parker Burg. The relationship between maximum entropy spectra and maximum likelihood spectra[J]. Geophysics.1972(No.2).
[43] 俞根苗,邓海涛,吴顺君.弹载 SAR 图像几何失真校正误差分析[J]. 电子与信息学报，2007，02：383-386.
[44] 易予生,张林让,刘昕,刘楠,张波.双站 SAR 图像几何失真校正方法研究[J].西安电子科技大学学报，2010，02：231-234.
[45] 章毓晋.图像工程(上册)：图像处理[M].北京：清华大学出版社，2012.
[46] 李希，王大江，周鹏.一种改进的粘连颗粒图像分割算法[J].湖南大学学报(自然科学版)，2012，39(12)：84-88.
[47] 顾广华，崔冬，郝连旺.极坐标描述的显微白细胞图像分割算法[J].生物医学工程学杂志，2012,27(6):1237-1242.
[48] Chen Bo,Zhang you-Jing, Chen Liang. Segmentation of the remote sensing image based on method of labeling watershed algorithm and regional merging[J]. Remote sensing for Land&Resources, 2007,72(2):35-38.
[49] H.K.Mebatsion, J.Paliwal. Machine vision based automatic separation of touching convex shaped objects[J]. Computers in Industry, 2012 (63):723-730.
[50] Van den Berg E H, Meesters AGCA. Automated separation of touching grains in digital images of thin sections[J]. Computers & Geosciences, 2002, 28(2):179-190.
[51] Casasent David, TalukderAshit. Detection and segmentation of multiple touching product inspection items[J]. In: Proc of IntConf on SPIE Boston. 1996, 29(7): 205-215.

[52] 张达, 谢植.棒材在线计数中断面定位方法研究[J].仪器仪表学报, 2010, 31(5): 1173-1178.

[53] 赵小川.现代数字图像处理技术提高及应用案例详解: MATLAB 版[M].北京: 北京航空航天大学出版社, 2012.

[54] 杨蜀秦, 何东健.连接大米籽粒图像的自动分割算法研究[J].农机化研究, 2005, 11(3): 62-65.

[55] Harris K, EfstratiadisS.Hybrid image segmentation using watersheds and fast region merging [J].IEEE Transaction on Image Processing, 1998,7(12): 1684-1699

[56] 张德丰.MATLAB 数字图像处理[M].北京: 机械工业出版社, 2012.

[57] 黎洪松.数字视频处理[M].北京: 北京邮电大学出版社, 2006.

[58] 余兆明, 查日勇, 黄磊, 周海骄.图像编码标准 H.264 技术[M].北京: 人民邮电出版社, 2006.

[59] G. Sullivan, J. Ohm, W.J. Han, et al. Overview of the High Efficiency Video Coding(HEVC) Standard[J]. IEEE Transactions on Circuits and Systems for Video Technology, 2012,22(12):1649-1668.

[60] L. Shen, Z. Zhang, Z. Liu. Effective CU Size Decision for HEVC Intracoding[J]. IEEE Transactions on Image Processing, 2014, 23(10):4232-4241.

[61] K.Y. Kim, H.Y.Kim, J.S. Choi, et al. MC Complexity Reduction for Generalized P and B Pictures in HEVC[J]. IEEE Transactions on Circuits and Systems for Video Technology, 2014,24(10):1723-1728.

[62] 敬忠良, 肖刚, 李振华.图像融合——理论与应用[M].北京: 高等教育出版社, 2007.

[63] Yaakov Bar-Shalons. Multitarget-Multisensor Tracing: Applications and Advances Volume II[M]. Artech House Boston. London,1992.

[64] Klein L.A. Sensor and Data Fusion Concept and Applications[M]. SPIE, Optical Engineering Press, Tutorial Texts, 1993, 14.

[65] Li H, Magjunnath B.S, Mitra S.K. Multisensor Image Fusion Using Wavelet Transforms[J]. Graphics Model and Image Processing,1995, 57(3).

[66] 沈世镒, 陈鲁生.信息论与编码理论[M].北京: 科学出版社, 2002.

[67] Sheng Zheng, Wen-zhong, Shi, Jian Liu, Jin-Wen Tian.Multisource Image Fusion Method Using Support Value transform[J]. IEEE Transactions On Image Processing, 2007, 16(7).

[68] 李树涛, 王耀南. 多聚焦图像融合中最佳小波分解层数的选取[J].系统工程与电子技术, 2002(6).

[69] 杨桓, 裴继红, 杨万海.基于模糊积分的融合图像评价方法[J].计算机学报, 2001, 24(8).

[70] Wald L, Ranchin T, Mangolini M. Fusion of Statellite Image of Different Spatial Resolution: Assessing the Quality of Resulting Images[J]. Photogrammetric Engineering and Remote Sensing.1997, 63(3).

[71] 杨扬. 基于多尺度分析的图像融合算法研究[D].中国科学院大学博士学位论文, 2013.

[72] HyunjoJeong, Yong-Su Jang. Wavelet analysis of plate wave propagation in composite laminates[J]. Composite Structures, 2000,(49).

[73] Fay D, Ilardi P, Sheldon N, et al. Real-time image fusion and target learning and detection on a laptop attached processor[C]//Defense and Security. International Society for Optics and Photonics, 2005: 154-165.

[74] 李宏等.基于人工神经网络与证据理论相结合的信息融合空间目标识别方法研究[J].信息与控制, 1997, 26(2).

[75] GoranForssell and Eva Hedborg-Karlsson. Measurements of polarization properties of camouflaged objects and of the denial of surfaces covered with cenospheres[C]//Proc. SPIE, 2003, 5075.

[76] 杨风暴.多波段红外图像目标特征分析与融合方法研究[D].北京理工大学博士后研究工作报告, 2006.

[77] 戴昌达, 姜小光, 唐伶俐等. 遥感图像应用处理与分析[M]. 北京: 清华大学出版社, 2004.

[78] 徐参军, 苏兰, 杨根远.中波红外偏振成像图像处理及评价[J].红外技术, 2009, 31(6).

[79] Pawlak Z. Rough Set Theory and its Application to Data Analysis[J]. Cybernetics and Systems,1998,29(9).

[80] 潘励，张祖勋，张剑清等. 粗集理论在图像特征选择中的应用[J]. 数据采集与处理，2002，17(1).

[81] 李弼程，彭天强，彭波等．智能图像处理技术[M]．北京：电子工业出版社，2004.

[82] 徐参军，赵劲松，蔡毅. 红外偏振成像的几种方案[J].红外技术，2009，31(5).

[83] 杨风暴，倪国强，张雷.红外中波细分波段图像的小波包变换融合研究[J].红外与毫米波学报，2008，27(4).

[84] 张建奇，方小平.红外物理[M].西安：西安电子科技大学出版社，2004.

[85] Michelle Tomkinson,Brian Teaney,and Jeffrey Olson．Dual Band Sensor Fusion for Urban Target Acquisition[C].Infrared Imaging systems：Design,Analysis,Modeling,and Testing XVI,Proceedings of SPIE, 5784.

[86] 穆静，杜亚勤，王长元.小波包变换的图像融合技术的研究[J].西安工业学院学报，2005，25(4).

[87] 董延华，王慕坤，张均萍. 超谱图像小波包变换融合方法研究[J].吉林大学学报，2006，24(4).

[88] A. Goldberg，T. Fischer，and S. Kennerly．Dual-band Imaging of Military Targets Using a QWIP Focal Plane Array[J]．Approved for public release, distribution unlimited,2001.

[89] 黄光华，倪国强，张彬等.一种基于视觉阈值特性的图像融合方法[J].北京理工大学学报，2006，26(10).

[90] B.Ben-Dor. Polarization properties of targets and backgrounds in the infrared[C].Proceedings of SPIE,8th Meeting on Optical Engineering in Israel Engineering and Remote Sensing, 1992, 1971.

[91] ARON Y,GRONAUY.Polarization in the LWIR[C]//Proceedings of SPIE, Infrared Technology and Application XXXI. 2005, 5783.

[92] 王新，王学勤，孙金祚.基于偏振成像和图像融合的目标识别技术[J].激光与红外，2007，37(7).

[93] 杨风暴，蔺素珍，冷敏.双色中波红外图像的分割支持度变换融合[J].红外与毫米波学报，2010，29(5).

[94] 贺兴华，周媛媛，王继阳，周晖.MATLAB7.x 图像处理[M].北京：人民邮电出版社，2006.

[95] 赖庆明.基于 Arnold 变换的图像加密算法验证[J].电子质量，2015，30(06)：31-36.

[96] 唐立法，周健勇.基于双混沌映射的图像加密算法[J].微型机与应用，2010，21(23)：31-34.

[97] 郑永爱，宣蕾.混沌映射的随机性分析[J]．计算机应用与软件，2011，12(12)：274-292.

[98] AmitPande, Joseph Zambreno. A chaotic encryption scheme for real-time embedded systems:design and implementation[J]. Telecommun Syst. 2013, 52(12): 551-561.

[99] Adriana Vlad,AzeemIlyas, Adrian Luca. Unifying running-key approach and logistic map to generate enciphering sequences[J]. Ann Telecommun. 2013, 68(21): 179-186.

[100] Xingyuan Wang, Kang Guo. A new image alternate encryption algorithm based on chaotic map[J]. Nonlinear Dyn. 2014, 76(13):1943-1950.

[101] Yushu Zhang, Di Xiao, WenyingWen,Ming Li. Cryptanaly a novel image cipher based on mixed transformed logistic maps [J]. Multimed Tools Appl 2014, 73(30):1885-1896.

[102] MOHAMMAD A A, MOHAMMAD H, SATTAR M. Robust image watermarking using dihedral angle based on maximum-likelihood detector[J].IET Image Processing,2013,7(5) :451-463.

[103] ABRARDO A, BARNI M.A new watermarking based on antipodal binary dirty paper coding[J].IEEE Transactions on Information Forensics and Security,2014,9(9) :1380-1393.

[104] Ma Y, Chen J, Chen C, et al. Infrared and visible image fusion using total variation model[J]. Neurocomputing, 2016, 202: 12-19.

[105] 土正友，李振兴，林维斯等.结合 HVS 和相似特征的图像质量评估方法[J].仪器仪表学报，2012，33(7)：1607-1610.

[106] 冀峰，高新波，谢松云.Mean-shift 滤波和直方图增强的图像弱边缘提取[J].中国图像图形学报，2012，

06：651-656.
[107] M.S.Grace, O. M. Woodward. Altered visual experience and acute visual deprivationaffect predatory targeting by infrared-imaging boid Snakes [J]. Brain Research, 2001,919: 250-258.
[108] 李伟伟，杨风暴，蔺素珍等.偏振与红外光强图像的伪彩色融合研究[J].红外技术，2012，34(2)：109-113.
[109] 杨风暴，蔺素珍.红外物理与技术[M].北京：电子工业出版社，2015.
[110] 韩晓军，黄雷.织物疵点的图像信息检测方法[J].天津工业大学学报，2015，34(5)：48-51.

反侵权盗版声明

电子工业出版社依法对本作品享有专有出版权。任何未经权利人书面许可,复制、销售或通过信息网络传播本作品的行为;歪曲、篡改、剽窃本作品的行为,均违反《中华人民共和国著作权法》,其行为人应承担相应的民事责任和行政责任,构成犯罪的,将被依法追究刑事责任。

为了维护市场秩序,保护权利人的合法权益,我社将依法查处和打击侵权盗版的单位和个人。欢迎社会各界人士积极举报侵权盗版行为,本社将奖励举报有功人员,并保证举报人的信息不被泄露。

举报电话:(010)88254396;(010)88258888
传　　真:(010)88254397
E-mail:dbqq@phei.com.cn
通信地址:北京市万寿路173信箱
　　　　　电子工业出版社总编办公室
邮　　编:100036